高等职业教育精品工程系列教材

电子 CAD 项目化教程
——Protel DXP SP2
（第 2 版）

闫瑞瑞　主　编

田瑞利　副主编

U0198103

電子工業出版社

Publishing House of Electronics Industry

北京·BEIJING

内 容 简 介

本书从实用的角度出发，以大量常用的实例由浅入深介绍了原理图设计、元件库设计、封装绘制、PCB设计，并介绍了电路仿真、信号完整性分析、多通道设计等 Protel 的附加功能。每一篇章附有丰富的实训内容，可作为高校电子、信息、通信等电类专业的专业课教材或实训课教材。本书附有电子 CAD 职业技能鉴定中高级考试真题及详解，可作为电子 CAD 职业技术鉴定考试培训教材。也适合作为从事电子产品设计的技术人员和电子设计爱好者的自学用书。

本书采用项目化的方式组织内容，打破了传统的先原理图后 PCB 的组织方式，避免了以往前半数学时都接触不到课程核心内容（PCB 设计）的弊端。项目组织上，先单面板、双面板，然后逐步过渡到高速双面板和四层板。精选项目，以项目带动内容，将内容融于项目，分散难点，易于掌握。

结合多年来的教学经验，将常见问题以"答疑解惑"的方式列出，尽量减少教学中"一题百问"的现象。

特别说明：由于 Protel 软件的原因，本书对电路图中不符合国家标准的图形、单位、符号（例如 TTL 电源用 VCC 表示，μ 用 u 表示，电阻省略基本单位 Ω）等未做改动，以便于读者学习和使用 Protel 软件。

图书在版编目（CIP）数据

电子 CAD 项目化教程：Protel DXP SP2 / 闫瑞瑞主编. —2 版. —北京：电子工业出版社，2018.1

ISBN 978-7-121-33277-7

Ⅰ. ①电… Ⅱ. ①闫… Ⅲ. ①印刷电路—计算机辅助设计—应用软件—高等学校—教材 Ⅳ. ①TN410.2

中国版本图书馆 CIP 数据核字（2017）第 308898 号

策划编辑：郭乃明
责任编辑：裴　杰
印　　刷：北京天宇星印刷厂
装　　订：北京天宇星印刷厂
出版发行：电子工业出版社
　　　　　北京市海淀区万寿路 173 信箱　邮编　100036
开　　本：787×1 092　1/16　印张：18.75　字数：480 千字
版　　次：2014 年 1 月第 1 版
　　　　　2018 年 1 月第 2 版
印　　次：2024 年 1 月第 8 次印刷
定　　价：45.00 元

凡所购买电子工业出版社图书有缺损问题，请向购买书店调换。若书店售缺，请与本社发行部联系，联系及邮购电话：（010）88254888，88258888。

质量投诉请发邮件至 zlts@phei.com.cn，盗版侵权举报请发邮件至 dbqq@phei.com.cn。

本书咨询联系方式：（010）88254561，34825072@qq.com。

前　　言

PCB 设计与制作是电子产品设计生成过程中非常重要的环节，电子线路 PCB 设计已成为电子产品设计人员的基本技能，很多高等院校和高职高专学校都开设了电子 CAD 课程。本书采用的软件为 Protel DXP SP2，Protel 后续版本基本操作方法和设计方法相似。

本书由长期从事电子 CAD 教学的一线老师精心编写，以"项目化"、"技能化"的教学模式，以项目带动内容，将内容融于项目，并将每个项目分解成多个任务，每个任务由若干技能组成，合理地安排技能到相关任务中，各项目的内容是相对完整的过程，既独立成章又相互联系，通过对任务的设计和实现，逐步引导学生由浅入深、由简到难地学习，使学生的能力在项目的实施中逐步得到提高，对 Protel DXP SP2 的应用知识逐步系统化，达到"学以致用"的目的。

本教材结合计算机辅助设计（电子类）中/高级考证需要和实际教学要求，精选项目，项目设计能反映职业技能的基本要求，体现与其相当的难度和量度，编写了考证的要点，强调实际技能的培养并安排了与考证内容相当的实训。本教材还包含电子 CAD 职业资格认证考试中高级试题共四套。

本次为第 2 次出版，在第 1 版的基础上删除了 Protel99 和 FPGA 部分内容，增加了贴片式 PCB 的设计方法（项目三和项目八）。第二版在项目中介绍了根据实物修改元件及其封装的方法，更加贴近工程实际。第二版主要篇章有：单面板设计、双面板设计、元件图形及其封装设计、层次电路设计、四层板设计、电路仿真、信号完整性分析、多通道设计，包含以下主要项目：

项目一：单管放大电路，主要介绍手工绘制单面板的方法；

项目二：正负电源电路，从原理图到 PCB 设计，介绍了完整的单面板设计过程；

项目三：简易定时器贴片式 PCB 设计，介绍贴片式 PCB 设计方法。

项目四：温度控制器，介绍双面板设计方法；

项目五、六：元件图形及其封装设计，介绍了多个典型元件及其封装的设计方法；

项目七：数据采集器，介绍了采用层次电路方法设计双面板的过程；

项目八：51 单片机开发板 PCB 设计，介绍贴片直插混合式 PCB 的设计方法，及与实物不一致的元件及封装的修改方法；

项目九：DSP 开发板，简要介绍高速多层 PCB 的设计方法；

项目十：单管放大电路仿真；

项目十一：温度控制器信号完整性分析；

项目十二：遥控接收器的多通道设计。

本书由闫瑞瑞主编。电子 CAD 入门、项目一、二、三、四、八由闫瑞瑞编写；项目五、六、七由田瑞利编写；中、高级试题由陈海滨编写；电路仿真、信号完整性分析由米志红编写。参加编写的还有谭丽、刘世安、彭小娟等。全书由闫瑞瑞负责统稿。在编写过程中，作者也参考了许多专家学者的著作、实训题、题库等资料，在此对这些资料的作者表示深深的感谢！对所有帮助支持本书出版的同事领导表示衷心的感谢！

由于作者水平有限，书中难免有疏漏和不当之处，敬请读者批评指正。

编　者

2017 年 6 月

目　　录

第一篇 电子 CAD 入门

任务一 认识印制线路板

印制线路板简称 PCB（Printed Circuit Board）。通常在绝缘基材上，按预定设计，制成印制线路、印制元件，以及点间连接的导电图形，这样的产品叫做印制线路板。PCB 是电子元器件的支撑体，是电子元器件电气连接的提供者，几乎所有的电子产品都离不开印制线路板。由于它是采用电子印刷术制作的，故被称为"印制"线路板，亦称为印制板或印制电路板。

CAD（Computer Aided Design）即计算机辅助设计。电子 CAD 即设计人员利用计算机软硬件及图形设备帮助进行 PCB 板图设计工作，以减少工程制图中的许多烦琐重复的劳动，缩短设计周期，并提高设计质量。

学习本课程的最终目的就是利用 CAD 软件 Protel DXP SP2 来完成印制电路板的板图设计。

技能 1　印制板的组成

图 1-1 为调频收音机印制电路板焊接元件后的实物图，从图上可以看到各种元器件包括电阻、电容、二极管、三极管、集成电路芯片、PCB 走线、接口及焊盘等。这种在绝缘基底上由各种元器件、接插件、PCB 走线、以及焊盘、过孔等构成的板子即为印制电路板。

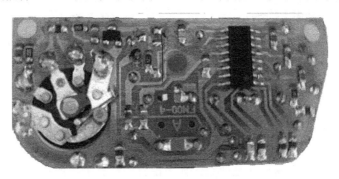

图 1-1　FM 收音机 PCB 实物图

技能 2　印制板的种类及材料

1. 印制板的分类

（1）按基材的性质可分为刚性印制板和挠性印制板两大类。刚性印制板具有一定的机械强度，用它装成的部件具有一定的抗弯能力，在使用时处于平展状态，如图 1-2 所示。一般电子设备中使用的都是刚性印制板。

挠性印制板是以软层状塑料或其他软质绝缘材料为基材制成的，便于折叠和卷绕。它所制成的部件可以弯曲和伸缩，在使用时可根据安装要求将其弯曲，如图 1-3 所示。挠性印制板一般用于特殊场合，如某些数字万用表的显示屏是可以旋转的，其内部往往采用挠性印制板。

我们打开台式机的键盘就能看到一张软性薄膜（挠性的绝缘基材），其上印有银白色（银浆）的导电图形与键位图形。

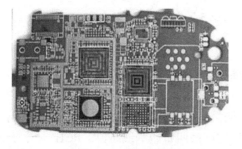

图 1-2　刚性印制板的实例　　　　　　　　图 1-3　挠性印制板的实例

（2）按布线层次可分为单面板、双面板和多层板三类。单面板：绝缘基底上仅一面具有导电图形的印制电路板。它通常采用层压纸板或玻璃布板加工制成。单面板的导电图形比较简单，大多采用丝网漏印法制成。只有性能要求不高的简单的电路或者早期的电路才使用这类板子。单面板结构如图 1-4（a）所示。

双面板：绝缘基底的两面都有导电图形的印制电路板。它通常采用环氧纸板或玻璃布板加工制成。由于两面都有导电图形，所以一般采用金属过孔使两面的导电图形连接起来。双面板一般采用丝印法或感光法制成。由于布线可在两面交错贯通，所以适用于比单面板更复杂的电路。双面板结构如图 1-4（b）所示。

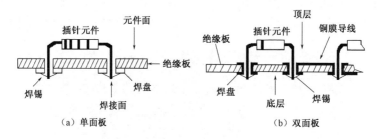

图 1-4　单面板与双面板结构剖面图

多层板：有三层或三层以上导电图形的印制电路板。多层板通常由数片双面板中间放进绝缘层后粘压而成，所以通常层数是偶数。如大部分的计算机主板是 4～8 层结构。为了将夹在绝缘基板中间的印制导线引出，多层板上的焊盘孔和过孔壁需经金属化处理，使之与夹在绝缘基板中的印制导线连接。四层板结构如图 1-5 所示。多层 PCB 的特点如下。

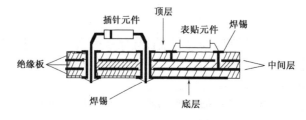

图 1-5　四层板结构剖面图

◆　与集成电路配合使用，可使整机小型化，减少整机重量。

◆　提高了布线密度，缩小了元器件的间距，缩短了信号的传输路径。

◆　减少了元器件焊接点，降低了故障率。

◆　由于增设了屏蔽层，电路的信号失真减少。

◆　引入了接地散热层，可减少局部过热现象，提高整机工作的可靠性。

单面板和双面板用眼睛容易分辨，前者只在板的一面有印制导线，而另外一面没有，后者在板的两面都有印制导线。多层板的电路连接采用了埋孔和盲孔技术，将印制板对着光源，通过观察导孔就可以辨识。

2．印制板的基材

基材选择不当不仅会影响产品的某些性能，如耐热性、产品的工作温度、绝缘电阻、介质损耗等，甚至还会影响制造的工艺成本。

刚性印制板常见的基底材料有纸质覆铜箔层压板和玻璃布覆铜箔层压板两大类。它们都是使用粘结树脂将纸或玻璃布粘在一起，然后经过加热、加压工艺处理而成。目前常用的粘结树脂主要有酚醛树脂、环氧树脂、聚四氟乙烯树脂等。

常见的刚性 PCB 有以下几种：

（1）酚醛纸质层压板：酚醛纸质层压板可以分为不同等级，大多数等级能够在高达 70～105℃温度下使用。在过热和高湿度环境下会使基材的绝缘电阻大幅度减小。

（2）环氧纸质层压板：与酚醛纸质层压板比，环氧纸质层压板在电气性能和非电气性能方面都有较大的提高，有较好的机械加工性能和机械性能。根据材料的厚度，使用温度可达 90～110℃。

（3）聚酯玻璃层压板：聚酯玻璃层压板机械性能高于纸质材料，具有很好的抗冲击性和电气性能，能够在很宽的频率范围内应用，在高湿度环境下也能保持好的绝缘性能。使用温度可达 100～105℃。

（4）环氧玻璃布层压板：环氧玻璃布层压板的弯曲强度大、耐冲击，尺寸稳定，翘曲度和耐焊接热冲击都比纸质材料好，电气性能也较好，使用温度可达 130℃。受恶劣环境（湿度）影响小。

此外还有特殊功能的刚性覆铜板，如金属基（芯）覆铜板、陶瓷基覆铜板、高介电常数板等。

挠性覆铜板基材有聚酰亚胺薄膜、感光性覆盖膜等。

技能 3　印制板制作流程

在电子产品生产中，印制板作为一个重要部件，一般是由整机厂设计，专业印制板生产厂家制造的。但在产品研制及创新制作时，需要印制板数量少、而且不定型的情况下，出于时间和经济考虑，可用简单快速法自己制作 PCB。

不同类型的印制板的加工工艺各有不同，自制印制板也有多种方法，目前较常用的方法有光敏膜法（需专用光敏膜覆铜板材）及热转印法两种。热转印法制板工艺典型工作过程如图 1-6 所示，典型工序如下：

（1）设计版图。用 Protel，Orcad，PowerPCB，AutoCAD，CorelDRAW 或其他制图软件

（甚至可以用 Windows 的"画图"工具）制作好印制电路板图形。

（2）转印出图。用激光打印机按 1:1 的比例打印在热转印纸的光滑面上。

（3）图形转移。用细砂纸擦干净覆铜板，磨平四周，将打印好的热转印纸覆盖在覆铜板上固定好，送入热转印机，使融化的墨粉完全吸附在覆铜板上。转印后掀开转印纸一角，检查转印图形完整性，以决定是否需重复热转印（以免转印不完全）或局部修补（少量缺陷用专用修整笔）。

（4）蚀刻。覆铜板冷却后揭去热转印纸，将检查并修补无误的板子批量送入蚀刻机腐蚀后即可形成做工精细的印刷电路板。

（5）钻孔。将蚀刻好的板子清洗干净，上钻床打孔，注意孔径区别。

（6）清洗/涂助焊剂。检查整个印制板，特别注意短路或断路缺陷，并修正错误（短接处可用刀刻、断路处刮去保护层，准备用锡焊连接）。检查无误后涂助焊剂。

至此，印制板加工完成。接下来通过焊接、检测、装配、调试等系列工序来完成电子产品的制作。

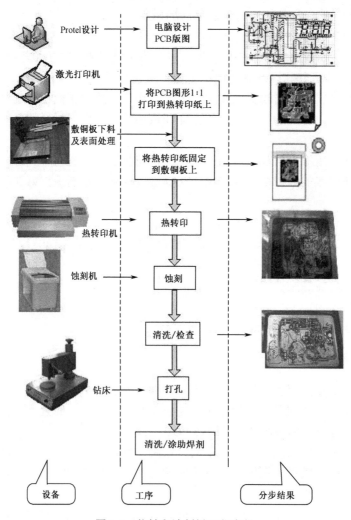

图 1-6　热转印法制板工艺流程

4

任务二　Protel 使用基础

技能 1　Protel 主要功能

1. Protel 的主要功能模块

Protel DXP 主要由电路原理图设计模块、印制电路板设计模块、电路信号仿真模块、PLD 逻辑器件设计模块和信号完整性分析模块五部分组成，各模块具有强大的功能，可以很好地实现电路设计与分析。

（1）原理图设计模块（Schematic 模块）：电路原理图主要由代表各种电子元件的图形符号、连线和节点组成。

电路原理图设计部分包括原理图编辑器（简称 SCH 编辑器）、元件库编辑器（简称 Schlib 编辑器）和各种文本编辑器。该模块的主要功能是：绘制、修改和编辑电路原理图；更新和修改电路图元件库；查看和编辑有关电路图和零件库的各种报表。

（2）印制电路板设计模块（PCB 设计模块）：网络表是由电路原理图到制作电路板的桥梁。设计了电路原理图后，需要由原理图生成网络表，然后再根据网络表制作电路板。

印制电路板设计部分包括印制电路板编辑器（简称 PCB 编辑器）、元件封装编辑器（简称 PCBLib 编辑器）和电路板组件管理器。该模块的主要功能是：绘制、修改和编辑电路板；更新和修改元件封装；管理电路板组件。

（3）电路信号仿真模块：电路信号仿真模块是一个功能强大的数字/模拟混合信号电路仿真器，能提供模拟和数字信号仿真。

在 Protel 中进行仿真时，图中所有元件都要具有仿真参数，并且要加上合适的激励源。通过对电路原理图进行信号仿真，可验证其正确性和可行性。

（4）可编程逻辑器（PLD）设计模块：可编程逻辑器设计模块包含一个有语法功能的文本编辑器和一个波形编辑器（Waveform）。本系统的主要功能是对逻辑电路进行分析、综合，观察信号的波形。利用 PLD 系统可以最大限度地精简逻辑部件，使数字电路设计达到最简化。

Protel DXP SP2 增加了 FPGA 设计工具。

（5）信号完整性分析模块：信号完整性分析模块提供了一个精确的信号完整性模拟器，可用来分析 PCB 设计、检查电路设计参数、实验超调量、阻抗和信号谐波要求等。

2. Protel 设计流程

Protel 项目设计的一般流程如图 1-7 所示。

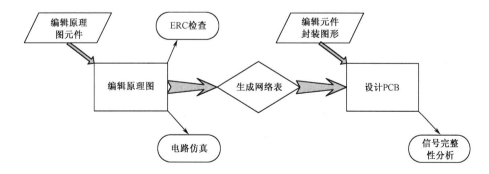

图 1-7　Protel 项目设计流程

（1）编辑原理图：利用原理图设计工具绘制原理图，并且生成对应的网络表。当然，有些特殊情况下（如电路板比较简单，或者已经有了网络表等）也可以不进行原理图的设计，直接进入 PCB 设计系统。

原理图中的元件可以从 Protel 自带的元件库中取用，但是如果在其自带元件库中找不到合适的元件的话，就要根据实际使用器件自己绘制元件。建议将自己所画的元件都放入一个自己建立的元件库专用设计文件中。

原理图完成后，可通过运行 ERC 检查原理图是否存在违反绘图规则的问题。

必要时，通过电路仿真对原理图整体或局部单元电路进行仿真分析，验证电路功能。

（2）设计 PCB：首先要加载所用到的库文件，然后调入网络表文件到 PCB 文件中，在这个过程中，当某一元件的封装在已加载的库中找不到或者不一致时，可以根据设计情况来修改或自制元件的封装。

元件全部在 PCB 文件中以封装的形式出现以后，对元件进行布局和布线。布线结束后，最好使用 PCB 编辑器提供的 DRC 功能检查是否存在与设计规则相抵触的问题。

对于高频电路，完成 PCB 设计后，有必要通过信号完整性分析，验证 PCB 板的电磁兼容性指标是否达到要求。

如果系统中存在 PLD 器件，则可进入 PLD 编辑器操作，以生成 PLD 下载文件。

技能 2　Protel DXP SP2 的安装、汉化及系统文件组成

1．Protel DXP SP2 的运行环境

（1）软件环境：操作系统要求为 Windows XP、Windows 7、Windows 8、Windows 10、或更高版本，不支持 Windows 95/98/ME。

（2）硬件环境典型配置：

◆ CPU：Pentium 1.2GHz 及以上，或其他公司同等级的 CPU；

◆ 内存：至少 512MB；

◆ 硬盘空间：至少 1GB；

◆ 显卡：显卡内存至少 8MB；

◆ 显示器：最低显示分辨率不低于 1024×768 像素。

2．Protel DXP SP2 的安装及汉化

Protel DXP SP2 有单机版和网络版两种。单机版适用于个人电脑，网络版适用于实验室、机房等多机环境。以下介绍单机版的安装。

（1）运行安装光盘上的"setup.exe"安装 Protel DXP SP2；

（2）注册；

（3）汉化。

首先启动 Protel DXP SP2，启动方法与其他 Windows 应用程序一样，用鼠标双击桌面的快捷方式图标，或者选择 Windows 的【开始】→【所有程序】→【Altium SP2】→【DXP SP2】选项即可启动。初次启动后将进入英文环境，如果习惯使用中文环境，可通过下面的设置进入。

启动英文环境后，单击主菜单中的 ■ DXP (X) 按钮，如图 1-8 所示，在弹出的菜单中选择

【Preferences】命令，系统将弹出【Preferences】（优先设定）对话框。

图 1-8 【Preferences】选项

在【优先设定】对话框中，选择【DXP System】中的【General】选项卡，如图 1-9 所示，选中该标签页最下方【Localization】区域中的【Use localized resources】复选框，此时系统将弹出一个提示对话框，如图 1-10 所示，提示用户此项设置将在重新启动 Protel DXP SP2 后生效。单击提示框中的【OK】按钮。

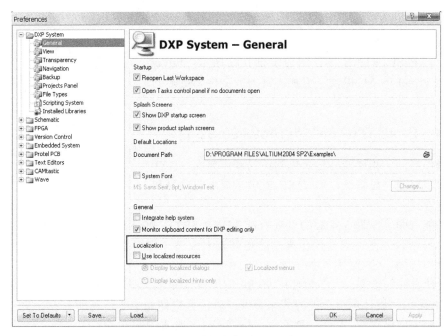

图 1-9 系统参数设置对话框

图 1-10 提示对话框

关闭 Protel DXP SP2 系统，然后重新启动，可以看到已经转换为中文环境，如图 1-11 所示。

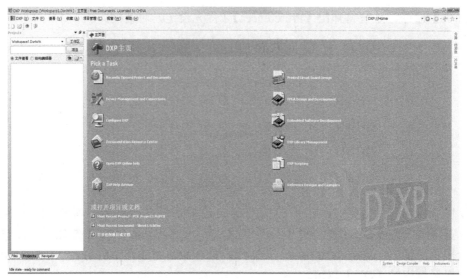

图 1-11　中文环境启动后的主窗口界面

3．Protel DXP SP2 的系统文件

Protel DXP SP2 的系统文件结构如图 1-12 所示，Protel DXP SP2 比 Protel 99 SE 提供了更加丰富的库文件和更多的案例。

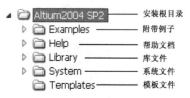

图 1-12　DXP SP2 安装后的
系统文件结构

技能 4　Protel DXP SP2 与 Protel 99 SE 比较

（1）操作界面。相比 99 SE 简单利落的操作界面，DXP 的菜单和窗口界面稍显复杂，但 DXP 提供了灵活的项目和文件的管理方式。

（2）功能方面。作为 5 年后的改进版本，DXP SP2 在 99 SE 的基础上功能更加完善，操作上也更加灵活、方便、人性化仿真功能也有较大改进。在编辑区的缩放、移动、原理图错误定位等操作方面，99 SE 有明显的不足。

（3）设计文件的管理。大多数使用 99 SE 的用户都使用"设计数据库"的方式管理项目文件，而 DXP 采用"设计项目"的方式来管理，以项目文件为中心，将所有设计的 SCH 文件、PCB 文件、SCHLIB 文件、PCBLIB 文件、仿真文件、文本说明文件、网络表文件及 GERBER 文件等汇总为一个设计项目。这种方式与现在大多数 Windows 工具软件的管理方式一致。

（4）库文件。99 SE 的原理图库文件和 PCB 封装库文件是分离的，而 DXP 采用的是集成元件库（后缀为.IntLib），同时也支持独立的原理图库文件和 PCB 封装库文件。因为 DXP 元件采用了集成元件库，所以原理图中的元件会自带默认封装，这点对于初学者，尤其是参加 CAD 考证的学生来说显得尤为方便，不过教学中要注意不要使学生对默认封装产生依赖，应当能根据实际情况更换封装。

（5）DXP SP2 兼容 99 SE。以往用 99 SE 设计的文件可以用 DXP 来打开。以 DXP 设计的项目及文件经过转换后也可以被 99 SE 打开。只需在 DXP 中打开设计项目，打开原理图或 PCB 文件，执行【文件】→【另存为...】菜单命令，将 DXP 文件保存为 4.0 或 3.0 格式的文件即可在 Protel 99 中打开。

第二篇　单面板设计

项目一　单管放大电路 PCB 设计

项目要求

设计如图 2-5 所示单管放大电路的单面 PCB。

项目目的

通过简单案例，初步认识 PCB 编辑器；能手工设计简单的单面板。

任务一　认识 Protel DXP SP2 开发环境

技能 1　认识 Protel DXP SP2 主窗口

DXP 程序启动后主窗口如图 2-1 所示，主要由菜单栏、工具栏、工作面板、编辑区域、命令栏、状态栏和面板控制中心构成。

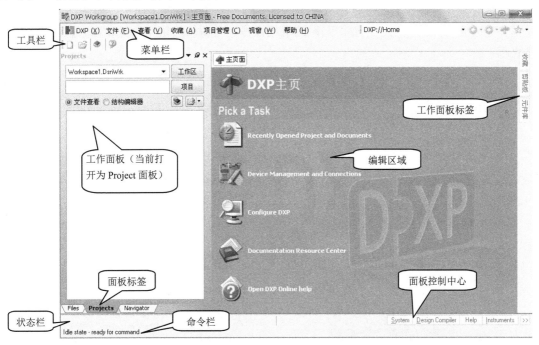

图 2-1　Protel DXP SP2 主窗口

◆ 菜单栏：主要用于设置各种系统参数，调用各种工具。

- ◆ 工具栏：包括各种常用工具的快捷按钮。当启动了某种编辑环境后，菜单栏和工具栏会自动改变以适应要编辑的文档。
- ◆ 工作面板：工作面板是为了便于操作而打开的特定功能的窗口。在主窗口左边已默认打开了【Files】、【Projects】、【Navigator】等面板，显示或关闭其中某个面板可以通过"面板标签"来实现；主窗口右侧边也有一些工作面板标签，可以单击这些工作面板标签来打开相应工作面板。
- ◆ 面板控制中心：各种工作面板的管理中心，可以单击主窗口右下角的 按钮来收起和展开。如果某些工作面板没有显示，可以通过单击面板控制中心相应的菜单来打开。
- ◆ 状态栏：显示的是当前光标的坐标位置。
- ◆ 命令栏：显示的是当前正在执行的命令名称及其状态。
- ◆ 编辑区域：图 2-1 中可以看到编辑区域中有【DXP 主页】，常见的操作命令排列在此，可以直接单击进入，方便快捷。当编辑文件时，这里将是文件的编辑区。

技能 2　工作面板操作

DXP 采用"工作面板"来管理和操作，这是它在界面上不同于 99 SE 的主要特征。

1．工作面板切换显示

工作面板切换可以通过单击主窗口左下方的面板标签来实现。单击【Files】（文件）标签将打开【Files】面板，如图 2-2 所示，该面板主要包括文档及项目的打开、创建等功能。

主窗口右侧边的工作面板默认为隐藏状态，只以面板标签的形式出现。单击主窗口右侧的工作面板标签【元件库】或者将鼠标置于其上，将打开【元件库】面板，如图 2-3 所示，该面板主要完成元件库的加载、卸载，元件的取用操作。在编辑区域空白处单击，【元件库】面板将收起。

图 2-2　【Files】面板

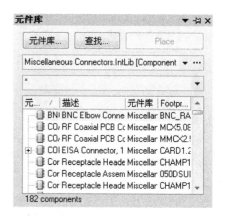

图 2-3　【元件库】面板

2．工作面板状态切换

工作面板有三种显示状态，分别是隐藏、锁定、浮动。

◆ 锁定状态：系统默认处于这种状态，如图2-2所示，处于锁定状态时，工作面板右上角显示为 ◪ 。

◆ 隐藏状态：当面板处于锁定状态时，单击 ◪ ，它将变为 ⇥ ，这时面板处于隐藏状态，当鼠标离开面板后，它将隐藏起来，只以标签形式出现。

◆ 浮动状态：用鼠标拖动面板，将其拉离主窗口侧边时，它就处于浮动状态。再将其拉回主窗口左侧或者右侧，又重新变为隐藏状态。

3．工作面板关闭与显示

若要关闭【Files】面板，可单击该面板右上角的 ✕ 。

重新打开【Files】面板，可单击面板控制中心的【System】→【Files】。

其余面板的关闭与显示操作与【Files】面板相似。

技能3　Protel DXP SP2 文件管理

Protel DXP 引入了设计项目的概念，支持集成库项目、PCB 设计项目、FPGA 项目、嵌入式项目。项目文件包含和管理各设计文件之间的关系，但并不将各文件的内容包含在内，各设计文件以文件的形式保存在计算机硬盘中。

若本次设计目的是 PCB，首先要创建一个 PCB 项目文件，然后在该项目文件下再新建或添加各种设计文件，如原理图文件、PCB 文件等。

对于更大型的设计，可能包含两种或两种以上设计项目，这时可用项目组来管理项目。

Protel DXP SP2 文档的组织结构及文件类型如图2-4所示。

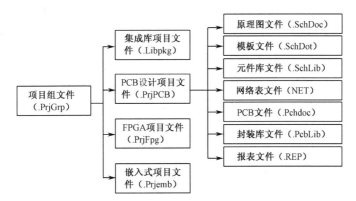

图2-4　Protel DXP 文档组织结构及后缀

○ **答疑解惑** ○

提问：那些面板被我弄得乱七八糟了，怎么恢复原样？

解答：单击【查看】→【桌面布局】→【Default】菜单命令，即可使窗口恢复初始状态。

任务二　手工设计单面 PCB

图 2-5 为项目一的原理图——单管放大电路，元件在原理图中以图形符号的形式显示。Protel 中使用的元件符号通常是国际惯用符号和标准符号。该项目非常简单，可以不画出原理图而直接手工画出单面 PCB 板。PCB 板图中，元件以封装图形的形式显示。

技能 1　认识元件及其封装

所谓封装，是指将器件或电路装入保护外壳的工艺过程。封装形式是指安装半导体集成电路芯片用的外壳。它不仅起着安装、固定、密封、保护芯片及增强电热性能等方面的作用，还可通过芯片上的接点用导线连接到封装外壳的引脚上（这些引脚又通过印制电路板上的导线与其他器件相连接）从而实现内部芯片与外部电路的连接。封装对于芯片来说是必须的，也是至关重要的，因为芯片必须与外界隔离，以防止空气中的杂质对芯片电路的腐蚀而造成电气性能下降，也更便于安装和运输。封装后的芯片就是我们看到的元件外观。

封装图形是指元件实物安装到 PCB 板上后占有的位置图形，它关系到元件的安装问题。封装图形包括元件外形轮廓及焊盘，它们的尺寸非常重要。每一种元件都有多种不同尺寸的封装，这些封装在库文件中保存，供用户使用，应根据实物尺寸来选择封装。

图 2-5 中所示的元件都属于分立元件，有电阻、极性电容、三极管，对应的元件实物及封装图形如图 2-6 所示。

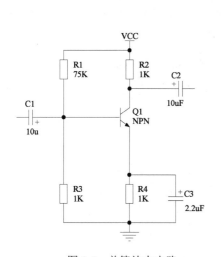

图 2-5　单管放大电路

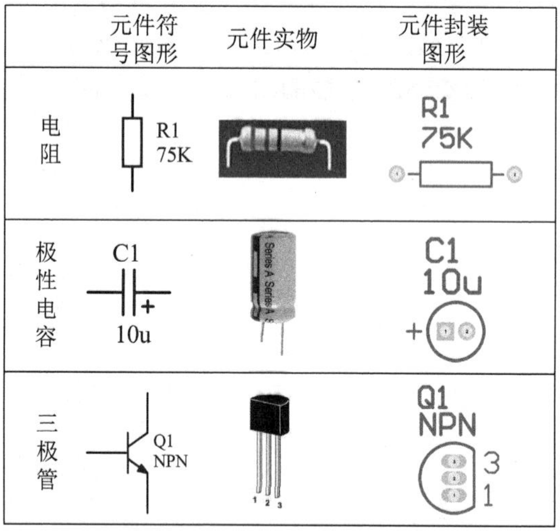

图 2-6　元件符号、实物及封装对照

技能 2　创建一个新项目

1．创建新的项目文件

执行【文件】→【创建】→【项目】→【PCB 项目】菜单命令，如图 2-7 所示，在【Projects】面板中会看到新建了一个 PCB 项目文件，该文件以.PrjPCB 为扩展名。

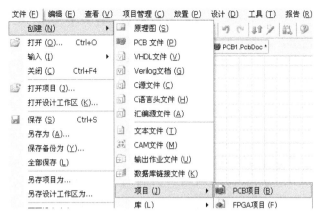

图 2-7　创建项目文件

2．保存项目文件

右键单击该项目文件，在弹出的菜单中选择【保存项目】命令，将弹出如图 2-8 所示的项目文件保存对话框，在对话框中选择保存路径并输入项目文件名称（强烈建议为每个设计项目建立独立的文件夹来保存项目中的各种文档）。单击【保存】按钮即可保存该项目文件。

图 2-8　保存项目文件

在右键菜单中选择【另存项目为…】命令，对项目改名另存。或者执行菜单命令【文件】→【另存项目为…】，将新建项目文件另存为"单管放大.PrjPCB"。

若项目或文件中有未保存的内容，在关闭 Protel 时，系统会给出提示，可选择"全部保存"或者指定某些文件保存。

技能 3　创建新的设计文件及文件操作

1．创建 PCB 文件

（1）新建 PCB 文件。执行【文件】→【创建】→【PCB 文件】菜单命令，将在【Projects】面板的项目文件下新建一个 PCB 设计文件，该文件以.PcbDoc 为扩展名。

（2）保存 PCB 文件。单击工具栏中的保存按钮 ![]，或者在右键菜单中选择【保存】命令，弹出设计文件保存对话框，在对话框中选择保存路径并输入文件名称，单击【保存】按钮即可保存该设计文件。系统默认项目中文件的保存路径与项目文件保存路径一致。

文件建立后自动处于打开状态，添加了 PCB 文件后的项目组织结构如图 2-9 所示。

图 2-9　项目组织结构

2．文件操作

（1）关闭文件。在【Projects】面板中右键单击该设计文件，在弹出的菜单中选择【关闭】命令。

（2）关闭整个项目。在【Projects】面板中右键单击项目文件，在弹出的菜单中选择【Close Project】命令。若有文件没有保存，则系统会弹出提示窗口。

（3）从项目中删除文件。在【Projects】面板中右键单击该设计文件，在弹出的菜单中选择【从项目中删除…】命令，文件将不再属于该项目，但仍存在于硬盘。

（4）给项目中添加文件。在【Projects】面板中右键单击项目文件，在弹出的菜单中选择【追加已有文件到项目中】命令，在弹出的对话框中选择文件添加到项目中。

如果想要添加到项目中去的原理图文件已经在 DXP 中被打开，在【Projects】面板上，使用鼠标将想要添加的原理图文件直接拖到目标项目中即可。

（5）文件重命名。单击面板控制中心的菜单项【System】→【存储管理器】，将弹出存储管理器窗口，在【文件】区域可以看到当前项目的所有文件，右键单击要重命名的文件，在弹出的菜单中选择【重新命名】命令，文件即可重命名，如图 2-10 所示。

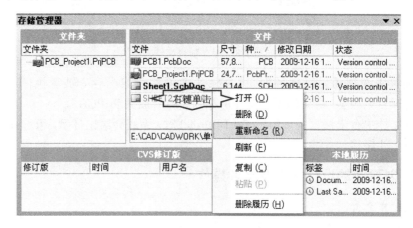

图 2-10　文件重命名

技能4　放置元件封装图形

1．初识元件库

打开 PCB 文件，单击窗口右侧的面板标签【元件库】，将弹出如图 2-11 所示的【元件库】面板。单击【库列表选择】右边的下拉列表，选择杂项库"Miscellaneous Devices.IntLib"为当前浏览库。杂项库"Miscellaneous Devices.IntLib"是最常用的元件集合库，常用分立元件都在其中。

元件列表窗口中所列的是当前库中的元件，元件通常以其英文名称或其名称的前几个字母表示。例如，电阻以"Res*"命名（*为通配符，表示任意字符），电容以"Cap*"命名，电感以"Inductor*"命名，二极管以"Diode*"命名，三极管按类型以"NPN*"或"PNP*"命名，开关以"Sw*"命名，变压器以"Trans*"命名，晶振以"Xtal"命名。

2．放置元件封装

在元件列表窗口中找到电阻 Res2 并单击选中它，则在封装图形窗口中将看到电阻的封装。

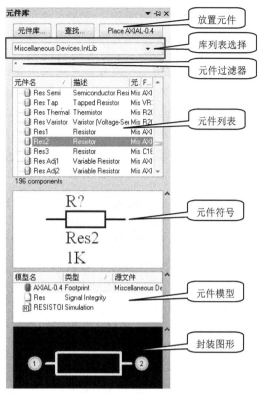

图 2-11　【元件库】面板

单击元件库面板右上角的【Place AXAIL-0.4】，弹出如图 2-12 所示的【放置元件】对话框。在标识符一栏输入元件编号"R1"，注释一栏输入元件说明信息，如型号或大小（75K），单击【确定】按钮后可以看到电阻 R1 随着十字形光标移动。在编辑区域单击鼠标放置 R_1。此时仍处于同类型元件的放置状态，可以接着放 R2、R3、R4。

同样的方法可以依次放置 C1、C2、C3 和 Q1。所有元件都放置完成后如图 2-13 所示。如果已放置的元件封装不符合要求，可双击已经放置的元件封装，在弹出的元件属性对话框中单击【封装】区域【名称】栏右边的…更换别的封装。

图 2-12　【放置元件】对话框

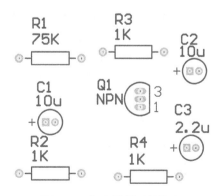

图 2-13　初步放置元件结束

15

提示

快速查找元件的其他方法：

1. 为了加快寻找的速度，可以使用关键字过滤功能。例如查找元件 Res，可以在【元件过滤器】中输入 Res*（*为通配符，可以表示任意多个字符），即找到所有含有字符 Res 的元件。

2. 在元件列表中选中任意元件，然后连续按键盘"R""E""S"键，可迅速跳转到以 Res 开始的一系列元件处找到 Res2。

为了防止忘记清除过滤器而给查找其他元件时带来不便，建议使用第二种方法。

3．调整元件

由于该项目电路较简单，可参考原理图中元件的位置和连接关系来调整元件封装的位置和方向，使有连接关系的焊盘靠近且对正，便于连线。调整元件位置的相关操作如下。

◆ 移动元件：在元件上按下鼠标左键不放，拖动鼠标，元件会随之一起移动，到达合适的位置后松开鼠标即可。

◆ 移动多个元件：首先选取全部待移动的元件，然后拖动鼠标到合适的位置。

◆ 选取元件：选取单个元件时，将光标移到元件上，单击即可选中。选取多个元件时，用鼠标拉出矩形框，矩形区域内的所有元件将均被选中；或者按下"Shift"键，同时逐一单击元件可选中多个元件。处于选中状态的元件周围会出现绿色的虚线框。

◆ 取消选取：单击空白区域，可一次取消所有元件的选中状态。按下"Shift"键，同时光标移到已处于选中状态的元件上，单击即可取消该元件的选中状态。

◆ 旋转元件：在元件上按下鼠标左键不放，同时按下"空格"键，每按一次，元件逆时针方向旋转 90 度。

◆ 水平镜像对称翻转：在元件上按下鼠标左键不放，同时按下"X"键，元件左右对调。

◆ 垂直镜像对称翻转：在元件上按下鼠标左键不放，同时按下"Y"键，元件上下对调。

尽量不要在 **PCB** 编辑环境下使用镜像对称翻转，否则可能会造成引脚与焊盘不能对应的错误！在原理图编辑环境下可以使用镜像对称翻转。

◆ 删除元件：在元件上单击，元件被选中后按下"Delete"键。

◆ 删除多个元件：用鼠标在编辑区拉出矩形窗口，选中要删除的元件，然后按下"Delete"键。

◆ 复制元件：先选中要复制的元件，然后按下"Ctrl+C"组合键，光标变为十字形，对准处于选中状态的任意一个元件单击，即将选取的元件复制到剪贴板中。

◆ 粘贴元件：按"Ctrl+V"组合键，十字形光标下将出现被复制的元件，将光标移到合适位置单击，即可完成元件的粘贴。

元件调整完成后如图 2-14 所示。

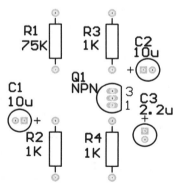

图 2-14　元件布局调整结束

4．编辑区缩放及移动

在调整元件的过程中，为了便于操作，常常需要缩放和移动编辑区。快捷操作如下。

◆ 编辑区放大：按"Page Up"键，放大时以鼠标在屏幕上位置为基准点（保持不动）。
◆ 编辑区缩小：按"Page Down"键，缩小时以鼠标在屏幕上位置为基准点（保持不动）。
◆ 编辑区精细缩放：按下"Ctrl"键，同时滚动鼠标滚轮可精细放大或缩小编辑区。
◆ 编辑区移动：在编辑区按下鼠标右键不放并拖动，可实现任意方向移动编辑区。
◆ 垂直方向移动编辑区：滚动鼠标滚轮。
◆ 水平方向移动编辑区："Shift"+鼠标滚轮。
◆ 编辑区显示全部对象："Ctrl + Page Down"组合键，或者执行菜单命令【查看】→【整个 PCB 板】。
◆ 单位切换：执行菜单命令【查看】→【切换单位】，可在公制和英制单位之间切换。

以上操作也可通过【查看】菜单中的相应命令来完成。

技能 5　放置印制导线

1．选择布线的层

打开 PCB 文件后，在编辑区的下方可以看到很多工作层的标签，如图 2-15 所示。Protel 中不同功能的线或图形应在不同的工作层中画出。

顶层（Top Layer）即靠近元件安装面的信号层，另外一面的信号层称为底层（Bottom Layer），顶层和底层用来放置印制导线。机械层 1（Mechanical 1）用于放置机械边框线；元件轮廓线放在顶层丝印层（Top Overlay）；禁止布线层（Keep-Out Layer）用于给出自动布线的范围；插装式的焊盘放在多层（Multi-Layer）。

对于单面板，只有一面有印制导线，即印制导线只能画在底层。元件安装在没有导线的一侧，即顶层。

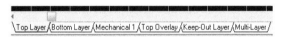

图 2-15　打开的工作层标签

绘制单面板时单击【Bottom Layer】标签，使之凸起，选中底层来布线。

2．在线规则检查设置

由于 Protel 默认启用了在线规则检查，它需要网络表来布线，但对于本项目的单面板，我们手工布线没有网络表，所以必须设置为"允许短路"。另外，为了能自由增加线宽，需要使【Width】（线宽规则）无效。

执行菜单命令【设计】→【规则】，弹出【PCB 规则和约束编辑器】对话框，如图 2-16 所示。取消图中标注位置的选中，以禁止规则检查器检查这两项：取消选中【Width】项是为了使线宽规则无效；取消选中【Short Circuit】项是为了禁止短路检查。

3．放置铜膜导线

单击使底层标签凸起，即选择底层为导线放置层。然后单击配线工具栏的【交互式布线】工具，如图 2-17 所示，光标变为十字形，将光标移到连线起点，当光标对准焊盘或导线的中心时，会出现八角形亮环，这时单击鼠标左键固定起点。

移动鼠标，即可看到一条活动的连线。移动光标到铜膜导线转折点，单击鼠标左键固定，再移动光标到铜膜导线的终点，当终点对准焊盘、导线的中心时，会出现八角形亮环，这时单击鼠标左键固定终点，再单击右键或按"Esc"键终止，完成一条导线绘制。如图 2-18 所示为导线起点和转折点已固定，终点对准焊盘中心时的状态。

图 2-16　设置禁止规则检查

图 2-17　配线工具栏

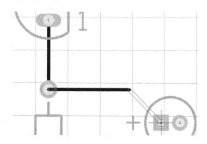

图 2-18　在底层绘制的一条导线

完成一条导线后，光标仍为十字形，可以继续放置其他导线。当需要取消连线操作时，右键单击或按下"Esc"键退出。

如果导线宽度不满足要求，例如要将导线加宽到 25mil，双击导线，弹出导线属性对话框，如图 2-19 所示，将线宽一栏修改为"25mil"。连线结束后的印制板如图 2-20 所示。

图 2-19　导线属性对话框

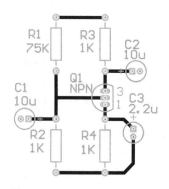

图 2-20　连线结束后的印制板

技能 6　绘制电路板边框

单击工作层标签【Mechanical 1】（机械层 1），将其作为当前工作层，然后使用实用工具栏内的放置直线工具，如图 2-21 所示，在机械层 1 内画出 4 条首尾相连的直线，作为电路板的机械边框。"放置直线"工具的操作方法与"交互式布线"工具一样。

选中封闭的矩形边框线（机械层 1 中的 4 条直线必须封闭），然后执行【设计】→【PCB 板形状】→【根据选定的元件定义】菜单命令，可见 PCB 的物理边框发生改变。

值得注意的是，机械层是板子的物理界限，即边框，边框线与元件引脚焊盘最短距离不能小于 2 mm（一般取 5 mm 较合适），否则下料会较困难。

调整元件标号、注释信息，使其置于元件轮廓线外，且不在焊盘上，朝向和位置一致，整齐美观。调整后的结果如图 2-22 所示，至此完成了这一简单的单面 PCB 的设计。

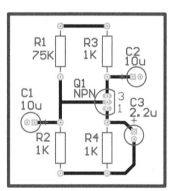

图 2-21　放置直线工具　　　　　图 2-22　编辑结束后的单面板

○ **答疑解惑** ○

提问：为什么我的元件不能用"空格"键旋转？

解答：Protel 各个版本都不支持在中文输入法状态下使用快捷键。同时按下"Ctrl+空格"键，将输入法转换成英文，然后再旋转。

提问：忘记刚才编辑的文件保存在哪儿，但文件已经关闭了，怎么办？

解答：执行菜单命令【文件】→【最近使用过的文件】，选择刚才编辑的文件打开，在主窗口标题栏会看到文件全路径。

○ **项目小结** ○

通过简单项目，熟悉 Protel DXP 的工作环境以及基本操作，认识 PCB 设计的概貌，掌握手工设计单面板的方法，掌握机械边框绘制方法。

项目二　正负电源电路 PCB 设计

项目要求

画出如图 2-23 所示正负电源电路原理图，设计其单面 PCB。

项目目的

掌握从原理图到 PCB 的完整过程，掌握单面板自动布线的方法。

任务一　编辑原理图

图 2-23 为项目二的原理图——正负电源电路，按照典型设计流程，先画出原理图，再设计 PCB。

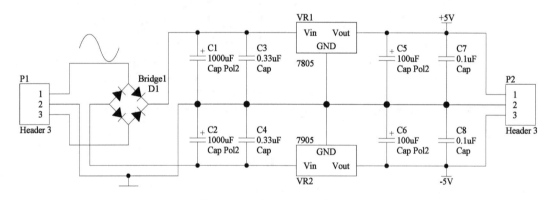

图 2-23　正负电源电路原理图

首先按照项目一中介绍的方法，创建项目文件并保存，然后继续下面的设计过程。

技能 1　原理图编辑器

1．新建原理图文件

项目文件建立后，执行【文件】→【创建】→【原理图】菜单命令新建原理图文件，或用鼠标右键单击项目文件名，在弹出的菜单中选择【追加新文件到项目中】→【Schematic】来新建原理图文件。系统将在当前项目文件下自动建立一个名为“Source Documents”的文件夹，并在该文件夹下建立原理图文件，默认的文件名为“Sheet1.SchDoc”。原理图文件建立后自动打开并进入原理图编辑环境，如图 2-24 所示。

执行【文件】→【保存】菜单命令保存原理图，默认的保存路径与项目文件相同。

如果原理图建立以后【Projects】（项目）面板如图 2-25 所示，文件“Sheet1.Schdoc”处于 Free Documents 树状结构下，表示“Sheet1.Schdoc”为自由文件，不属于设计项目。若想要它属于“PCB_Project1.PrjPCB”项目，用鼠标将它拖动到项目下即可。

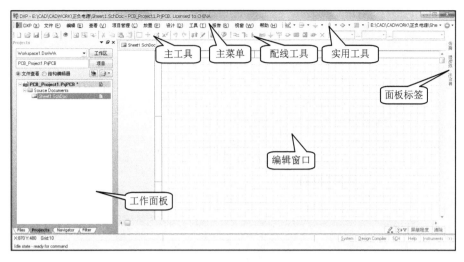

图 2-24　原理图编辑器

图 2-25　新建的自由文件

2. 原理图编辑器

原理图编辑器由主菜单、主工具栏、配线工具栏、实用工具栏（包括绘图工具、电源工具、常用元件工具等）、编辑窗口、工作面板、面板标签按钮等组成，如图 2-24 所示。

执行【查看】→【工具栏】→【原理图标准】菜单命令可以打开或关闭主工具栏。同样的方法，执行其他选项可打开或关闭相应的工具栏，如配线工具栏、实用工具栏等。

3. 原理图设计流程

原理图一般设计流程如图 2-26 所示。

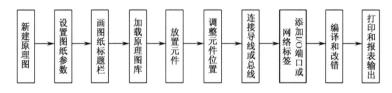

图 2-26　原理图设计流程

图纸设置好以后，按"Page Up"键放大编辑区，直到显示出大小适中的可视栅格线，即可进行原理图的绘制操作。绘制原理图的大体过程是将代表元件的电气符号放置在原理图图纸中，并将它们连接起来。

技能 2　设置图纸参数

双击图纸边框，或执行【设计】→【文档选项】菜单命令，系统会弹出【文档选项】对话框，如图 2-27 所示，选中【图纸选项】选项卡进行设置。

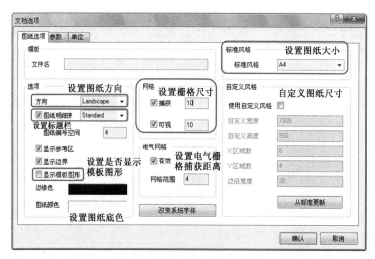

图 2-27　【文档选项】对话框

1．设置图纸方向

单击【选项】区域中【方向】栏右边的下拉列表按钮可设置图纸方向，【Landscape】表示横向；【Portrait】表示纵向。本项目的图纸方向设为横向。

2．设置标题栏（图纸明细表）

标题栏是指图纸右下方的表格，用来填写文件名称、图纸序号、设计者信息等。可以根据实际情况选择是否需要或需要哪种标题栏。

单击选中【图纸明细表】左边复选框，使之显示"√"，则图纸右下方显示标题栏。设置显示标题栏后，可在其右边的下拉列表框中选择标题栏类型，Protel 系统的标题栏类型有两种：【Standard】标准模式和【ANSI】美国模式。默认为标准模式。

如果需要自定义标题栏，不使用系统提供的这两种标题栏时，取消选中【图纸明细表】。在图纸的右下方用画线工具自己动手画出标题栏即可。

3．设置栅格尺寸

在原理图环境中网格类型有三种，即捕获网格、可视网格和电气网格。

捕获网格是指图件移动一次的步长；可视网格是指图纸放大后显示的小方格；电气网格是指连线时自动寻找电气节点范围的半径。

【捕获】栏用于设置捕获网格距离，默认为 10mil，即图件或导线移动一次的距离为 10mil。【可视】栏用于设置可视网格的大小，默认为 10mil，此项设置只影响视觉效果，不影响图件的位移量，例如【可视】设为 10mil，【捕获】设定为 5mil，则图件每次移动半个可视网格。电气网格【有效】栏左边的复选框选中时表示允许寻找电气节点，在【网格范围】中设置的值为寻找半径。如图 2-27 中所示电气网格的设置值，表示当导线靠近元件引脚 4mil 距离时就会自动吸附到引脚端点上。本项目采用默认网格。

4．设置图纸尺寸

用户可根据原理图的复杂程度确定图纸大小。打开【标准风格】下拉列表，选择一种图纸。Protel DXP 提供的标准图纸有以下几种：

公制：A0、A1、A2、A3、A4。其中 A4 最小，A0 最大。

英制：A、B、C、D、E。其中 A 最小，E 最大。

其他：OrcadA、OrcadB、OrcadC、OrcadD、OrcadE、Letter、Legal、Tabloid。

也可以选择"使用自定义风格"，自由定义图纸大小。本项目采用 A4 图纸。

技能 3　加载、卸载元件库

绘制原理图的第一步就是从元件库中找出所需元件的电气图形符号，并把它们逐一放到原理图编辑区内。所以对于初学者来说，需要掌握常用元件所在的位置和元件查找的方法。

Protel DXP 的元件图形存放在库文件中，这些库文件按照元件制造商和元件功能进行分类，存放在 Protel DXP 安装目录下的"Library"文件夹中。该文件夹中有两个集成元件库：Miscellaneous Connectors.IntLib 和 Miscellaneous Devices.IntLib，前者包含常见的接插件，后者包含了常用的电阻、电容、二极管、三极管、变压器、开关等分立元件，这两个库是我们最常用到的库。除上述两个库文件外，"Library"文件夹中还有很多文件夹，它们多数是以公司名称命名的，用来保存该公司生产的元件。例如"Philips"文件夹中是飞利浦公司生产的元件，其中包含我们常用的 P89C51 系列单片机；"Texas Instruments"文件夹内有集成元件库 TI Logic Gate 1.IntLib，常用的 74 系列门电路就在其中。

进入原理图编辑界面后，单击编辑区右上方的【元件库】面板标签，屏幕将弹出如图 2-11 所示的【元件库】面板，该面板中包含元件库栏、元件查找栏、放置元件栏、库列表选择栏、元件过滤器、元件列表、当前元件符号、当前元件模型、当前元件封装图形等栏目。其中元件封装图形默认为不显示状态，用鼠标单击该区域将显示元件封装图形。

单击图 2-11 中的【元件库】按钮，屏幕将弹出【可用元件库】对话框，如图 2-28 所示，选择【安装】选项卡，窗口中将显示当前已加载了的元件库。【项目】选项卡中显示的是当前项目中的库文件。

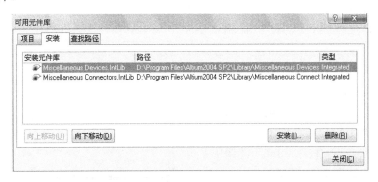

图 2-28　加载、卸载元件库对话框

单击图 2-28 中的【安装】按钮加载库文件，系统将弹出【打开】对话框，此时可以选择库文件并单击【打开】来加载，如图 2-29 所示为加载库文件 TI Logic Gate 1.IntLib 时的情况。加载完成后元件库列表如图 2-30 所示。

图 2-30 中所示的是已经加载到计算机内存中的库文件，这些库中的所有元件都可以被用户直接使用。而存放在硬盘中但还没有被加载到内存里的那些库中元件是不能被直接取用的。需要注意的是，不要加载太多暂时不用的库，也不要打开太多设计项目，以免内存不足造成 DXP 运行过慢甚至无法保存文件。

图 2-29　加载元件库　　　　　　　　　　　图 2-30　已加载的库文件

若要卸载已添加的元件库，可在如图 2-30 所示的窗口中选中待卸载的库文件名，然后单击【删除】按钮。也可同时按下"Ctrl"键，选择多个文件来删除。卸载库文件并不是彻底删除它，只是从内存中移除该库文件，但仍然保存在硬盘中 DXP 安装路径下的"Library"文件夹中，下次需要时再加载进来即可。

本项目中的元件都在 Miscellaneous Connectors.IntLib 和 Miscellaneous Devices.IntLib 中，这两个库文件默认已经加载，如果没有加载可按上述方法加载。

技能 4　放置元件

1．放置元件及属性修改

打开元件库工作面板，如图 2-31 所示，单击元件库列表下拉按钮，选择 Miscellaneous Connectors.IntLib 为当前库，则元件列表窗口将显示该库中的所有元件，找出并单击选择接插件 Header3，然后单击【Place HDR1×3】按钮，元件 Header3 会处于激活状态。【Place HDR1×3】按钮名称会随着选中的元件名称不同而改变。

在元件激活状态下，按下"Tab"键调出【元件属性】对话框，如图 2-32 所示。

（1）【属性】区域

◆ 标识符：用于输入元件编号，如"P1"。选中【可视】复选框，则字符"P1"会显示在图纸上。

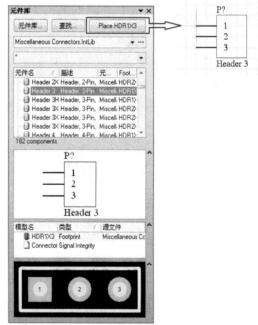

图 2-31　元件库工作面板

◆ 注释：一般用于输入元件的型号，这里默认为"Header3"。选中其右边【可视】复选框，则字符"Header3"会显示在图纸上。

◆ 库参考：是元件在 DXP 元件库中的标识符。一般不要修改，否则会引起元件识别混乱。

◆ 库：元件所在的库。这里为"Miscellaneous Devices.IntLib"，不能修改。

◆ 描述：元件的功能描述。采用默认值。

◆ 唯一 ID：由系统给出，一般不用修改。

◆ 类型：元件符号的类型。这里采用默认值"Standard"（标准类型）。

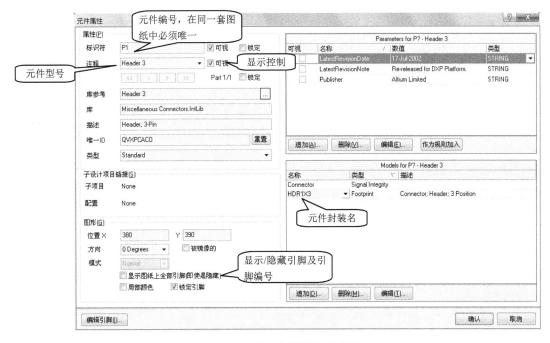

图 2-32　【元件属性】对话框

（2）【图形】区域

◆ 位置 X、Y：设置元件在原理图中的位置坐标值，不用修改，需要时在编辑区移动元件即可。

◆ 方向：元件在原理图中的放置方向，有四种选择。选中"被镜像的"复选框，可使元件镜像对称翻转。

◆ 模式：元件的风格，不需要修改。

◆ 显示图纸上全部引脚（即使是隐藏）：选中该复选框，元件的隐藏引脚、引脚名称和编号都会显示出来。

◆ 局部颜色：选中该复选框，可通过下面的颜色框修改元件局部颜色，一般不需要修改。

◆ 锁定引脚：选中该复选框，元件的引脚不可以单独移动、编辑、查看或修改属性。默认是选中的。

（3）【Parameters…】（参数）区域

该区域用于设置元件参数，对于不同元件会有所不同，针对电阻、电容等有值的元件，该区域会出现【Value】参数栏，用于设置元件值的大小。图中从上到下依次是版本日期、版本注释、发行者。单击【追加】或【删除】按钮可添加或删除参数栏。

（4）【Models…】（模型）区域

该区域可能包括【Simulation】（仿真模型）、【Signal Integrity】（信号完整性分析模型）、【Footprint】（封装模型）中的一种或几种。修改或追加元件封装时，选中【Footprint】栏，然

25

后单击【编辑】或【追加】按钮来完成。

（5）【编辑引脚】按钮

单击可弹出元件引脚编辑器来编辑引脚属性。设置完成后单击【确认】按钮。

在元件激活状态下按"空格"键可翻转元件，或按"X"键做横向镜像对称翻转，或按"Y"键做纵向镜像对称翻转。

在编辑区合适位置单击可放置元件。放置后仍处于连续放置同类元件的状态，可继续单击放置 P2。注意 P2 须横向镜像对称。

在库列表中选择 Miscellaneous Devices.IntLib 为当前库，然后在元件列表中选择极性电容"Cap Pol2"，按"Tab"键，在【标识符】栏将元件编号改为"C1"，在【Value】栏将其"数值"改为 1000μF，放置 C1。然后用同样的方法依次放置 C2、C5、C6。最后按鼠标右键退出连续放置状态。

选择无极性电容"Cap"，按"Tab"键，在【标识符】栏将元件编号改为"C3"，在【Value】栏将其"数值"改为 0.33μF，放置 C3。然后用同样的方法依次放置 C4、C7、C8。

选择整流桥"Bridge1"，按"Tab"键，在【标识符】栏改元件编号为"D1"，放置 D1。

选择三端稳压块"Volt Reg"，按"Tab"键，在【标识符】栏将元件编号改为"VR1"，在【注释】栏改元件型号为"7805"，放置 VR1。然后用同样的方法放置 VR2，元件型号为"7905"，注意 VR2须纵向镜像对称。

上述放置元件方法的好处是可以看到元件图形，且不需要记住元件全名。

放置元件的另一种方法是单击工具栏的放置元件工具，此时系统会弹出【放置元件】对话框，如图 2-33 所示，在【库参考】栏中输入需要放置的元件全名；【标识符】栏中输入元件编号；【注释】栏中输入标称值或元件型号；DXP 系统在【封装】栏中已提供了该元件默认的封装，用户也可以根据实际情况自行修改。

图 2-33　【放置元件】对话框

元件放置完成后的原理图如图 2-34 所示。

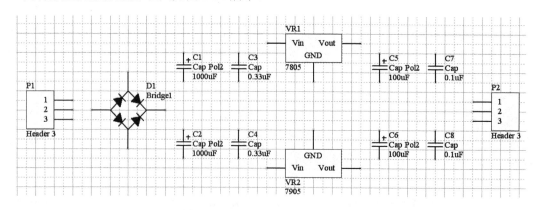

图 2-34　元件放置完成后的原理图

2．调整元件位置和方向

为了便于连线，在放置结束后仍有可能调整图中部分元件的位置和方向，可通过如下方式调整。

将鼠标移到待调整的元件上，按下鼠标左键不放，拖动鼠标，当元件调整到位后，松开左键即可移动元件位置。在元件上按下鼠标左键不放，同时按下"空格"键或"X"键，或者"Y"键可以调整元件。

放置后需要修改元件属性时，可双击需要修改的元件，调出元件属性窗口来修改。

删除元件时，将鼠标移到待删除的元件上，单击选中，然后再按"Delete"键删除。

3．调整元件编号及注释

例如，将鼠标移到电容 C_1 的编号"C1"上，拖动鼠标即可将该编号移到另一位置。在移动过程中，按下"空格"键还可以旋转它。需要注意的是，元件引脚编号和引脚名不能移动。双击编号字符串"C1"，调出参数属性设置对话框，可修改编号数字、字体或颜色。

如果在编辑过程中需移动屏幕，按下鼠标右键不放，鼠标会变成手形，然后拖动鼠标，编辑区会跟着移动。

技能 5　连线

1．认识配线工具栏

拖动配线工具栏前面的 可将工具栏变为工具窗，如图 2-35 所示。各工具的作用如下。

图 2-35　配线工具栏和工具窗

- ：绘制导线，该导线有电气连接作用。
- ：绘制总线。
- ：绘制总线分支。总线和总线分支都没有电气连接作用，需要和网络标签共同作用才能起到连接作用。
- ：网络标签。两个同名的网络标签表示这两点电气上是连通的。
- ：接地符号。修改其属性，可放置不同形状的接地符号。
- ：电源符号。修改其属性，可放置不同形状的电源符号。
- ：放置元件。
- ：绘制方块电路。主要用于层次电路中代表子图图纸。
- ：放置方块电路的 I/O 端口。它只能用在方块电路中。
- ：放置 I/O 端口。它用在一般原理图和子图中，不能用在方块电路中。
- ：忽略电气规则检查点。在不需要电气检查的点放置它，可忽略该点的电气规则检查。

2．连线

单击配线工具栏中绘制导线工具 或执行【放置】→【导线】菜单命令，光标变为十字形，处于画线状态。这时按下"Tab"键，弹出【导线属性】对话框，如图 2-36 所示，可修改导线的颜色和宽度。一般不修改，取默认值。

由于图纸中设置了自动搜索电气节点的功能，当移动光标靠近 P1 的第 1 引脚时，光标会自动跳到此引脚的电气节点上，并变为红色的"×"形状，这时单击鼠标固定导线起点，则导线与该引脚可靠连接。移动鼠标可见一条预拉导线，在导线拐弯处单击鼠标固定拐点，直至到达终点处 D1 引脚，出现红色的"×"形状时单击固定终点，如图 2-37 所示。

完成一条导线后，仍处于绘制导线状态，依次绘制其他导线，直到全部导线绘制完毕，右击鼠标退出绘制导线状态。

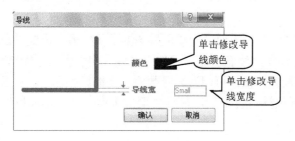

图 2-36 【导线属性】对话框

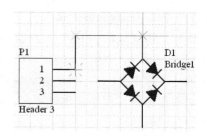

图 2-37 连接导线

3．调整导线

Protel 提供了四种布线模式，分别是 90°转角、45°转角、任意角度转角、自动转角。固定导线起点后，通过按"Shift+空格"键可以实现上述几种转角模式之间的切换，确定转角模式后再按"空格"键进行该模式中两种连接方式（起点转角/终点转角）之间的切换，如图 2-38 所示。

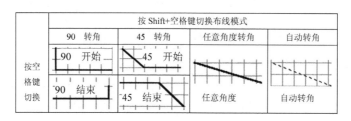

图 2-38 布线模式

在固定导线终点之前，可以通过"退格"键（Backspace）删除前一段预拉线从而重新布线。

在固定导线终点之后，若要调整导线可按以下方法操作：首先单击选中需要调整的导线，导线的起点、拐点、终点将出现绿色小方块（控点），如图 2-39 所示，若要平移某段导线，则将鼠标移动到该导线上（不要放到控点上），这时将出现四向箭头，拖动鼠标可平移导线；若要调整导线长度，在终点的控点处按下鼠标左键不放拖动控点，导线长度即可改变。

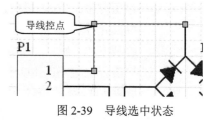

图 2-39 导线选中状态

绘制导线最好从左到右、从上到下依次进行，以免遗漏。初步连线结束后的原理图如图 2-40 所示。

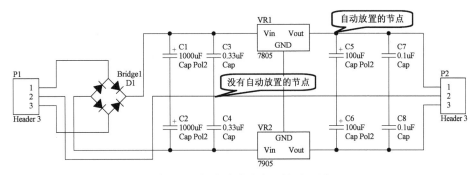

图 2-40　初步连线结束后的原理图

技能 6　放置节点

Protel 系统默认当两条导线呈"T"形相交时，系统将会自动放置节点，但对于呈十字交叉的导线，不会自动放置节点，连接时必须手动放置，如图 2-40 所示。图中的节点表示相交的导线是连接在一起的，没有节点表示两导线没有连接。

执行菜单命令【放置】→【手工放置节点】进行节点放置，完成后如图 2-41 所示。

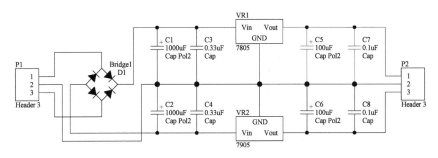

图 2-41　手工放置节点后的原理图

技能 7　放置电源、地符号

常用的电源符号有 VCC、+5V、−5V、+12V、−12V 等，常用的接地符号有电源地、信号地等。Protel 中每一个电源、地符号都有一个网络标签与之对应。

单击配线工具栏的接地符号 ，这时鼠标变为十字形，接地符号处于激活状态并跟着鼠标移动。当鼠标移至电气连接点出现红色"×"时，单击鼠标左键放置接地符号。双击接地符号，在其属性对话框中可见其网络默认为"GND"，用户也可根据图纸实际情况修改网络名称。例如在模数混合电路中通常将数字地的网络命名为"DGND"，模拟地的网络命名为"AGND"。这里地线网络采用默认值"GND"。

单击配线工具栏的电源符号 ，使之处于激活状态，这时按下"Tab"键，弹出的【电源端口】属性对话框如图 2-42 所示，在【属性】区域【网络】栏内设置电源网络名称。单击图中【风格】栏，可设置四种电源符号和三种接地符号。当鼠标移至电气连接点出现红色"×"时，单击鼠标左键放置电源符号+5V。用同样的方法放置−5V 电源符号。

另一种更加快捷的方法是使用实用工具中的电源工具放置电源和地符号。单击实用工具栏中的电源符号 ，会弹出如图 2-43 所示的窗口，在窗口中可选择合适的电源或地符号。

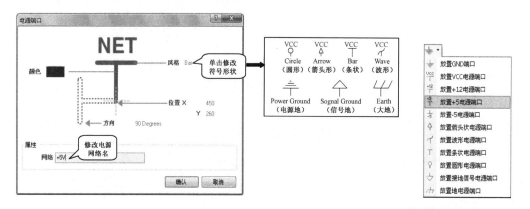

图 2-42 【电源端口】属性对话框   图 2-43 实用工具中的电源、地符号

放置电源、地网络后的原理图如图 2-44 所示。

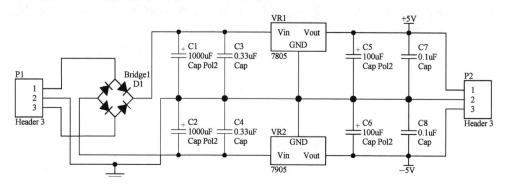

图 2-44 放置电源、地网络后的原理图

技能 8 错误连线示范

错误 1：导线与元件引脚重叠

如图 2-45 所示，导线连接元件 VR1 的引脚时，没有从引脚端点处开始连线，而是从引脚中间开始的，这样系统会自动在引脚端点与导线相交处放置节点。

错误 2：导线与导线重叠

如图 2-46 所示，导线与导线重叠时系统会自动在相交处放置节点。

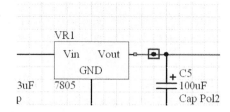

图 2-45 导线与元件引脚重叠

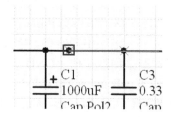

图 2-46 导线与导线重叠

错误 3：放置多余节点

如图 2-47 所示，放置多余的节点，导致电源、地短路，这类错误是致命的，一定要注意。

错误 4：导线没有可靠连接

如图 2-48 所示，导线连接到元件 D1 引脚时没有可靠连接。通常在栅格捕获和电气栅格捕获距离设置的过小时容易出现这类错误。在编辑区画面缩小时不易发现，放大后可以看见。

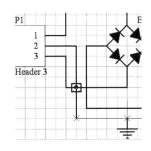

图 2-47　放置多余节点

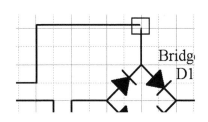

图 2-48　导线没有可靠连接

技能 9　放置说明性图形和文字

1．实用工具介绍

单击实用工具栏中的图标![]，弹出如图 2-49 所示的实用工具窗口，该窗口中的所有对象都只是图形，不具有电气连接作用。

2．绘制正弦曲线

贝塞尔曲线工具是用切线法画曲线的。绘制步骤如下：

单击实用工具栏内的"贝塞尔曲线"工具，必要时按下"Tab"键进入曲线属性设置窗口，选择线条粗细、颜色→将光标移到正弦曲线的起点，如图 2-50 中所示的 1 点，单击鼠标左键固定起点→将光标移到 2 点，单击固定拐点→将光标移到图中的 3 点单击，即可看到正弦信号的正半轴波形，但这时曲线是活动的→再次在 3 点单击，固定正弦信号正半轴的形状→再次在 3 点单击，固定正弦信号负半轴的起点→将光标移到 4 点并单击固定拐点→将光标移到 5 点并单击，即可看到正弦信号的负半轴，但这时曲线是活动的→再次在 5 点单击，固定正弦信号负半轴的形状。最后右键单击退出绘图。

绘图时注意正负半轴对称。曲线绘制结束后，单击曲线使之处于选中状态，这时调节图中的控点（绿色小方块）可以调整曲线形状。

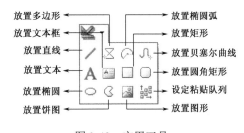

图 2-49　实用工具

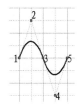

图 2-50　正弦波形的绘制顺序

3．其他常用实用工具介绍

（1）放置文本

单击实用工具窗内的放置文本工具，按下"Tab"键进入文本选项属性设置窗口，如图 2-51

图 2-51　文本属性设置

所示，输入文本信息（默认的是最近一次输入的文本信息），单击【颜色】后面的图标可设置文本的字体颜色，单击【变更】可设置文本的字体大小等，单击【确认】按钮退出。

（2）放置椭圆弧

单击实用工具窗内的"放置椭圆弧"工具，光标成十字形，跟着鼠标的默认形状是上一次使用该工具绘制的形状。移动光标到合适位置，单击鼠标左键，确定图形的中心点；接着光标自动跳转到圆的 X 轴方向，移动光标确定图形的 X 轴半径，单击固定 X 轴半径；然后鼠标自动跳转到圆的 Y 轴方向，移动光标确定图形的 Y 轴半径，单击固定 Y 轴半径，图形绘制完成。X 轴半径与 Y 轴半径相等时为圆形，不相等时为椭圆形。移动光标确定弧的起点，再次移动光标确定弧的终点。若起点与终点重合，图形为圆形或椭圆形，绘制圆形过程如图 2-52 所示；若起点与终点不重合，图形为圆弧或椭圆弧。绘制完成后，右键单击或按下"Esc"键退出绘制状态。

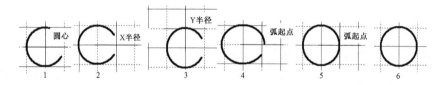

图 2-52　绘制圆形过程

在绘制过程中按下"Tab"键或者在绘制结束后双击图形，可调出椭圆属性对话框，如图 2-53 所示，通过设置 X 半径、Y 半径、起始角、结束角可绘制任意形状的圆形或弧形。

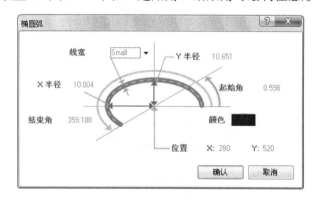

图 2-53　【椭圆弧】属性对话框

（3）绘制矩形

单击实用工具窗内的"放置矩形"工具，默认的形状是上一次绘制结束时的形状。按下"Tab"键调出【矩形】属性对话框，如图 2-54 所示。通过勾选或者取消勾选【画实心】复选框可绘制实心或者空心矩形，通过勾选【透明】可绘制透明的矩形。单击【确定】按钮，在编辑区单击固定矩形起始顶点，然后拖动鼠标并单击固定矩形终止顶点。

绘制圆角矩形的方法与直角矩形的方法相似，在属性对话框中可设置圆角的半径。

（4）绘制多边形

单击实用工具窗内的放置多边形工具，左键单击固定多边形第一个顶点，然后在适当位置依次单击固定多边形顶点，完成后右键单击退出绘图。

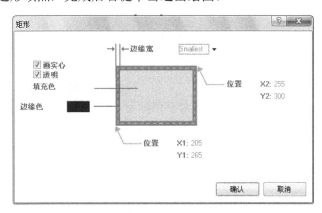

图 2-54　【矩形】属性对话框

技能 10　原理图编译及错误检查

对于简单电路，通过仔细浏览就能看出电路中存在的问题，但对于较复杂的电路原理图，单靠眼睛是不太可能查找到电路编辑过程中的所有错误的。为此，Protel 提供了编译和检错的功能，执行编译命令后，系统会自动在原理图中有错的地方加以标记，从而方便用户检查错误，提高设计质量和效率。

对原理图进行编译，也叫 ERC 检查（Electrical Rule Check）。在执行 ERC 检查之前，根据需要可以对 ERC 规则进行设置。单击【项目管理】→【项目管理选项】，打开【Options for PCB Project】对话框，可在该对话框中进行规则的设置，一般采用默认值。

1．ERC 检查操作方法

（1）执行【项目管理】→【Compile PCB Project】菜单命令，编译 PCB 项目。若被检查文件为自由文件或单个文件，则执行【项目管理】→【Compile Document】命令。

（2）编译后，系统的自动检错结果将显示在【Messages】面板中。同时在原理图文件的相应出错位置，会发现有一个红色波浪线标记。面板会自动打开，如果未打开也可以单击面板控制中心【System】→【Messages】打开。如果没有编译错误，【Messages】面板中为空白。

（3）在 ERC 测试结果中可能包含三类错误，其中"Warning"是警告性错误；而"Error"是常规错误，"Fatal"是致命错误。对于【Messages】面板中的错误必须认真分析，根据出错原因对原理图进行相应的修改。

（4）双击 ERC 检查报告中的某行错误，系统会弹出如图 2-55 所示的【Compile Errors】对话框，在该对话框中单击出错的元件，我们就会发现原理图中相应的对象会高亮显示出来，而其他部分淡化，这样可以方便快捷地定位错误，为修改原理图中的错误提供方便。

图 2-55 中提示的错误表示元件"P?"没有编号，双击该错误报告行可定位出错元件。

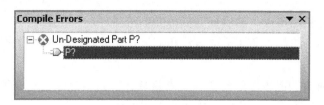

图 2-55　编译错误提示对话框

错误修改后，单击编辑区右下角的【清除】按钮可退出过滤状态。

2．常见 ERC 错误报告注解及原因分析

Un-Designated Part…：元件名字里有"？"，表示该元件没有编号。

Unconnected line…to…：可能是总线上没有标号，或者导线没有连接。

Unused sub-part in component…：表示该元件含有多个子件，而其中有些子件没有被使用。

Multiple net names on net…：同一个网络有多个网络名称，图中可能有连线错误或网络标签放置错误的问题。

Duplicate Nets…：同上，同一个网络有多个名称。

Duplicate Component Designators…：有重复元件，可能有几个元件编号相同。

Duplicate Sheet number…：表示原理图图纸编号重复，在层次电路设计中要求每张图纸编号唯一。

Floating power objects…：电源或地符号没有连接好。

Floating input pins…：输入引脚浮空，或者输入引脚没有信号输入。Protel 中输入引脚的信号必须来自于输出或者双向引脚，如果输入引脚的信号来自于分立元件，通常会报告错误，这时只要检查原理图，保证线路连接正确即可，可不理会它。

Floating Net Label…：网络标号没有连到相应的引脚或导线。

Adding items to hidden net VCC：是指在 VCC 上有隐藏的引脚。需要说明的是，如果有 VCC 隐藏引脚，一定要在电路中有 VCC 网络标签，如果电路中普遍用的是+5V，就需要将 VCC 与+5V 网络合并。

Illegal bus definitions…：表示总线定义非法，可能是总线画法不正确或者缺少总线分支。

○　**答疑解惑**　○

提问：为什么有时会找不到绘图和布线工具条？

解答：这通常是由于显示器分辨率低造成的。将显示器分辨率调整为 1024×768，就可以看到以上工具了。

提问：为什么我画的原理图总是有些地方多出一些节点，删掉后又自动有了？

解答：检查是否有导线重叠，或者导线与元件引脚重叠，系统会自动在重叠处放置节点。如果系统自动在十字交叉点放置节点，那么检查是否有元件引脚位于十字交叉点上。

提问：为什么自己放的节点和系统自动生成的不一样？有什么影响？

解答：节点起连通导线的作用，它的外观可以在属性中设置，一般不需要修改。

任务二 从原理图到 PCB

技能 1 生成网络表

从一个元件的某一个引脚到其他引脚或其他元件的引脚的电气连接关系称为网络。每一个网络都有唯一的网络名称,在 Protel 中,如果在网络中人为地添加了网络标签或电源地标识,系统会以该标签作为网络标签,否则系统会自动以其中某一引脚编号为标志来标识网络。

网络表用来描述电路中元件属性参数及电气连接关系,可以从原理图中生成,它是原理图设计和 PCB 设计之间的纽带。Protel 99 以上版本中网络表文件的作用不再那么直接,可以由原理图直接更新 PCB,只需要电路的网络连接信息,不需要生成网络表文件。

1. 生成网络表文件

执行菜单命令【设计】→【设计项目的网络表】→【Protel】,系统会根据原理图的连接关系生成 Protel 格式的网络表,网络表文件以"项目名.NET"命名,保存在项目中的"Generated/Netlist Files"子文件夹中,如图 2-56 所示。此操作将生成当前活动文档的网络表。建议生成项目的网络表。双击【Projects】面板中"项目名.NET"的网络表文件,可打开网络表。

图 2-56 网络表文件

网络表文件是文本文件,它记录了原理图中元件类型、编号、封装形式以及各元件之间的连接关系等信息。所以可通过网络表文件描述的连接关系验证原理图连线的正确性。

2. 分析网络表文件

网络表文件由两部分构成:元件描述和网络描述。每一个元件描述放在一对[ ]中,记录元件型号、编号、封装形式及注释信息;每一个网络描述放在一对括号中,记录网络标签名、该网络连接的所有元件引脚。网络表文件内容实例如下。

```
[               ;VR2元件描述开始
VR2             ;元件在原理图中的编号
SIP-G3/Y2       ;元件封装形式
7905            ;元件型号或大小等注释信息
]               ;元件描述结束
……             ;其他元件描述
(               ;NetC1_1网络描述开始
NetC1_1         ;网络名称,未指定时系统自动以网络中某元件引脚编号命名
C1-1            ;网络中连接的元件引脚之一:C1的第1引脚
C3-2            ;网络中连接的元件引脚之一:C3的第2引脚
D1-3            ;网络中连接的元件引脚之一:D1的第3引脚
VR1-1           ;网络中连接的元件引脚之一:VR1的第1引脚
```

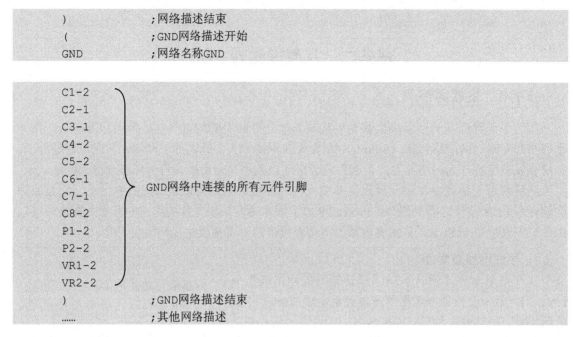

)	;网络描述结束
(	;GND网络描述开始
GND	;网络名称GND

```
C1-2
C2-1
C3-1
C4-2
C5-2
C6-1        GND网络中连接的所有元件引脚
C7-1
C8-2
P1-2
P2-2
VR1-2
VR2-2
)           ;GND网络描述结束
......       ;其他网络描述
```

对于原理图电气规则检查时发现的某些错误，有时我们不能准确判断错误所在，有时我们会对 Messages 中的报告有疑问，这时可以利用网络表中的网络描述来确认。例如通过以上网络表，我们可以断定 C1 的第 1 引脚、C3 的第 2 引脚、D1 的第 3 引脚和 VR1 的第 1 引脚已经连起来了。

另外一种方法，我们可以通过 Protel DXP 提供的【Navigator】（导航器）面板来帮助浏览原理图并确认连接关系。

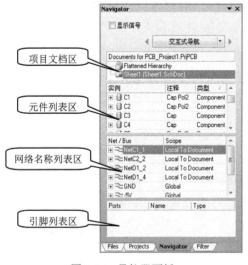

图 2-57　导航器面板

技能 2　使用【Navigator】面板

1．打开导航器面板

原理图编译后，导航器面板已默认打开，可单击【Navigator】标签切换，或者执行【查看】→【工作区面板】→【Design Compiler】→【Navigator】命令，也可单击面板控制中心的【Design Compiler】→【Navigator】启动该面板，【Navigator】面板如图 2-57 所示。

2．导航器面板使用

【Navigator】面板是按照对象的类别进行管理的，主要有两个类别：元件类和网络类。【Navigator】面板共分 4 个列表区：

（1）项目文档区

导航器的项目文档浏览区域用于选择浏览当前项目中的各种文档，包括原理图、PCB 文档、网络表等。

（2）元件列表区

在"项目文档区"选定一个文档后，"元件列表区"将列出该文档中的所有元件。单击某一元件左边的按钮⊞，可以看见该元件的参数（Parameters）、实现（Implementation）和引脚（Pins）；单击元件列表中的某个元件，可以使该元件处于浏览状态；单击元件的某一引脚，可以使该引脚处于浏览状态。处于浏览状态的对象将在编辑区高亮显示，其余部分淡化。

（3）网络名称列表区

在项目文档区选定一个文档后，网络名称列表区将列出文档中的所有网络。单击网络名称左边的按钮⊞，可以看见该网络所包含的所有引脚；单击网络名称列表中的某个网络，可以使该网络处于浏览状态（通过浏览网络可以确认原理图的连接关系）；单击网络中的某一个引脚，可以使该引脚处于浏览状态。

（4）引脚列表区

在元件列表区选中一个元件，引脚列表区将列出该元件的所有引脚；在网络名称列表区选中一个网络名称后，引脚列表区将列出该网络的所有引脚。单击其中某个引脚即可使该引脚处于浏览状态。通过观察引脚列表，可确定引脚之间的连接关系。

3．对象显示方式的设置

单击 交互式导航 按钮，可将导航方式由编辑区导航切换为【Navigator】面板。这时鼠标光标变为十字形，如果单击某个元件，导航面板元件列表栏将自动跳转到该元件；如果单击某根导线，导航面板网络列表栏将自动跳转到该网络。

单击◀ 交互式导航 ▼▶按钮右侧的▼按钮，弹出如图 2-58 所示的【显示方式设置】窗口，用户可以按照自己设定的显示方法显示待查找的对象。◀ 交互式导航 ▼▶按钮左边和右边的三角符号与"撤销"、"恢复"的功能相同。

【要高亮显示的对象】区域：用于设置高亮显示效果所作用的对象，如引脚、网络标签、端口等。

【高亮方法】区域：用于设置对象的显示效果。

（1）【缩放】复选框：在工作窗口中以设定的放大比例显示导航面板中选中的对象。放大程度可以通过拖动最下面的【缩放精度】滑动块来设定，越往左滑动放大比例越小，越往右放大比例越大。

（2）【选择】复选框：当该项选中时，导航面板中选中的对象周围显示绿色虚线框。

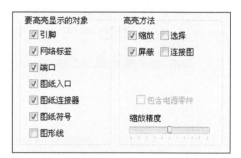

图 2-58　【显示方式设置】窗口

（3）【屏蔽】复选框：掩模功能，屏蔽其他未选中的对象，使它们淡化。

（4）【连接图】复选框：显示与该元件有连接关系的所有元件，并用虚线将它们表现出来。如果同时选中【包含电源零件】复选框，将显示与元件有连接关系的所有电源符号。

技能 3　使用向导生成 PCB 文件

在任务一中我们使用菜单命令创建了空白的 PCB 文件。这里我们使用向导来创建 PCB 文件，这种方法在建立 PCB 文件的过程中可以设置电路板的主要参数，并将自动画出禁止布线边框线。使用向导建立 PCB 文件的过程如下。

（1）打开【Files】面板，单击【根据模板新建】→【PCB Board Wizard】，打开【PCB 板向导】对话框，如图 2-59 所示。【根据模板新建】区域在【Files】面板的最下方，看不到【PCB Board Wizard】时，请将【Files】面板上方的区域收起。

（2）单击图 2-59 中的【下一步】按钮，进入如图 2-60 所示对话框，选择度量单位为公制（mm）或英制（mil）。默认选中的是英制单位。

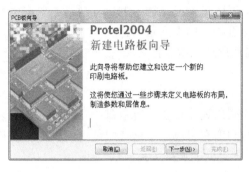
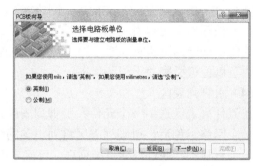

图 2-59　【PCB 板向导】对话框　　　　　　　　图 2-60　选择单位

（3）单击图 2-60 中的【下一步】按钮，进入如图 2-61 所示对话框，选择电路板配置文件。系统提供了很多常用的板型供用户选择，这里选择 "[Custom]" 自定义 PCB 类型。

（4）单击图 2-61 中的【下一步】按钮，进入如图 2-62 所示对话框，选择电路板的外形和尺寸等详情。

图 2-61　选择电路板配置文件　　　　　　　　图 2-62　选择电路板详情

图 2-62 中各项含义如下。

【轮廓形状】项：用于定义电路板的外形，有矩形、圆形、自定义三种，这里选择 "矩形"。

【电路板尺寸】项：用于定义电路板的大小，对于矩形板需设置宽度和高度，尺寸大小由电路复杂程度决定，一般在布局前可适当设置大一点，布局结束后根据实际情况并参照国家标准 GB 9316—88 设置，这里选择默认值。

【放置尺寸于此层】项：设置尺寸标注所在的层，这里取默认值 "机械层 1"。

【边界导线宽度】及【尺寸线宽度】项：取默认值 "10mil"。

【禁止布线区与板子边沿的距离】项：取默认值 "50mil"。

【标题栏和刻度】项：选择是否在印制板上设置标题栏和刻度。

【图标字符串】项：选择是否显示图标字符串。

【尺寸线】项：选择是否在印制板上显示尺寸线。

【角切除】项：设置矩形板是否有转角内陷，如果有，下一步进入转角切除设置。这里不设角切除。

【内部切除】项：设置矩形板中间是否挖空，如果有，下一步进入内部切除设置。这里不设内部切除。

（5）单击图 2-62 中所示的【下一步】按钮，进入如图 2-63 所示对话框选择电路板层。这里设置两个信号层，不需要内部电源层。向导中的信号层不支持奇数，最少为两层，不支持单面板，单面板需要在布线操作中设置，见后续内容。

（6）单击【下一步】按钮，进入如图 2-64 所示对话框，设置过孔风格。对于单面板和双面板只能选择通孔，四层以上的板可以选择盲孔和埋过孔，但由于盲孔和埋过孔加工工艺复杂，也应尽量避免使用。

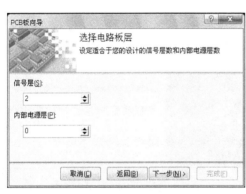

图 2-63　PCB 层数设置　　　　　　　图 2-64　过孔类型设置

（7）单击【下一步】按钮，进入如图 2-65 所示对话框，设置多数元件封装类型。

选择【表面贴装元件】时，对话框如图 2-65（a）所示，需要选择元件放在板的一面还是两面。选择【通孔元件】时，对话框如图 2-65（b）所示，需要在【邻近焊盘间的导线数】区域指定两元件引脚焊盘（100mil）之间的走线数目。

（8）单击【下一步】按钮，进入如图 2-66 所示对话框，设置印制导线最小宽度、过孔最小外径、最小内径（孔径）以及导电图形最小间隔（边沿之间的距离）。默认值是系统根据上一步所选择的焊盘之间走线条数计算出来的，一般不需要修改。

（9）单击【下一步】按钮，进入如图 2-67 所示对话框，单击【完成】按钮，结束向导，完成 PCB 文件的建立。

通过向导生成的 PCB 文件自动在 Keep-Out Layer 层绘出了封闭的禁止布线边框线，并给出了板的形状。PCB 文件生成后，建议及时保存。

在使用向导过程中，随时可单击【返回】按钮，退回到上一步重新设置。

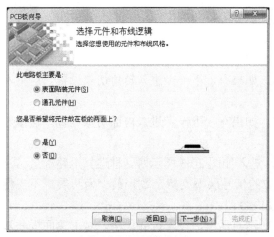
（a）多数元件为表面贴装式封装

（b）多数元件为穿通式封装

图 2-65　多数元件封装类型设置

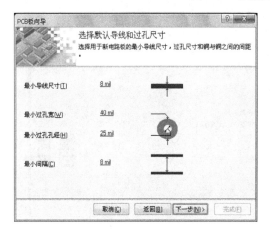

图 2-66　设置一些布线参数最小值

图 2-67　PCB 向导结束

技能 4　从原理图到 PCB

将原理图的网络连接关系导入 PCB 的方法有两种：在原理图编辑环境下执行菜单命令【设计】→【Update PCB Document…】，或者在 PCB 编辑环境下执行菜单命令【设计】→【Import Changes From…】，两者导入过程基本相同，这里以第一种方法为例介绍由原理图更新为 PCB 文件的操作过程。

（1）执行菜单命令之前，必须先确定原理图文件和 PCB 文件在同一项目文件中，且原理图文件和 PCB 文件都已经保存，否则不能执行更新命令。

（2）打开原理图文件，在原理图编辑环境下执行菜单命令【设计】→【Update PCB Document…】，系统将对原理图和 PCB 文件的网络连接关系进行比较，然后弹出【工程变化订单（ECO）】对话框，如图 2-68 所示。

系统默认更新所有的元件、网络及 Room，如果不想更新某对象，取消其前面的"√"即可。

（3）单击【使变化生效】按钮，系统检查更新项能否在 PCB 文件中执行。检查结果在【检查】列显示，如图 2-69 所示，表示该更新操作能执行，表示不能执行，【消息】列为出错原因。如果有错误，单击【关闭】按钮退出，分析原因并修改后再更新。

图 2-68　【工程变化订单（ECO）】对话框　　　　图 2-69　检查是否能执行更新

（4）检查完成后，单击图 2-69 中的【执行变化】按钮，系统将原理图的网络连接导入 PCB 文件中。导入成功则在【完成】栏以✅标记，导入失败以✖标记，如图 2-70 所示。

需要时单击图 2-70 中的【变化报告】按钮，可生成 ECO 报告文件。

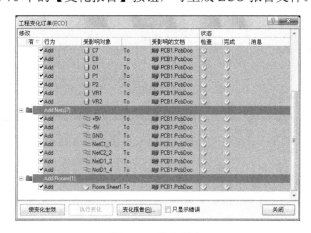

图 2-70　执行导入

（5）单击【关闭】按钮关闭对话框，在 PCB 文件中禁止布线边框外能看到导入的元件封装，元件引脚焊盘上的虚线称为飞线，飞线的连接关系与原理图的连接关系一致，这是 PCB 布线的重要依据。如图 2-71 所示，原理图的所有元件处于以该原理图名（Sheet1）命名的 Room 中。

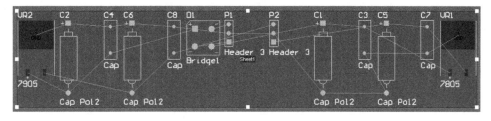

图 2-71　执行更新后 PCB 文件中的封装及飞线

技能 5　更换元件封装

从图 2-71 看到，两个三端稳压块的默认封装 SIP-G3/Y2 为贴片式封装，焊盘在顶层。实际来讲这块 PCB 板元件数量少，要求不高，可用单面板来做。由于贴片元件是默认放在顶层的（从图中可见其焊盘是红色的），而单面板只有底层布线，所以无法布线。解决的办法是将 VR1、VR2 的封装更换为直插式的封装。若一定要使用贴片元件，那么要将元件放置到底层。封装可在原理图中更换，也可在 PCB 中更换。

1. 在 PCB 中更换封装

在 PCB 编辑环境下，双击元件 VR1，弹出如图 2-72 所示的元件封装属性对话框，单击图中【封装】区域【名称】栏后的【…】按钮，在弹出的如图 2-73 所示的【库浏览】对话框中选择封装 "SFM-T3/A4.7V"，然后单击【确认】按钮。

由于原理图中元件属性中指定的封装并没有更换，所以在 PCB 中更换元件封装完成后，建议执行菜单命令【设计】→【Update Schematics in…】，反向更新原理图。

图 2-72　PCB 元件封装属性对话框

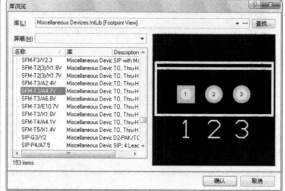

图 2-73　【库浏览】对话框

2. 在原理图中更换封装

在原理图编辑环境下，双击元件 VR1，弹出如图 2-74 所示的【元件属性】对话框，单击图中【Models】区域的【追加】按钮，弹出如图 2-75 所示【加新的模型】对话框，选择模型类型 "Footprint"，单击【确认】按钮后弹出如图 2-76 所示的【PCB 模型】对话框。

在弹出的如图 2-76 所示【PCB 模型】对话框中单击【浏览】按钮，弹出如图 2-73 所示的【库浏览】对话框，选择封装 "SFM-T3/A4.7V"，然后单击【确认】按钮。

更换封装后，在原理图编辑环境下执行菜单命令【设计】→【Update PCB Document…】，再次更新 PCB 文件，完成后可见 PCB 文件中的封装已经修改，如图 2-77 所示。

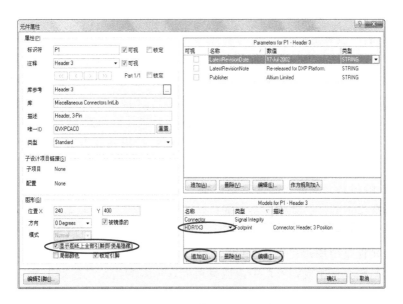

图 2-74 【元件属性】对话框

图 2-75 【加新的模型】对话框 图 2-76 【PCB 模型】对话框

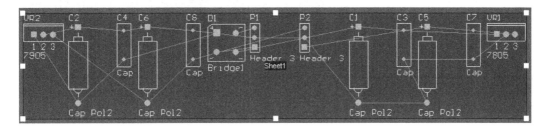

图 2-77 更换封装后的 PCB 文件

技能 6 更新 PCB 常见错误及其原因解析

在更新过程中常见的错误有如"Unknown Pin…"、"Footprint Not Found…"等，其原因有

43

以下几类。

1. 元件的封装库没有加载

如果元件封装所在的库文件没有加载到内存中，Protel 系统在更新过程中将找不到对应的封装名，从而报告错误。这类错误通常是由于原理图的元件不在默认的库列表中，是由查找操作找到的，但在放置元件的时候没有确认加载该库文件。另外，可能是由于用户换了另外一台计算机，或者重启计算机（计算机有硬盘保护）执行更新操作所致。

解决办法是：记下出错的元件编号，返回原理图，找出并双击出错的元件，调出其属性对话框，查看并记下表中【库】一栏中的库名称，然后打开元件库面板，加载该库文件。

2. 缺少元件的封装名称或封装名称不正确

在执行更新操作之前，必须确保每个元件都指定了封装。DXP 系统中，如果元件取自系统提供的库文件，都会带有默认封装，如果用户认为封装不合理可以更换。产生这类错误的原因通常是由于元件是由用户自己绘制的，但没有指定封装，或者指定的封装没有画出，或者指定的封装库文件没有加载到内存中，也有可能是输入的封装名称不正确。

解决办法是：如果元件取自系统自带库，考虑是否自己更换或修改过封装名，修改过的封装名所在库是否已加载到内存中。如果元件是自制的，查看元件属性中【模型】（Models）栏是否有指定封装，该封装是否已经绘制，封装所在库是否已加载。

3. 元件的引脚数与封装的焊盘数不对应

用户添加或者更换元件封装时，要注意元件的引脚数与封装的焊盘数量应相等（有时焊盘数可略大于引脚数），焊盘的编号要与元件引脚的编号一一对应，否则会使部分引脚没有焊盘相匹配。

解决办法是：双击元件，调出【元件属性】对话框，如图 2-74 所示，在模型窗口中选中封装名，然后单击【编辑】按钮，在如图 2-78 所示的【PCB 模型】对话框中，可以看到封装的焊盘数量和编号，然后单击【确认】按钮关闭该对话框。

图 2-78 【PCB 模型】对话框

勾选图 2-74 中的【显示图纸上全部引脚（即使是隐藏）】，然后单击【确认】按钮退出该对话框，在原理图中可以看到该元件的引脚编号处于显示状态。从而可以检查焊盘的编号与元件引脚的编号是否一一对应，如果不对应则需要更换或修改封装（自建的封装可以修改，但一般不应修改系统自带库中的封装）。

4. 元件与实物不符

例如，7905（VR2）元件示意图如图 2-79 所示，1 脚接地，2 脚为输入引脚，3 脚为输出引脚。但原理图中元件符号如图 2-80 所示，1 脚为输入引脚，2 脚接地。这类问题对于初学者来说不易发现，有时直到焊接元件时才能发现。有时，三极管由于生产标准不同也会有同样的问题。

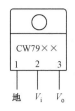

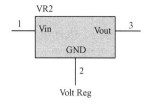

图 2-79　VR2 元件　　　　　　　　　图 2-80　元件符号

解决办法是：单击图 2-78 中的【引脚映射】按钮，在弹出的如图 2-81 所示的【模型对应】对话框中，改变元件引脚与焊盘的映射关系，将元件的引脚 1 映射到封装的焊盘 2，将元件的引脚 2 映射到封装的焊盘 1。

修改后再次更新 PCB，可见元件焊盘的网络已更改：1 脚网络为 GND；2 脚网络为 NetC2-2；3 脚网络为–5V，如图 2-82 所示，实物连接关系正确。

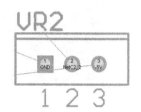

图 2-81　【模型对应】对话框　　　　　图 2-82　修改映射关系后的封装

○ **答疑解惑** ○

提问：为什么我的【Navigator】导航器面板中什么都没有？

解答：只有编译后的文件或项目才会在导航器中有导航对象和网络。

提问：为什么原理图编译会出现很多 "Signal ** has no driver"？

解答：首先检查该原理图文件是否在项目中，如果它属于 "Free Document" 则会出现上述情况；其次，若元件的输入属性引脚未连接输出属性引脚，也会出现上述情况，这种情况可以忽略。

任务三　PCB 设计

技能 1　元件布局

原理图的网络连接关系载入 PCB 编辑器以后，元件就存放在以所属原理图命名的 Room 中了，此时它们位于 PCB 禁止布线边框外。Protel 系统提供元件自动布局功能，但其效果往往不尽如人意，所以设计时通常采用手工布局或者手工布局与自动布局相结合的方式进行。

1．手工布局

如果元件不在 Room 空间内，执行菜单命令【工具】→【放置元件】→【Room 内部排列】，然后将十字形光标移至 Room 空间内单击，元件将自动按类型整齐地排列在 Room 空间内，单击鼠标右键结束操作。移动 Room 空间，对应的元件也会跟着一起移动。需要时可调整 Room 空间大小。

移动 Room 空间，将所有元件放到 PCB 禁止布线边框内，如图 2-83 所示，然后可以删除 Room 空间，开始手工布局。

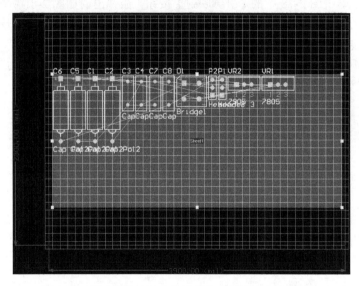

图 2-83　通过移动 Room 将元件移动到禁止布线边框内

对于本项目，布局时要遵循以下原则。

（1）按照信号流向，从左到右或者从上到下，依次为输入（交流信号）→整流→滤波→稳压。

（2）为方便操作，接插件 P1、P2 靠近板边。

（3）调整元件使飞线交叉尽量少，连线尽量短。

（4）元件朝向尽量一致，整齐美观。

依据上述原则调整元件的位置和方向。强烈建议不要在 PCB 中镜像翻转元件，以免造成安装时元件引脚无法对应的问题。手工布局调整后的 PCB 如图 2-84 所示。详细的布局原则在项目三中介绍。

2．自动布局

本项目没有使用自动布局。有时可根据需要在手工布局之前使用自动布局。

在进行自动布局前一定要确认禁止布线层（Keep-OutLayer）有封闭的禁止布线边框。单击菜单命令【工具】→【放置元件】→【自动布局】弹出元件【自动布局】对话框，如图 2-85 所示。自动布局有两种方式：分组布局和统计式布局，前者适用于元件较少的电路，后者适用于元件较多的电路。当选择分组布局方式时，可同时选中"快速元件布局"。自动布局后的 PCB 如图 2-86 所示。

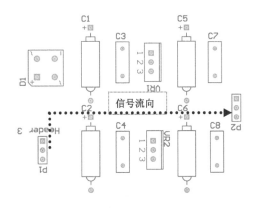

图 2-84 手工布局后的 PCB

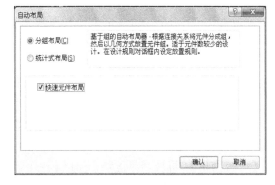

图 2-85 【自动布局】对话框

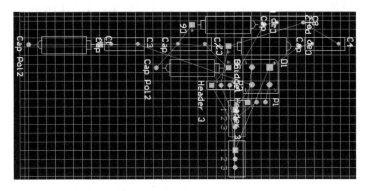

图 2-86 自动布局后的 PCB

从图 2-86 可以看到，自动布局的结果不能满足要求，还需要进一步手工调整布局。

技能 2　PCB 环境参数设置

PCB 的环境参数设置与原理图的环境参数设置相似。虽然采用默认的环境参数设置值可以满足一般的设计需要，但是通过自定义环境参数可以使操作更加灵活和方便。

执行菜单命令【设计】→【PCB 板选择项】，弹出如图 2-87 所示的对话框，在此对话框中可设置图纸单位、各种栅格、图纸大小等。

图 2-87 设置属性图纸

Protel 支持两种单位：公制（Metric）和英制（Imperial），公制默认单位为 mm，英制默认单位为 mil。单击单位选项后面的下拉菜单进行选择，这里选择英制。

PCB 编辑环境下定义了四种网络。

【捕获网格】：指光标移动时的最小间隔，分 X 和 Y 轴两个方向。设置方法是单击选项后面的下拉菜单按钮，根据需要选择适当的选项，也可以直接输入合适的数值及单位。

【元件网格】：指元件移动的间隔。通过改变元件网格的设置值，可以精确地移动元件。

【电气网格】：布线时，当导线与周围的焊盘或过孔等电气对象的距离在电气栅格的设置范围内时，导线会自动吸附到电气对象中点上。

【可视网格】：可视网格区域【标记】栏可设置栅格线条类型为实线（Lines）或虚线（Dots）。Protel 支持两种不同尺寸的可视网格，其中网格 1 的尺寸一般比较小，只有工作区放大到一定程度时才会显示；网格 2 的尺寸一般比较大。单击【网格 1】或者【网格 2】后的下拉按钮可分别设置网格尺寸。系统默认只显示网格 2，若要显示网格 1，可执行菜单命令【设计】→【PCB 板层次颜色】，在弹出的对话框的【系统颜色】区域中勾选【Visible Grid 1】复选框即可使网格 1 可见。

图纸设置：在【图纸位置】区域，从上到下依次可设置图纸起始位置的 X 轴坐标、Y 轴坐标、图纸的宽度、图纸的高度、图纸是否显示以及图纸的锁定状态等。选中【显示图纸】复选框即可在工作窗口中显示图纸，图纸默认为白色。

技能 3　认识 PCB 中的工作层

Protel 提供了多种不同类型的工作层，如信号层、内部电源/地线层、机械层、丝印层、多层等，这些层有的是在印制板中物理存在的，有的只是在设计过程中逻辑存在，并不在 PCB 实物中。

1．工作层显示和颜色管理

执行菜单命令【设计】→【PCB 板层次颜色】，弹出的【板层和颜色】对话框如图 2-88 所示。

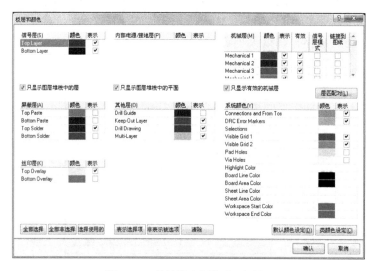

图 2-88　【板层和颜色】对话框

工作层的类型和含义如下。

（1）【信号层】（Signal Layers）：用于放置铜膜导线、覆铜区、焊盘、过孔等，最多支持32个信号层。信号层包括顶层（Top layer）、底层（Bottom layer）和30个中间信号层（Mid layer1～30）。单面板只能使用底层布设铜膜导线，双面板使用顶层和底层布设铜膜导线，四层以上的板才可能用到中间信号层和内部电源/地线层。

（2）【内部电源/地线层】（Internal plane layers）：主要用于布设电源线和地线，最多可有16个内部电源/地线层（Plane1～16）。单、双面板不会用到内部电源/地线层，多层板才可能用到。

（3）【机械层】（Mechanical）：主要用于放置PCB板的物理边框尺寸、标注尺寸、装配说明等，最多可有16个机械层（Mechanical 1～16）。一般将对准孔、印制板边框等放在机械层一（Mechanical 1）中；板上的机械结构件等放在机械层三（Mechanical 3）中；标注尺寸、注释文字等放在机械层四（Mechanical 4）中。

（4）【屏蔽层】（Mask Layers）：共有四层，其中两层为焊锡膏层（Paste Layer），分别是Top Paste（顶层焊锡膏层）和Bottom Paste（底层焊锡膏层）。设置焊锡膏层的目的是为了便于贴片式元器件的安装，不安装表面粘贴元件的层不需要设置焊锡膏层。还有两层是阻焊层（Solder-Layer），分别是Top Solder（顶层阻焊层）和Bottom Solder（底层阻焊层）。设置阻焊层的目的是在焊盘和过孔周围设置保护区，以防止进行波峰焊接时，连线、填充区、覆铜区等不需焊接的地方也粘上焊锡。在电路板上，除了需要焊接的地方（主要是元件引脚焊盘、连线焊盘）外，均涂上一层阻焊漆（阻焊漆一般呈绿色或黄色）。单面板只需要底层阻焊层，其他板一般要两个阻焊层。

（5）【丝印层】（Silkscreen layers）：主要用于放置元件的外形轮廓、标号和注释等信息，共两层，包括顶层丝印层（Top Overlay）和底层丝印层（Bottom Overlay）两种。一般元件应尽可能都放置在顶层上，所以只设置顶层丝印层，若特殊情况有元件放底层，则需要设置底层丝印层。

（6）【其他层】（Other Layers）：包括放置焊盘、过孔及布线区域所用到的层。

◆ Drill Guide（钻孔指示图层）：钻孔指示图层和钻孔图层用于绘制钻孔的孔径和位置信息。

◆ Keep-Out Layer（禁止布线层）：用于指定放置元件和布线范围。使用自动布局或自动布线命令之前必须有封闭的禁止布线区域。

◆ Drill Drawing（钻孔图层）。

◆ Multi-Layer（多层）：用于放置电路板上所有的穿透式焊盘和过孔。

（7）【系统颜色】区域设置了某些辅助设计的默认显示色。

◆ Connections and From Tos（连线层）：用来控制飞线显示及飞线颜色。

◆ DRC Error Makers（设计规则检查错误）：用来控制DRC错误的显示及显示颜色。

◆ Selections（选择）：用于设置PCB编辑器中对象处于选中状态时的显示颜色。

◆ Visible Grid 1及Visible Grid 2（可视栅格）：用来控制可视栅格1和可视栅格2的显示及显示的颜色。

◆ Pad Holes及Via Holes（焊盘孔和过孔）：用来控制焊盘孔和过孔的显示及显示颜色。

◆ Board Line Color及Board Area Color（板线色和PCB板底色）：用来定义PCB板线条

和板体区域的底色。

◆ Sheet Line Color 及 Sheet Area Color（图纸线颜色和图纸的底色）：用来定义图纸线条和图纸的显示颜色。Protel 中一般将板（Board）放在图纸（Sheet）中，也可以不显示图纸。

◆ Workspace Start Color 和 Workspace End Color（工作区的开始颜色和结束颜色）：用来设置工作区的开始和结束的显示颜色。

对于以上各层，选中层次名称右面【表示】列的复选框，相应的层就会在 PCB 编辑区中显示。选中【有效】项则该层可用。选中【链接到图纸】项则该机械层不显示，但是依然可以对机械层进行操作，只是看不到操作的结果。各层的颜色一般取默认值，不需要修改。

2．工作层设置

系统默认打开的信号层只有顶层和底层，对于设计多层板的用户，可根据需要通过层堆栈管理器来添加或删除板层。

执行菜单命令【设计】→【层堆栈管理器】，弹出如图 2-89 所示的对话框。

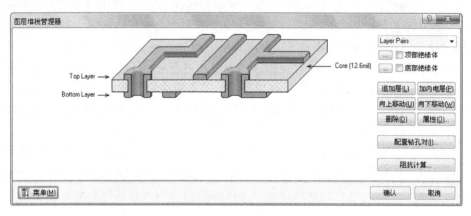

图 2-89　PCB 板堆栈管理

单击图 2-89 左下方的命令【菜单】→【图层堆栈范例】，可见多种类型 PCB 模板供选择使用。

在图 2-89 中单击鼠标选中一个信号层，例如 Top Layer，然后单击图右边的【追加层】按钮可增加中间信号层，如果单击【加内电层】按钮，则增加内部电源/地线层。也可以选中某层后执行【向上移动】、【向下移动】或者【删除】项。

图 2-90　【介电性能】对话框

双击某层名，例如基底（Core），或者选中该层后单击【属性】按钮，弹出该层的属性对话框，如图 2-90 所示，即可供查看或修改该层参数。

技能 4　布线规则设置

布线，即用铜模导线取代同一网络的飞线，实现焊盘、过孔等导电对象之间的电气连接。导线布通后飞线会自动消失。

Protel 系统提供了功能强大的自动布线器帮助用户完成布线工作，为了使布线器的布线结果更理想，在布线之前要设置布线规则。执行菜单命令【设计】→【规则】，检查并修改有关布线规则，如走线宽度、线与线之间以及连线与焊盘之间的最小距离、平行走线最大长度、走线方向、覆铜与焊盘连接方式等规则，否则布线器将采用默认参数布线，但默认设置往往难以满足各种印制板的布线要求。

执行菜单命令【设计】→【规则】，弹出如图 2-91 所示对话框，图中左窗口的 Design Rules（设计规则）包括：Electrical（电气规则）、Routing（布线规则）、SMT（贴片规则）、Mask（屏蔽规则）、Plane（内层设计规则）、Testpoint（测试点规则）、Manufacturing（制造规则）、High Speed（高速电路设计规则）、Placement（元件布置规则）、Signal Integrity（信号完整性分析规则）。这里重点介绍布线规则。单击展开【Routing】（布线规则），可见其中包括七项规则：

图 2-91　PCB 设计规则对话框

1. Width（布线宽度）

在自动布线前，一般要指定整体布线宽度、特殊导线布线宽度以及电源、地线网络的布线宽度。一般来说，印制板的导线越宽越好，但受到布线密度、焊盘大小和布通率制约，宽度并不能任意设置，一般地线最宽、电源线其次、信号线最窄，电源线也可与地线一样宽。

本项目属于独立电源，每条线都是电源线，即网络不属于+5V、−5V、GND 网络，所以需要整体加粗，本项目加粗到 25mil。如图 2-92 所示打开布线宽度对话框，选中【第一个匹配对象的位置】区域下面的单选项【全部对象】，然后在【约束】区域分别按图 2-92 所示设置最小线宽（Min Width）、最大线宽（Max Width）、优先线宽（Preferred Width）。优先线宽是自动布线器针对设定的对象（这里是全部对象）布线时使用的线宽，优先线宽必须在最大、最小线宽指定的范围内，超过上限时系统自动默认为最大值，低于下限时系统自动默认为最小值。如果设置不符合规范，系统会用红色字提示出错。

若要增加其他特殊网络或导线的线宽规则，在图 2-92 左窗口【Width】上右键单击，在弹出的菜单中选择【新建规则】。若有多条线宽规则时应注意它们的优先级顺序。

2. Routing Topology（布线拓扑模式）

该规则用于设置焊盘之间的布线规则。在【约束】区域，单击【拓扑逻辑】栏的下拉按钮，可见此规则包含七种布线拓扑模式。默认模式为最短布线模式（Shortest）。

对于整个电路板，一般信号线选择最短布线模式，而对于电源网络、地线网络来说，应根据需要选择最短模式、星形模式（Starburst）、菊花链模式（Daisy…）或其他。

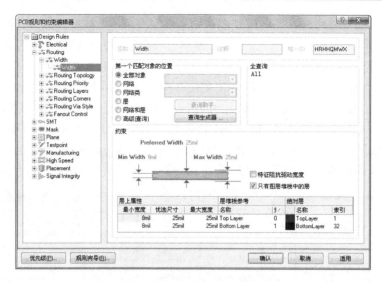

图 2-92   布线宽度对话框

3．Routing Priority（布线优先级）

在电路系统中，某些网络的布线有特殊规则，如输入/输出信号线要尽可能短，电源线、地线也要尽可能短，布线时对有特殊要求的网络可优先布线。Protel 提供了 0～100 级布线优先权（0 最低，100 最高），即可以定义 101 个网络的布线顺序。一般来说，可将地线的优先权设置成最高，电源其次，最后是信号线。信号线中，重要的信号线（如高频、高速信号线）优先权高，其次是其余信号线。

在设计规则下单击【Routing Priority】（布线优先级），如图 2-93 所示，在【第一匹配对象的位置】选项区设置优先级适用对象，单击【约束】选项区布线优先级栏右侧递增或递减按钮选择所需的优先级，也可直接输入优先级数值。

在【Routing Priority】上右键单击，选择新建规则，增加有特殊要求的某层或某类网络的优先级。

图 2-93   布线优先级设置对话框

4．Routing Layers（布线层）

在设计规则下单击【RoutingLayers】（布线层），如图 2-94 所示，若为双面板，在【约束】选项区选中【Top Layer】和【Bottom Layer】单选项，允许顶层和底层布线。本项目为单面板，只能在底层布线，所以只选中【Bottom Layer】。

图 2-94　布线层设置对话框

5．Routing Corners（导线转角方式）

单击【RoutingCorners】（导线转角方式），如图 2-95 所示，单击【风格】栏后的下拉列表按钮，可见系统提供了 45 度、90 度、圆角三种转角模式。系统默认的转角模式为 45 度，转角过渡斜线垂直距离为 100mil（即 2.54mm），适用范围是 PCB 内的所有导线，一般可采用默认值。

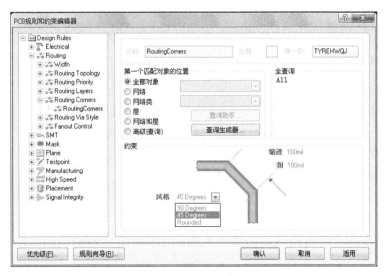

图 2-95　导线转角方式设置对话框

三种转角模式中，圆角走线转角处电阻最小，但布线密度最低；90 度转角布线密度最高，但转角处电阻最大，在高频电路中应尽量避免使用；45 度转角模式最为常用，转角处电阻较小，布线密度也较大。

6. Routing Via Style（过孔规格）

单击【RoutingVias】，如图 2-96 所示，在【约束】选项区设置过孔孔径（内径）和过孔直径（外径）的值，优先值必须在最大值、最小值指定的范围之内。

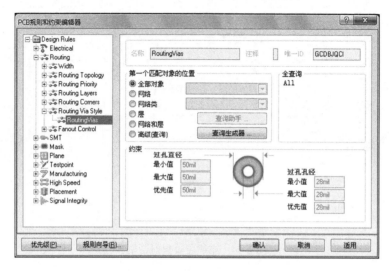

图 2-96　过孔规格设置对话框

过孔与焊盘不同，过孔用于连接不同层上的印制导线，孔径可以比焊盘小，但一般不小于板厚的 1/5，否则加工难度大，成本高，如果孔径太大，会降低布线密度和布通率。

7. Fanout Control（扇出控制）

Fanout Control（扇出控制）规则主要用于设置 BGA、LCC、SOIC 等芯片的布线控制。扇出控制参数设置单元中有扇出导线的形状、方向及焊盘、导孔的设置，一般可以采用默认值。

技能 5　自动布线

1. 设置布线策略

完成布线规则设置后，根据需要对 Situs 布线策略进行设置。

执行菜单命令【自动布线】→【设定】，弹出【Situs 布线策略】对话框，如图 2-97 所示，该对话框分为两栏：布线设置报告和布线策略。

（1）布线设置报告

布线设置报告的报告栏（Report Contents）内列出了详细的布线规则和受影响的对象数目，并以超链接的方式将列表规则链接到各个规则设置栏，可以进行更改和修正。

单击 编辑层方向 … 按钮，弹出层方向对话框，可更改各层走线方向。

单击 编辑规则 … 按钮，弹出 PCB 规则和约束编辑器对话框，可以继续修改规则设置。

单击 另存报告为 … 按钮，可将规则报告导出为*.htm 格式保存。

图 2-97　【Situs 布线策略】对话框

（2）布线策略

系统提供了 6 种布线策略供选用，分别是：Cleanup（优化的布线策略）、Default 2 Layer Board（默认双面板）、Default 2 Layer With Edge Connectors（带边沿连接器的双面板）、Default Multi Layer Board（默认多层板）、General Orthogonal（普通直角布线策略）和 Via Miser（过孔最少化布线策略）。也可以追加新的布线策略。

若在执行自动布线前，PCB 上已经布有导线（即预布线），又不希望自动布线过程中改变其位置，可选中【锁定全部预布线】选项。设置完成后单击【OK】按钮，确认并退出。

2．运行自动布线

执行菜单命令【自动布线】→【全部对象】，弹出的对话框与图 2-97 基本相同，只是图 2-97 的【OK】按钮变为【Route All】按钮。单击【Route All】按钮系统开始自动布线。自动布线过程中，系统会在【Messages】面板中显示当前布线进程。

自动布线可能需要几秒或者几分钟甚至更长时间，若在自动布线过程中发现异常，可执行菜单命令【自动布线】→【停止】，终止布线。

当【Messages】面板中出现 "Routing Finished…"，表示布线结束，同时显示布通率和未布导线条数。自动布线并不总是 100%布通的，布局不合理，布局过于密集，布线规则设置不合理，或者规则设置太严格都会导致部分导线无法布通。

除全部对象自动布线外，还可以对指定的区域、网络、元件进行局部布线。

执行菜单命令【自动布线】→【网络】可对选定的网络进行布线，执行【连接】可布两个焊盘之间的连接导线，执行【元件】可布与指定元件焊盘相连的所有连线。

若对布线结果不满意，可拆除连线，修改规则后再布线，或者手工布线。自动布线结束后如图 2-98 所示。

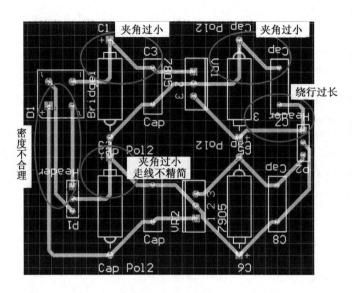

图 2-98　自动布线结果

技能 6　手工修改布线

由图 2-98 可见，自动布线的结果仍有多处不理想的情况，最常见的现象有走线转弯太多造成导线过长、夹角过小，导致夹角处电阻突变、密度不合理导致没有充分利用印制板空间等。

本项目自动布线缺陷如图 2-98 所示，拆除需要修改的导线，然后用交互式布线工具在底层手工布线。

执行菜单命令【工具】→【取消布线】，弹出的菜单中有以下几种拆除导线的方法。

◆ 全部对象：拆除全部导线。

◆ 网络：执行该命令后，光标变为"十"字形，移动光标到待拆除网络的任意一点，单击即可拆除该网络的导线。

◆ 连接：执行该命令后，移动"十"字形光标到待拆除连接导线上任意一点，单击即可拆除焊盘与焊盘之间的连接导线。

◆ 元件：执行该命令后，移动"十"字形光标到待拆除导线的元件上，单击即可拆除该元件所有焊盘上的连接导线。

拆除导线后，可手工局部布线，手工布线方法如项目一中所述。

改动不大的导线不需拆除，局部调整即可，例如图 2-98 所示密度不合理的那条导线，只需向右平移即可。调整导线的方法如下。

◆ 平移导线：单击选中导线，这时导线的起点、中点、终点处出现高亮的小方块形状，即控点，如图 2-99（a）所示。将鼠标移至导线上（除控点外的任意位置），光标变为

四向箭头，单击左键拖动鼠标即可平移导线，平移时导线两端的连接不会断开，如图
2-99（b）所示，平移后往往还需要调整两端控点使转角成 45 度。若没有先选中导线，
直接按下鼠标拖动，导线平移时两端会断开，如图 2-99（c）所示。

◆ 折断导线：拖动导线中点处控点，导线折断，变成两根相连的导线。

◆ 调整导线拐点：拖动拐点处控点。

◆ 调整导线长度：拖动导线起点或终点处控点。

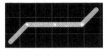

　（a）选中导线　　　　　　（b）平移，两端不断开　　　　　（c）平移，但两端断开

图 2-99　平移导线

修改后的结果如图 2-100 所示。

技能 7　调整元件文本位置

元件的标识符和注释等文本排列应朝向一致、整齐美观，且不能放在焊盘和过孔上，不
能放在元件轮廓下面。这些文本可以手工逐个调整（如项目一中介绍），也可以通过菜单命令
批量自动定位文本位置（但结果仍需手工调整）。自动定位文本位置的方法如下。

选中需要定位的元件，执行菜单命令【编辑】→【排列】→【定位元件文本位置】，弹出
如图 2-101 所示的【元件文本位置】对话框。

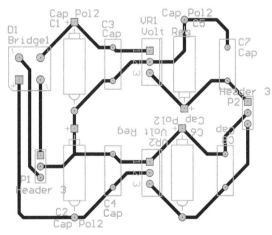

图 2-100　手工修改后的连线

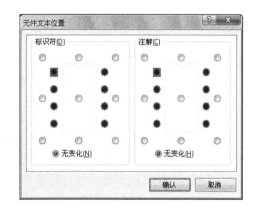

图 2-101　【元件文本位置】对话框

在图 2-101 所示的对话框中，可对元件的标识符位置和注释位置进行设置，共有 9 种不同
的位置，选择合适的位置然后单击【确定】按钮即可完成文本位置的自动调整。调整文本位
置后的 PCB 如图 2-102 所示。

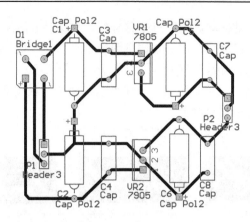

图 2-102　调整文本位置后的 PCB

技能 8　调整机械边框大小

按照项目一中介绍的方法调整禁止布线边框的大小，然后用实用工具栏中的"放置直线"工具 在机械层 1 画出封闭的机械边框，如图 2-103 所示。机械边框是印制板裁板下料的依据。

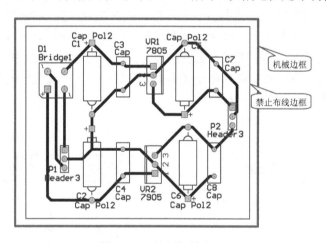

图 2-103　绘制机械边框

执行菜单命令【设计】→【PCB 板形状】，弹出的菜单中有以下几种 PCB 形状编辑命令。

◆ 重定义 PCB 板形状：单击该命令，进入重定义状态，此时光标变成"十"字形，原有的 PCB 形状变成绿色，背景变成黑色。在编辑区中某一点左键单击作为 PCB 形状的起点，移动鼠标确定第二个顶点，依次确定 PCB 形状的所有顶点，然后右键单击退出，即可看到重新定义的 PCB。设计时起点与终点不需重合，系统会自动把起点和终点连接起来，构成封闭图形。

◆ 移动 PCB 板顶：重新定义了 PCB 的形状后，可能还需要进行局部修改，使用该命令可以移动 PCB 顶点的位置。

◆ 移动 PCB 板形状：使用该命令可以在图纸上移动 PCB 的形状。移动中可以按"空格"键使 PCB 形状旋转，按"X"、"Y"键使 PCB 形状镜像对称。

◆ 根据选定的元件定义：使用该命令前，先选择一个封闭的图形作为 PCB 的物理边界，一般选择机械边框线，然后执行该命令可根据选定的封闭图形重新确定 PCB 的形状。

技能 9　三维视图

通过三维视图，可以清楚地观察元件、丝印层文本、覆铜、导线、电路板等的形状和位置，还可以查看布板密度。

执行菜单命令【查看】→【显示三维 PCB 板】，系统将弹出如图 2-104 所示的窗口，在窗口左侧有【浏览网络】和【显示】控制面板。在显示区可实现元件、丝印层、铜、文本、电路板的组合或者单独显示。在显示区域或工作区拖动鼠标可改变视角，从不同角度观察 PCB 板。

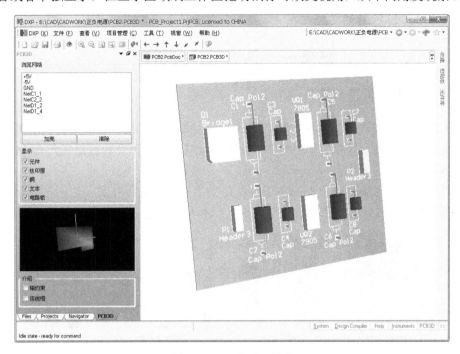

图 2-104　三维显示效果

○ **答疑解惑** ○

提问：为什么我移动禁止布线边框时总是拉断线条，不能封闭平移？

解答：在平移线条时首先要先单击选中它，然后将鼠标移到线条上（注意：不能放到控点上），这时会出现四向箭头，拖动鼠标即可。

○ **项目小结** ○

通过本项目，熟悉 Protel DXP 原理图编辑环境，掌握 DXP 的项目管理方式。掌握简单原理图的绘制方法、编译及检错方法；掌握从原理图更新 PCB 的方法；熟悉布线规则的设置方法，掌握单面板自动布线及手工修改导线的方法。

项目三 简易定时器贴片式 PCB 设计

项目要求

画出如图 2-110 所示简易定时器电路原理图，使用贴片封装设计其单面 PCB。

项目目的

掌握从原理图到 PCB 的完整过程，掌握贴片单面板手动布线的方法。

任务一 认识贴片元器件

技能 1 认识元件及封装

电子元器件的封装通常有贴片式和直插式两种方式。我们在项目一中认识了简单的直插式元器件及其封装，本项目介绍常用的贴片元器件及其封装，以及和直插式元器件的对比。

1）电阻

固定阻值电阻的封装尺寸主要决定于其额定功率及工作电压等级，这两项指标的数值越大，电阻的体积就越大，电阻常见的封装有通孔式和贴片式两类，如图 2-105 所示。

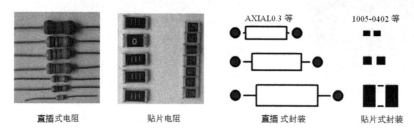

图 2-105 固定电阻及其封装

直插式电阻封装为 AXIAL-xx 形式，后面的 xx 代表焊盘中心间距为 xx 英寸。常见的封装有 AXIAL-0.3、AXIAL-0.4、AXIAL-0.5、AXIAL-0.6、AXIAL-0.7、AXIAL-0.8、AXIAL-0.9、AXIAL-1.0。直插式电阻功率与封装尺寸如下。

1/8W ----AXIAL-0.3

1/4W ----AXIAL-0.4 或 AXIAL-0.3（如果弯折的比较靠近电阻根部的话）

1/2W ----AXIAL-0.5 或 AXIAL-0.4（如果弯折的比较靠近电阻根部的话）

1W ----AXIAL-0.6 或 AXIAL-0.5（如果弯折的比较靠近电阻根部的话）

2W ----AXIAL-0.8 或 AXIAL-0.9

3W ----AXIAL-1.0

5W ----AXIAL-1.2

贴片电阻常见的封装有 9 种，用两种尺寸代码来表示。一种尺寸代码是由 4 位数字表示的 EIA（美国电子工业协会）代码，前两位与后两位分别表示电阻的长与宽，以英寸为单位。我们常说的

0603 封装就是指英制代码。另一种是公制代码，也由 4 位数字表示，其单位为毫米。表 2-1 列出贴片电阻封装英制和公制的关系及详细的尺寸，以及其额定功率和最高工作电压。

2）电容

常见的电容分有极性电容和无极性电容，有极性电容常用电解电容，而常见的电解电容有钽电解电容和铝电解电容，外观如图 2-106 所示。电容的封装形式分别有贴片式和直插（通孔）式，如图 2-107 所示。

无极电容直插式封装以 RAD 标识，有 RAD-0.1、RAD-0.2、RAD-0.3、RAD-0.4，后面的数字表示焊盘中心孔间距，如 RAD-0.3 表示封装的两个焊盘中心距为 0.3 英寸（即 300mil）。无极性电容封装尺寸的选择与电容量、耐压值及温度特性有关。

表 2-1　贴片电阻封装尺寸及其额定功率和最高工作电压对应关系

英制(inch)	公制(mm)	长 L(mm)	宽 W(mm)	高 t(mm)	功率	最高工作电压（V）
0201	0603	0.60±0.05	0.30±0.05	0.23±0.05	1/20W	25
0402	1005	1.00±0.10	0.50±0.10	0.30±0.10	1/16W	50
0603	1608	1.60±0.15	0.80±0.15	0.40±0.10	1/10W	50
0805	2012	2.00±0.20	1.25±0.15	0.50±0.10	1/8W	150
1206	3216	3.20±0.20	1.60±0.15	0.55±0.10	1/4W	200
1210	3225	3.20±0.20	2.50±0.20	0.55±0.10	1/3W	200
1812	4832	4.50±0.20	3.20±0.20	0.55±0.10	1/2W	200
2010	5025	5.00±0.20	2.50±0.20	0.55±0.10	3/4W	200
2512	6432	6.40±0.20	3.20±0.20	0.55±0.10	1W	200

通孔式电容　　　　贴片式钽电容　　　　无极性电容　　　　贴片式铝电解电容

图 2-106　电容的外观

RAD0.1--RAD0.4　　　RB.2/.4--RB.5/1.0　　　POLAR0.6--POLAR1.2

图 2-107　直插式电容的封装

有极性直插式电解电容常见的外观为圆柱形、扁平形和方形。圆柱形的封装常以 RB 或 CAPPR 标识，常见封装尺寸有：RB.2/.4、RB.3/.6、RB.4/.8、RB.5/1.0。扁平封装常用 POLAR 或 CAPPA 封装。对于同类电容，体积随着容量和耐压的增大而增大。选择电容封装尺寸需根据实物或查找元件参数手册。

贴片式铝电解电容的封装可参考表 2-2，表中所列数值依次代表容值—耐压值—封装长×宽×高（单位为 mm）。钽电解电容等因厂家及产品系列不同，尺寸差异较大，封装选择请参见元件参数。

3）二极管

常见二极管的尺寸大小主要取决于额定电流和额定电压，从微小的贴片式、玻璃封装、塑料封装到大功率的金属封装，尺寸相差很大，如图 2-108 所示。

表 2-2　贴片铝电解电容封装尺寸及其容值和耐压对应关系

1UF-50V-4*5.4	22UF-35V-5*5.4	100UF-25V-6.3*7.7	330UF-16V-8*10.5
2.2UF-50V-4*5.4	22UF-50V-6.3*5.4	100UF-35V-6.3*7.7	330UF-25V-8*10.5
3.3UF-50V-4*5.4	33UF-25V-6.3*5.4	100UF-50V-8*10.2	330UF-35V-10*10.5
4.7UF-50V-4*5.4	47UF-10V-4*5.4	220UF-6.3V-6.3*5.4	330UF-50V-10*10.5
10UF-16V-4*5.4	47UF-16V-5*5.4	220UF-10V-6.3*5.4	470UF-6.3V-6.3*7.7
10UF-25V-4*5.4	47UF-25V-6.3*5.4	220UF-16V-6.3*7.7	470UF-16V-8*10.5
10UF-50V-5*5.4	47UF-35V-6.3*5.4	220UF-25V-8*10.5	470UF-25V-10*10.5
10UF-63V-6.3*5.4	47UF-50V-6.3*7.7	220UF-50V-10*10.5	470UF-35V-10*10.5
22UF-16V-4*5.4	100UF-10V-5*5.4	330UF-6.3V-6.3*7.7	1000UF-16V-10*10.5
22UF-25V-5*5.4	100UF-16V-6.3*5.4	330UF-10V-6.3*7.7	1000UF-25V-12.5*13

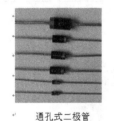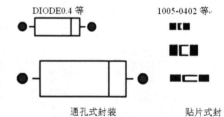

通孔式二极管　　　　贴片式二极管电阻　　　　通孔式封装　　　　贴片式封

图 2-108　二极管及其封装

4）三极管/场效应管/可控硅

三极管/场效应管/可控硅同属于三引脚晶体管，外形尺寸与器件的额定功率、耐压等级及工作电流有关，常用的封装有通孔式和贴片式，其外观如图 2-109 所示。

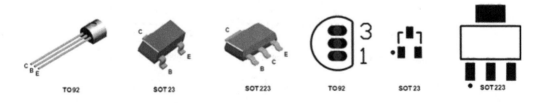

TO92　　　　SOT23　　　　SOT223　　　　TO92　　　　SOT23　　　　SOT223

图 2-109　三极管/场效应管/可控硅外观及封装

技能 2　贴片元件与直插元件的优缺点

贴片元件有组装密度高、电子产品体积小、重量轻，贴片元件的体积和重量只有传统插装元件的 1/10 左右，一般采用表面贴装技术（SMT）之后，电子产品体积缩小 40%～60%，重量减轻 60%～80%。可靠性高、抗振能力强、焊点缺陷率低、高频特性好，并且减少了电磁和射频干扰，易于实现自动化，提高生产效率，而且成本降低达 30%～50%。此外还有节省材料、能源、设备、人力、时间等优点。

贴片元器件的体积小，占用 PCB 板面积少，元器件之间布线距离短，高频性能好，缩小设备体积，尤其便于便携式手持设备。然而贴片元器件有它的缺点，在牢固性方面贴片元件要比直插元件要差，也因为是贴片，所以对生产设备要求比较高，同时对器件的质量要求也比较高。比如，贴片器件机器生产一般要求元器件出厂在一年之内，否则器件因为保存时间太长，可能导致焊盘氧化、焊接不良，尤其是越小的封装，品质要求越高。

对于一些小信号类器件，如电阻类、瓷片电容类、控制芯片类等采用贴片会优于插件，因为生产工艺比较容易控制，制成不良率较低，而且某些材料价格优于插件，但相对于插件抗振能力差一些，但整体贴片会比插件好。

然而对于功率型器件，如 MOSFET、电解电容、功率电阻选择直插元件会好于贴片。因为功率器件发热比较严重，插件的散热优于贴片。

任务二　编辑原理图

图 2-110 为项目三的原理图——简易定时器电路，电路上电后，按下微动开关 S1，电容 C1 即被充电，其两端的电压与电源电压相同，此电压经电位器 R2 为三极管 Q1 提供基极偏流，Q1 导通。随之 Q2 导通，经二极管 D1 为 Q3 提供基极偏流，Q3 集电极驱动小灯泡工作。

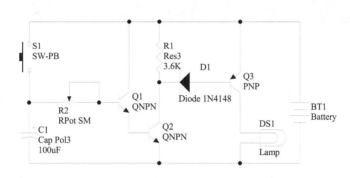

图 2-110　简易定时器原理图

松开 S1 后，电容 C1 上的电压继续为 Q1 提供偏流维持负载的工作，当 C1 上的电压缓慢降至约 1.4V 以下时（低于 Q1、Q2 两个发射结的导通电压），Q1、Q2 相继截止，Q3 失去基极偏流也截止，小灯泡变灭。

按照典型设计流程，首先创建项目文件并保存，然后在项目中建立原理图文件并保存，注意在绘制原理图时为元件选择合适的贴片封装，再设计 PCB。

技能 1　放置元件和选择封装

打开元件库工作面板，选中库 Miscellaneous Device.IntLib 下的电阻元件 Res*，这时会发现有 3 个可供选择，如图 2-111 所示，分别是"Res1"、"Res2"、"Res3"，它们符号外观的区别并不重要，最大的区别是附带的封装不一样，比如"Res1"附带的封装是"AXIAL-0.3"，"Res2"附带的封装是"AXIAL-0.4"，而"Res3"附带的是贴片封装，里面包含了"C1608-0603"，"CR3225-1210"，"CR5025-2010"，"CR6332-2512"，等几种封装，这几种封装的大小不一样，封装名称有两组数字，例如"C1608-0603"，"1608"表示的是公制尺寸，代表长 1.6mm×宽0.8mm，而 0603 是英制尺寸，代表长 0.6Inch×宽 0.8Inch，同一封装的两组数值的大小是一样的，选择封装大小与其功率和最高工作电压有关。

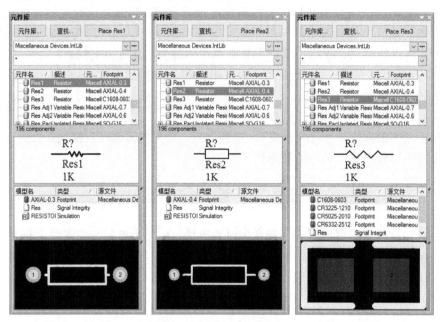

图 2-111　电阻的选择

同样，无极性的贴片电容的封装与尺寸和上表一样，只是其大小与它最高工作电压与容量值有关，最高工作电压通常也称为耐压值，一般来说，封装越大，其耐压值也就越高。

封装尺寸的选择除了额定功率和最高工作电压有关之外，还与其 PCB 大小有关，比如像手机这种非常精密的电路，PCB 大小控制比较严格，其采用的电阻电容大多数为 0201 甚至是01005。一般 PCB 大小没有非常严格要求，最常用的贴片电阻电容封装为 0603 和 0805，除去额定功率和最高工作电压的原因，还因为 0201 和 01005 尺寸太小，开发产品的时候无法手工焊接，而 0603 和 0805 大小合适，所以平常使用较多。

图 2-110 简易定时器电路需要一个贴片电阻，在库列表中选择 Miscellaneous Devices.IntLib为当前库，然后在元件列表中贴片电阻"Res3"，放置的时候按键盘"Tab"键修改【标识符】为"R1"，更改【Value】的数值为"3.6K"和选择其封装【Footprint】栏为"C1608-0603"，如图 2-112 所示。

同样，选择贴片极性电容"Cap Pol3"，按"Tab"键，在【标识符】栏将元件编号改为"C1"，在【Value】栏将其数值改为"100uF"，选择其【Footprint】为"CC4532-1812"后放置 C1。

选择贴片三极管"QNPN"，按"Tab"键，在【标识符】栏将元件编号改为"Q1"，选择其【Footprint】为"SO-G3/C2.5"，放置 Q1 和 Q2。

选择贴片三极管"PNP"，按"Tab"键，在【标识符】栏将元件编号改为"Q3"，选择其

【Footprint】为"SO-G3/C2.5"放置 Q3。

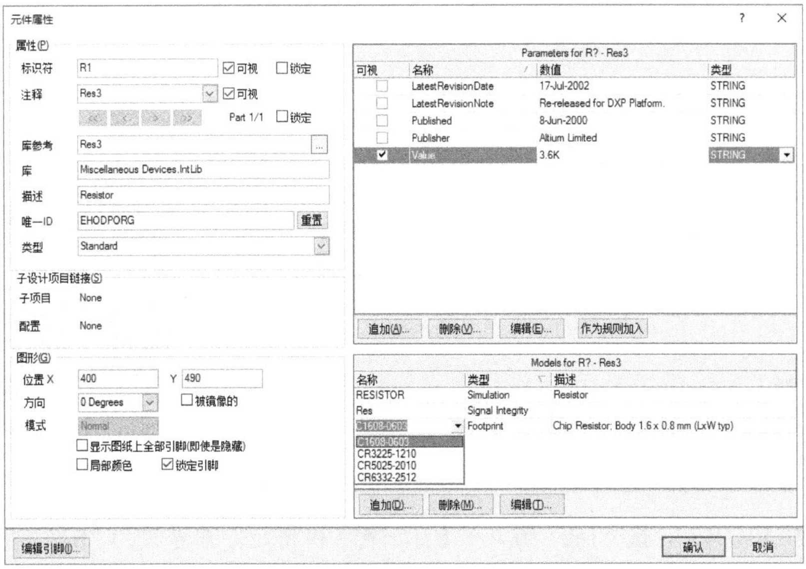

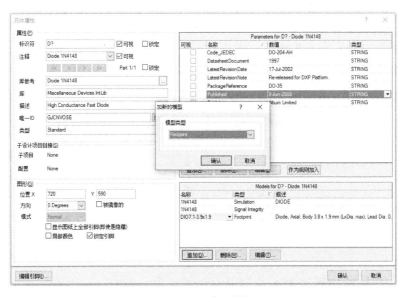

图 2-112　放置贴片电阻

选择贴片电位器"RPot SM"，按"Tab"键，在【标识符】栏将元件编号改为"R2"，选择其【Footprint】为"POT4MM-2"放置 R2。

选择二极管"Diode 1N4148"，按"Tab"键，在【标识符】栏将元件编号改为"D1"，由于没有在元件列表中找到带有贴片二极管封装的元件，所以我们要手动添加封装，鼠标左键单击图 2-113 中【追加 D…】，并在弹出的【加新模型】下拉对话框中选择"Footprint"，单击【确定】按钮，在弹出的如图 2-114 所示的【PCB 模型】对话框中单击【浏览】按钮，选择封装 INDC3216-1206，然后单击【确认】按钮。

图 2-113　追加封装

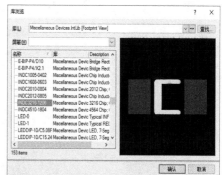

图 2-114　浏览库并添加贴片式封装

选择按键"SW-PB"，按"Tab"键，在【标识符】栏将元件编号改为"S1"，由于 DXP SP2 自带库没有贴片按键封装，所以直接放置 S1。

选择电池"Battery"，按"Tab"键，在【标识符】栏将元件编号改为"BT1"，放置 BT1。

选择小灯泡"Lamp"，按"Tab"键，在【标识符】栏将元件编号改为"DS1"，放置 DS1。

任务三　贴片式 PCB 设计

放置元器件并修改好封装后，用画线工具按图 2-105 所示连接元器件，编辑完成后执行【项目管理】→【Compile PCB Project...】菜单命令，检查原理图是否存在错误，如果存在编译错误则修正编译错误。

确认没有错误后在项目中建立 PCB 文件，并保存，执行【设计】→【Update PCB Document...】菜单命令，弹出【工程变化订单（ECO）】对话框，如图 2-115 所示，单击【使变化生效】按钮和【执行变化】按钮，没有出现错误标记则完成更新 PCB，如果出现错误标记则修改错误重新更新，更新界面如图 2-115 所示。

图 2-115　更新 PCB

更新完成 PCB 后，能看到导入的元件封装，如图 2-116 所示。

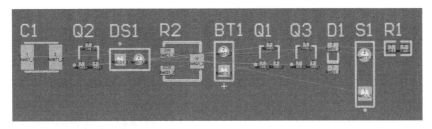

图 2-116　PCB 中导入的封装和飞线

技能 1　界面分屏

使用鼠标右键单击编辑窗口上面的 ".Pcbdoc" 或者 ".Schdoc" 文件，会出现一个窗口菜单，如图 2-117 所示，选择【垂直分割(V)】或【水平分割(H)】或【全排列(T)】可设置分屏，分屏后可方便地对比原理图与 PCB，如图 2-118 所示。如要关闭，同样也可右键单击，在弹出的快捷菜单中，选择关闭该文件或【全部合并(M)】。

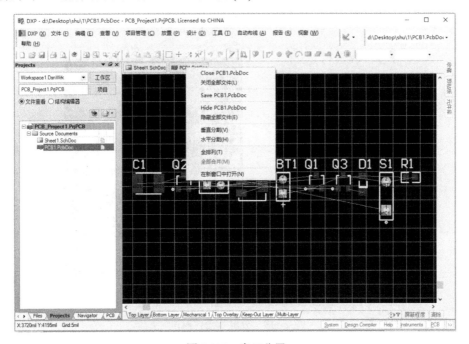

图 2-117　窗口分屏

技能 2　快速从原理图选中 PCB 元件

分屏的作用是同时能看到原理图和 PCB 或其他窗口，可以很容易地看出元器件的走向，并能在原理图中快速找到 PCB 对应的元器件。

操作方法：选中一个或多个元器件，右键单击【元件动作(T)】→【选择 PCB 元件(S)】，如图 2-119 所示，这时 PCB 中会自动跳选到我们在原理图选中的器件。这一操作也可以不在分屏的状态下进行，只是分屏操作更加方便。分屏操作适合在高分辨率大屏幕的计算机上使用。

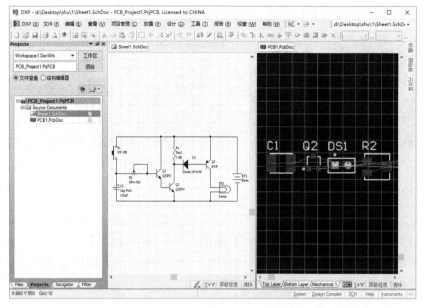

图 2-118　窗口分屏

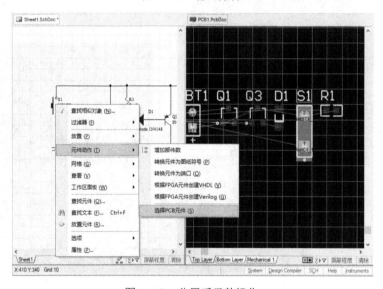

图 2-119　分屏后元件操作

按照原理图信号走向和元器件飞线少交叉原则进行手动布局，布局后的效果图如图 2-120 所示。

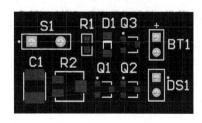

图 2-120　元件布局

布局完成后进行手工布线，布线前先改布线规则，单击【设计(D)】→【规则(R)】菜单命令，在弹出的窗口单击线宽"Width"，修改最大线宽 Max Width 为 40mil，修改首选线宽 Preferred Width 为 20mil，如图 2-121 所示。

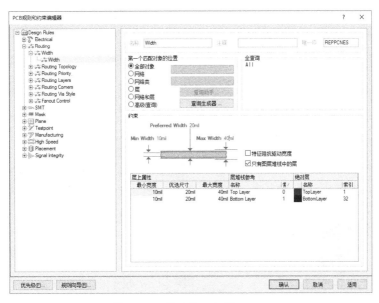

图 2-121　修改线宽规则

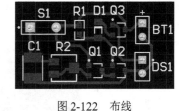

由于 PCB 要求是单片板，板中有贴片元器件，所以布线必须在 Top Layer 层，整体使用 20mil 线宽布线，布线完成的效果图如图 2-122 所示。

图 2-122　布线

技能 3　绘制电路板边框与标记大小

1）绘制电路板边框

单击工作层标签【Mechanical 1】（机械层 1），将其作为当前工作层，然后使用实用工具栏内的放置直线工具，如图 2-123 所示，在机械层 1 内画出 4 条首尾相连的直线，作为电路板的机械边框。完成图如图 2-124 所示。

图 2-123　放置直线工具

图 2-124　画出机械边框

2）标记电路板大小

如果想知道一块电路板的大小，可以使用测量工具（快捷键 Ctrl+M）测量两点之前的长度，也可以使用标记工具栏的放置直线尺寸标注，如图 2-125 所示。单击后可以按 Tab 键修改其参数，如图 2-126 所示，常用需要修改的有【层】、【单位】、【后缀】等，我们修改【层】选中"Mechanical 1"层，【单位】改成公制的"Millimeters"，在【后缀】填上单位"mm"，单击"确认"按钮。

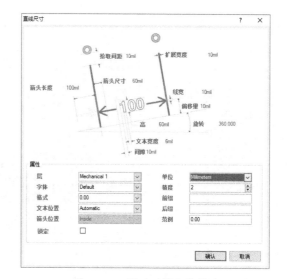

图 2-125　尺寸标注工具　　　　　　　图 2-126　尺寸工具参数修改

放置标注：鼠标移动到一条边或者角，单击鼠标左键确定起点位置，然后移动鼠标确定终点位置，拉开后单击左键确定标注位置。移动过程可以按键盘空格键改变起始转角模式，确定终点位置后单击鼠标左键完成，标注如图 2-127 所示。

 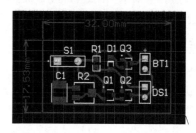

图 2-127　放置尺寸标注

○ **项目小结** ○

通过本项目，认识贴片式元件的封装方式及封装选择方法，熟悉 Protel DXP 贴片式 PCB 的设计方法；进一步熟悉布线规则的设置方法，掌握单面贴片布线方法。

实训一　两级放大电路

实训目的：

（1）熟悉 Protel DXP SP2 PCB 编辑环境。

（2）熟练使用常用的分立元件，熟练设置元件属性。

（3）掌握手工绘制单面板的方法。

实训任务：

将图 2-128 所示的两级放大电路原理图设计为单面 PCB，并合理设置印制板的形状。

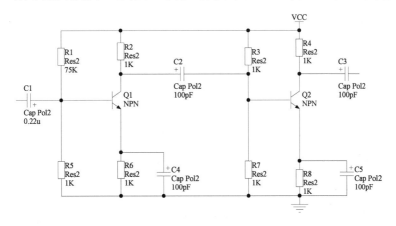

图 2-128　两级放大电路原理图

实训内容：

（1）在 D 盘根目录下以自己的学号建立文件夹，教材中的所有实训都保存在其中。

（2）在上述文件夹下再建立名为"实训一"的文件夹，用来保存实训一的设计项目和文件。

（3）以自己姓名拼音的首字母为名字建立项目文件，保存在上述 "实训一"文件夹中。

（4）在上述项目中建立 PCB 文件，打开 PCB 文件并适当放大编辑区。

（5）打开【元件库】面板，浏览库文件"Miscellaneous Devices.IntLib"，查看并放置元件 R1～R8、C1～C5、Q1～Q2 的封装。在固定元件之前设置其属性。

（6）执行菜单命令【设计】→【规则】，在弹出的【PCB 规则和约束编辑器】对话框中，取消选中【Short Circuit】检查项的【有效】栏，以禁止短路规则检查。

（7）调整元件的位置，使其朝向尽可能一致，并利于布线。

（8）单击层标签【Bottom】使之凸起，用布线工具在底层画线，使元件间的连接关系与图 2-128 所示一致。连接导线尽可能短而且少转弯，导线夹角呈 45 度（外角）。

实训二　正负电源电路

实训目的：

（1）熟悉 Protel DXP SP2 原理图编辑环境，进一步熟悉 PCB 编辑环境。

（2）熟悉由原理图更新 PCB 的方法。

（3）掌握单面板的设计方法。

实训任务：

将图 2-129 所示的正负电源电路设计为单面 PCB，并合理规划 PCB 的形状。

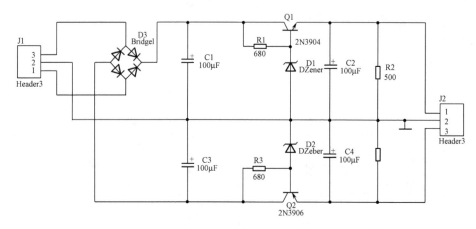

图 2-129　正负电源电路原理图

实训内容：

（1）在 D 盘以自己学号为名的文件夹下再建立名为"实训二"的文件夹，用来保存实训二的设计项目和文件。

（2）以自己姓名拼音的首字母为名字建立项目文件，保存在上述"实训二"文件夹中。

（3）在上述项目中建立原理图文件，打开原理图文件并适当放大编辑区。

（4）按照图 2-129 编辑原理图。编辑完成后运行编译命令检查原理图是否存在错误，若存在则修正编译错误。

（5）在上述项目中建立 PCB 文件，并保存。

（6）执行菜单命令【设计】→【Update PCB Document…】，更新 PCB。若更新过程中存在错误，需修正后再次更新。

（7）元件布局。

（8）设置布线规则。执行菜单命令【设计】→【规则】，将整板线宽设为 30mil；将布线层设为底层，顶层禁止布线。

（9）执行自动布线。

（10）手工调整布线。

实训三　信号发生器

实训目的：

（1）进一步熟悉原理图编辑环境和 PCB 编辑环境。

（2）熟练说明性图形的画法。

（3）熟练单面板的设计方法。

实训任务：

将图 2-130 所示的信号发生器电路设计为单面 PCB，并画出 PCB 的机械边框线。

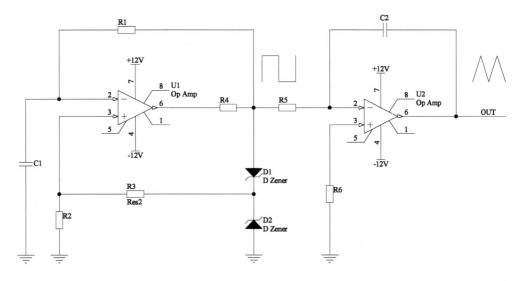

图 2-130　信号发生器电路原理图

实训内容：

（1）在 D 盘下以自己学号为名的文件夹下再建立名为"实训三"的文件夹，用来保存实训三的设计项目和文件。

（2）以自己姓名拼音的首字母为名字建立项目文件，保存在上述"实训三"文件夹中。

（3）在上述项目中建立原理图文件，并保存。按照图 2-130 编辑原理图，并画出说明性的图形。元件 U1、U2 在库文件 Miscellaneous Device.IntLib 中。

（4）编辑完成后运行编译命令检查原理图是否存在错误，若存在则修正编译错误。

（5）在上述项目中建立 PCB 文件，并保存。

（6）由原理图更新 PCB。若更新过程中若存在错误，改正后再次更新。

（7）元件布局。

（8）设置布线规则。执行【设计】→【规则】菜单命令，将整板线宽为 20mil；将布线层设为底层，顶层禁止布线。

（9）执行自动布线。

（10）手工调整布线。

第三篇 双面板设计

项目四 温度控制器 PCB 设计

项目要求

设计如图 3-1 所示温度控制器电路的双面 PCB 板。

项目目的

掌握原理图高级编辑技巧，掌握双面 PCB 设计方法。

任务一 编辑原理图

图 3-1 为项目三的原理图——温度控制器。首先创建项目文件并保存，然后在项目中建立原理图文件并保存。

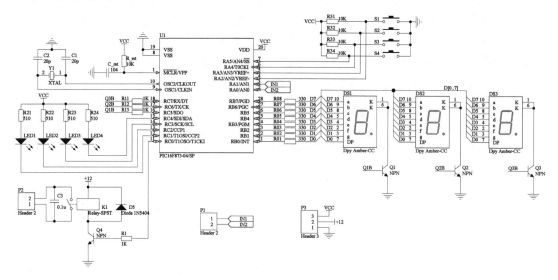

图 3-1 温度控制器原理图

技能 1 查找元件

原理图编辑时，先放置核心元件，本项目中核心元件为单片机 PIC16F873，但初学者往往不清楚该元件所在的库。当操作者无法确定待放置元件的电气图形位于哪一个库文件时，通常可以使用系统提供的查找功能搜索元件，并加载相应的元件库。

单击元件库工作面板上面的【查找…】（Search）按钮，或执行菜单命令【工具】→【查找元件】，弹出如图 3-2 所示的【元件库查找】对话框。

空白文本区域：用于输入需要查找元件或者封装的全名（或者部分名称），该区域支持以通配符"*"代替任意字符串。例如，输入"PIC16F873*"表示查找所有以字符串 PIC16F873 开头的元件。在查找元件之前，单击 ✕' 清除 按钮，则文本框内原有查询内容被清除。

【选项】区域：在【查找类型】后下拉列表中可供选择的查找类型为【Components】（元件）、【Protel Footprints】（封装）、【3D Models】（3D 模型）。勾选"清除现有查询"复选框，表示清除当前存在的查询结果。

图 3-2 【元件库查找】对话框

【范围】区域：用于设置查找的范围。选中"可用元件库"，系统会在已经加载的元件库中查找；选中"路径中的库"，则按照路径区域设置的路径进行查找；选中"改进最后查询"，则在上一次查找结果中进一步查找。

【路径】区域：用于设置查找元件的路径，该选项区域只有选中"路径中的库"时才有效。单击路径文本框右侧的 🖻 按钮，系统会弹出浏览文件夹用来设置搜索路径，一般设置为安装目录下的"Library"文件夹。勾选"包含子目录"，则指定目录中的子目录也会被搜索。【文件屏蔽】用来设置查找元件的文件匹配域，"*"表示匹配任意字符串。

设置完成后单击 ✓ 查找(S) 按钮，系统开始查找，这时元件查找对话框隐藏，元件库面板上的【Search】按钮变成了【Stop】按钮，单击【Stop】按钮可停止搜索，查找结束后又恢复为【Search】按钮。系统会在【Query Results】列表中显示查找到的元件，如图 3-3 所示。

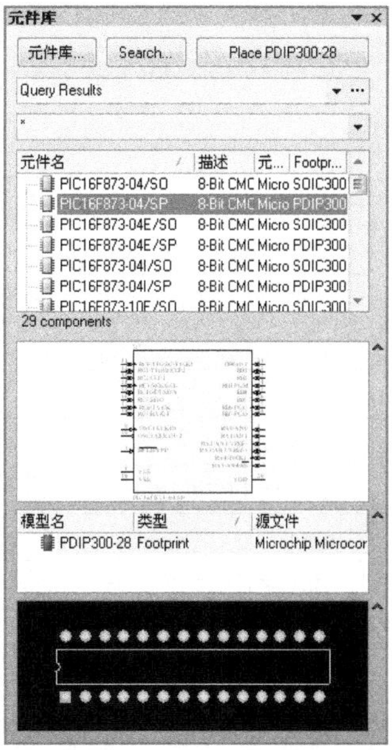

图 3-3 元件查找结果

技能 2 放置元件并加载库

在查找结果中选择符合要求的元件，单击元件库面板右上角的【Place…】按钮来放置元件，系统会弹出如图 3-4 所示的询问是否加载的提示框。单击【是(Y)】按钮，则库文件 Microchip Microcontroller 8-Bit PIC16F.IntLib 被加载。此时，选中的元件处于激活状态，如图 3-5 所示，在编辑区合适位置单击鼠标左键放置它，右键单击可退出连续放置状态。

单击元件库面板上的【元件库】按钮，在【可用元件库】对话框中，可以看到库文件 Microchip Microcontroller 8-Bit PIC16F.IntLib 已在列表中，说明该库文件已经加载。

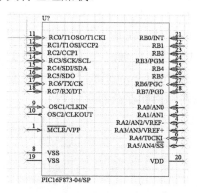

图 3-4　加载库文件提示框　　　　　　　　图 3-5　处于激活状态的元件

接下来放置其他元件，放置的原则是分功能单元、按元件类别依次放置，防止遗漏。且放置同类元件的第一个时，最好在固定前设置元件属性。这样做的好处是如果元件编号是以数字结尾的，则连续放置时编号会自动加一。

打开元件库面板，单击库浏览选择后的下拉列表，分别选择库"Miscellaneous Device.IntLib"和"Miscellaneous Connectors.IntLib"为当前库。按如表 3-1 所示的项目元件清单在相应库中选择并放置元件，设置元件属性。该项目没有特殊要求，元件封装尽可能选择直插式。

表 3-1　项目元件清单

元件编号（Designator）	在库中的名称（LibRef）	封装名（Footprint）
Miscellaneous Devices.IntLib		
R01～R08；R11～R13；R21～R24；R31～R34；R1；R_rst	Res2	AXIAL-0.4
C1，C2	Cap	RAD-0.1
C3，C_rst	Cap	RAD-0.3
Q1～Q4	NPN	BCY-W3
LED1～LED4	LED1	LED-1
D5	Diode 1N5404	DIO18.84-9.6x5.6
DS1～DS3	Dpy Amber-CC	LEDDIP-10/C5.08RHD
Y1	XTAL	BCY-W2/D3.1
S1～S4	SW-PB	SPST-2
K1	Relay-SPST	DIP-P4
Miscellaneous Connectors.IntLib		
P1，P2	Header 2	HDR1X2
P3	Header 3	HDR1X3

继电器这类器件外形变化比较大，而 Protel 的自带库仅提供了有限的几种封装，所以很难找到合适的封装，用户使用时要根据该器件手册或用游标卡尺测量，自己绘制元件封装。在

学习封装制作之前，对于继电器 K1，我们暂时使用默认封装 DIP-P4。

技能 3　移动及排列元件

1．元件移动

在项目一中介绍了如何用鼠标来移动元件，实际上系统的菜单命令提供了更加丰富的移动操作。执行【编辑】→【移动】菜单命令，弹出的菜单命令如图 3-6 所示。

◆ 拖动：拖动元件时，与元件相连的导线会跟着一起移动，不会断线。该操作不需要事先选取元件。

◆ 移动：只是移动元件，与它相连的导线不会跟着一起移动。

◆ 移动选定的对象/拖动选定的对象：与移动/拖动命令相似,可用于同时移动/拖动多个元件，但需要事先选取元件。

◆ 移到重叠对象堆栈的头部：将元件移到重叠元件的最上面。

◆ 移到重叠对象堆栈的尾部：将元件移到重叠元件的最下面。

◆ 移到指定对象之前：将元件移动到指定对象的前面。

◆ 移到指定对象之后：将元件移动到指定对象的后面。

其他的移动命令用于层次电路的编辑。

图 3-6　【移动】菜单

2．元件的复制、剪切及粘贴

Protel 中元件的复制、剪切及粘贴与 Office 等工具软件中的操作方法相同，此外 Protel 提供了独特的队列粘贴功能。需要注意的是，执行复制、剪切和橡皮图章操作之前都要先选定对象，执行粘贴和队列粘贴之前要先执行复制或剪切操作。

（1）元件复制。有三种方法：快捷键"Ctrl+C"；执行【编辑】→【复制】菜单命令；标准工具栏中 按钮。

（2）元件剪切。有三种方法：快捷键"Ctrl+X"；执行【编辑】→【剪切】菜单命令；标准工具栏中 按钮。

（3）元件粘贴。有三种方法：快捷键"Ctrl+V"；执行【编辑】→【粘贴】菜单命令；标准工具栏中 按钮。执行命令后，光标变成十字形并带有粘贴的对象，在合适的位置单击即可完成粘贴操作。

（4）队列粘贴。队列粘贴是一种特殊的粘贴方式，能将剪贴板中的一个对象按照指定间距和编号方式重复地粘贴到图纸上，在放置多个相同的对象或单元电路时非常有效。有三种方法启动该命令：快捷键"E+Y"；执行【编辑】→【粘贴队列】菜单命令；实用工具栏中的 按钮。

执行【粘贴队列】命令后，将弹出如图 3-7 所示的【设定粘贴队列】对话框，各参数项作用如下。

- ◆ 项目数：需要粘贴的次数，系统默认为 8 个。
- ◆ 主增量：指定相邻两次粘贴之间元件编号的递增/递减量，输入数字为正表示对象编号递增；输入数字为负表示对象编号递减。
- ◆ 次增量：指定相邻两次粘贴之间元件引脚号的递增/递减量。
- ◆ 水平：设置相邻两次粘贴对象之间的水平距离，正值表示向右偏移，负值表示向左偏移。
- ◆ 垂直：设置相邻两次粘贴对象之间的垂直距离，正值表示向上偏移，负值表示向下偏移。

图 3-7 【设定粘贴队列】对话框

例如，选中元件 R21 和 LED1，然后启动队列粘贴，参数设置如图 3-7 所示，即共粘贴 3 次，元件编号每次递增 1，水平间隔 40（中心线距离 4 个栅格），则确定后光标变成十字形，在待放置位置单击左键，结果如图 3-8 所示。

（5）橡皮图章。有三种方法：快捷键"Ctrl+R"；执行【编辑】→【橡皮图章】菜单命令；标准工具栏中的 按钮。此命令可连续绘制多个复制对象，全部完成后，单击鼠标右键，或按"Esc"键退出。

3．元件排列与对齐

元件放置完成后，可借助编辑区的可视网格线来排列和对齐元件。如果多个元件整体对齐时，使用菜单命令来处理会更加有效。

执行菜单命令【编辑】→【排列】，系统会弹出如图 3-9 所示的菜单，其中各项说明如下。在执行该菜单中的命令之前应先选中需要调整的元件。

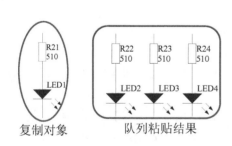

复制对象　　　　队列粘贴结果

图 3-8　队列粘贴结果

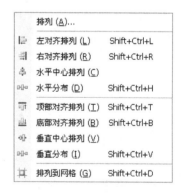

图 3-9　【排列】菜单

- ◆ 左对齐排列：以最左边的元件为基准，使所有选中的元件靠左对齐。
- ◆ 右对齐排列：以最右边的元件为基准，使所有选中的元件靠右对齐。
- ◆ 水平中心排列：以最左边元件与最右边元件之间的垂直中心线为基准，使所有选中的元件水平对齐。
- ◆ 水平分布：以最左边元件与最右边元件为边界，使所有选中的元件水平均匀分布。

◆ 顶部对齐排列：以最上边的元件为基准，使所有选中的元件靠上对齐。

◆ 底部对齐排列：以最下边的元件为基准，使所有选中的元件靠下对齐。

◆ 垂直中心排列：以最上边元件与最下边元件之间的水平中心线为基准，使所有选中的元件竖直对齐。

◆ 垂直分布：以最上边元件与最下边元件为边界，使所有选中的元件垂直均匀分布。

◆ 排列到网格：使选中的元件对齐到网格点上，以便连接导线。

以上命令每次只能执行一种，如果需要同时进行两种或更多排列操作时，可执行图 3-9 所示菜单中的【排列（A）…】命令，系统会弹出如图 3-10 所示的对话框，即可同时进行水平调整和垂直调整。

水平调整区域："无变化"表示在水平方向保持原状。其余四项从上到下依次为左对齐、水平中心排列、右对齐、水平均匀分布。

垂直调整区域："无变化"表示在垂直方向保持原状。其余四项从上到下依次为顶部对齐、垂直中心排列、底部对齐、垂直均匀分布。

图 3-10 【排列对象】对话框

技能 4 设置原理图编辑器系统参数

执行【工具】→【原理图优先设定】菜单命令，将弹出如图 3-11 所示的【优先设定】对话框，在【Schematic】（原理图）下有九个选项卡，默认打开的是【General】选项卡。

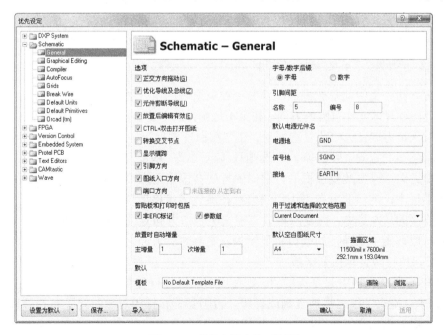

图 3-11 【优先设定】对话框

1. 【General】选项卡

（1）【选项】区域

◆ 正交方向拖动：选中该复选项，则当拖动元件时，被拖动的导线保持直角。若不选中该项，导线可以是任意角度。

◆ 优化导线及总线：选中该复选项，系统将自动选择走线路径，可以防止导线、总线重叠在其他导线或总线上。若不选中该项，用户要自行选择走线路径。

◆ 元件剪断导线：选中该复选项，则当元件放置在一条导线上时，如果该元件的两个引脚都落在导线上，则该导线被元件的两个引脚分成两段，两个端点分别自动与元件的两个引脚相连。

◆ 放置后编辑有效：选中该复选项，则当光标指向已放置的元件标识、文本、网络名称等文本文件时，单击两次即可直接在原理图上编辑文本内容。否则必须在参数设置对话框中修改文本内容。

◆ CTRL+双击打开图纸：选中此复选框后，按下"Ctrl"键，同时双击原理图中的子图符号会打开对应的子图图纸；双击元件会弹出属性对话框。

◆ 转换交叉节点：选中此复选框后，当用户在"T"字连接处增加一段导线形成四个方向的连接时，会产生如图 3-12（a）所示的连接，自动产生两个节点；如果不选中，则会形成两条交叉的导线，而且没有电气连接，如图 3-12（b）所示。

◆ 显示横跨：选中此复选框后，会在无电气连接的十字交叉点处显示为半圆弧；如果不选中，则会形成两条交叉的导线，如图 3-13 所示。

（a）选中时效果　　（b）不选中时效果　　　　　　（a）选中时效果　　（b）不选中时效果

图 3-12　"转换交叉节点"选项的作用　　　　图 3-13　"显示横跨"选项的作用

◆ 引脚方向：选中此复选框后，系统会根据引脚的电气类型（Input、Output、I/O），在原理图中显示元件引脚的方向；如果不选中，则不显示元件引脚方向，如图 3-14 所示。

◆ 图纸入口方向：选中此复选框后，在层次原理图顶层图纸中会根据子图设置的端口属性将端口的方向显示出来，不选则只显示入口的基本形状。

◆ 端口方向：选中此复选框后，端口的方向会根据用户设置的端口 I/O 类型来显示。如果不选中，端口的方向可由用户自行在端口"风格"项中设定。

◆ 未连接的从左到右：此复选框只有在选中端口方向复选框后才有效。当选中此复选框后，原理图中未连接的端口将显示为从左到右的方向。

（2）【剪切和打印时包括】区域

◆ 非 ERC 标记：选中此复选框后，则使用剪贴板进行复制、剪切或打印时，对象的"忽略 ERC 检查"标记将被复制或打印。否则复制和打印对象时将不包括该标记。

◆ 参数组：选中此复选框后，则使用剪贴板进行复制、剪切或打印时会包含元件的参数信息。

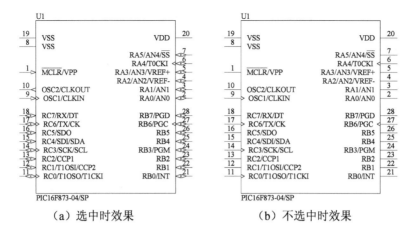

（a）选中时效果　　　　　　　　（b）不选中时效果

图 3-14　【引脚方向】选项的作用

（3）【放置时自动增量】区域

◆ 主增量：用于设置连续放置元件时，元件编号的自动增量大小，系统默认为"1"。

◆ 次增量：用于设置创建原理图符号时，元件引脚号的自动增量大小，系统默认为"1"。

（4）【字母/数字后缀】区域。对于含有多个子件的元件，用于设置子件的后缀标识。

◆ 字母：选择该单选项，子件的后缀以字母表示，如 A、B 等。如图 3-15（a）所示，元件"SN7400N"的第一个子件的编号为"U1A"，其中"U1"为元件编号，"A"表示此为该元件的第一个子件。

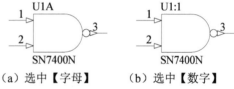

（a）选中【字母】　　　（b）选中【数字】

图 3-15　【字母/数字后缀】选项的作用

◆ 数字：选择该单选项，子件的后缀以数字表示，如 1、2 等。如图 3-15（b）所示，元件"U1"的第一个子件的编号为"U1:1"。

（5）【引脚间距】区域

◆ 名称：用来设置元件的引脚名称离元件符号边沿的距离。

◆ 编号：用来设置元件的引脚编号离元件符号边沿的距离。

（6）【默认电源元件名】区域。用于设置电源端子的默认网络名称，系统默认的电源地的网络名称为"GND"，"信号地"的网络名称为"SGND"，"接地"（接大地）的网络名称为"EARTH"。如果该区域中的输入为空，电源端子的网络名称由用户在电源属性对话框中设置。

（7）【用于过滤和选择的文档范围】区域。用于设定过滤器和选择功能的适用范围，可以用于"Current Document"（当前文档），或用于"Open Documents"（所有打开的文档）。

（8）【默认空白图纸尺寸】区域。用于设置默认的空白原理图的图纸大小，用户可在其下拉列表中选择，在右边给出了相应尺寸。下次新建原理图文件时，系统就会选取默认的图纸大小。

（9）【默认】区域。用于设置默认的模板文件。可以单击【浏览】按钮来选择模板文件，选择后，模板文件名将出现在文本框中。设置了默认模板后，每次创建新文件时，系统会自动套用该模板。不需要模板文件时，单击【清除】按钮清除已选择的模板文件，这时文本框显示为"No Default Template File"。

2.【Graphical Editing】选项卡

图形编辑的环境参数通过【Graphical Editing】（图形编辑）选项卡来设置。单击 【Graphical Editing】标签将弹出【Graphical Editing】选项卡，如图 3-16 所示。

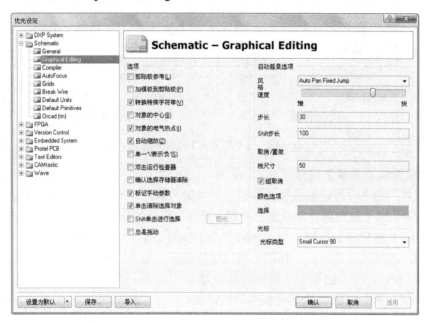

图 3-16 【Graphical Editing】选项卡

（1）【选项】区域

◆ 剪贴板参考：选中该复选项，执行复制或剪切操作时，系统会要求指定一个参考点。

◆ 加模板到剪贴板：选中该复选项，执行复制或剪切操作时，系统会把当前文档使用的模板一起添加到剪贴板中；不选中该项，复制图纸到 Word 文档时，不会带有图纸边框和标题栏。

◆ 转换特殊字符串：选中该复选项，用户在原理图上使用特殊字符串时，系统会显示其内容，否则将保存特殊字符串本身。

◆ 对象的中心：选中该复选项，在元件上按下鼠标左键时，光标将捕捉元件的参考点或元件的中心，否则光标捕捉按下鼠标的位置。要使该项有效，必须取消选择"对象的电气热点"项。

◆ 对象的电气热点：选中该复选项，在元件上按下鼠标左键时，光标将自动移到离该点最近的电气节点处，通常为元件的引脚端点。

◆ 自动缩放：选中该复选项，插入元件时，原理图会自动调整视图显示比例。

◆ 单一'\'表示'负'：选中该复选项，当输入低电平有效的引脚名、网络标签或 I/O 端口名时，在字母后插入"\"，显示效果为字母顶上加一横线。例如，网络标签名输入"R\E\S\E\T\"，图纸上显示为" $\overline{\text{RESET}}$ "。

◆ 双击运行检查器：选中该复选项，在原理图上双击一个对象，弹出的将是【Inspector】

（检查器）对话框，而不是属性对话框。

- ◆ 确认选择存储器清除：选中该复选项，则在清除存储器时，将弹出确认对话框。
- ◆ 标记手动参数：选中该复选项，如果对象的参数的自动定位关闭，系统会用一个点来标记。
- ◆ 单击清除选择对象：选中该复选项，用户单击选中一个对象后去选择另一个对象时，上一次选中的对象将恢复成未被选中的状态。取消选中状态时，系统将不清除上一次的选中记录。
- ◆ Shift 单击进行选择：选中该复选项，则必须按下"Shift"键，再单击鼠标才能选中对象。
- ◆ 总是拖动：选中该复选项，移动对象时，与其相连的导线会随之拖动，保持连接关系不变。

（2）【自动摇景选项】区域

- ◆ 风格：可设置三种自动摇景模式："Auto Pan Off"（关闭自动摇景）、"Auto Pan Fixed Jump"（按设置的步长自动移动）、"Auto Pan Recenter"（以光标位置为中心移动）。
- ◆ 速度：拖动滑块调节自动移动速度。
- ◆ 步长：设置原理图每次移动的步长，系统默认为 30 像素。
- ◆ Shift 步长：设置按下"Shift"键时每次移动的步长，系统默认为 100 像素，即按下"Shift"键会使图纸移动加速。

（3）【取消/重做】区域。用来设置取消/重做的次数，系统默认为 30 次。次数越多，占用系统内存越大。

（4）【颜色】区域。设置选中对象时，其周围虚线框的颜色。

（5）【光标】区域。可设置四种光标类型："Large Cursor 90°"（大十字光标）、"Small Cursor 90°"（小十字光标）、"Small Cursor 45°"（小斜十字光标）、"Tiny Cursor 45°"（小45°交错光标）。

3．Compiler 选项卡

原理图绘制完成以后可能存在错误或疏漏，系统提供了编译工具，帮助用户进行电气规则检查。单击【Compiler】（编译）标签将弹出【Compiler】选项卡，如图 3-17 所示。

（1）【错误和警告】区域。原理图编译错误有三种级别：Fatal Error（致命错误）、Error（错误）、Warning（警告）。该区域用来设置以上三种错误的提示颜色。一般采用系统默认颜色。

选中"显示提示"复选框，系统在编译过程中会给出相应的错误提示。

（2）【自动交叉】区域

- ◆ 显示在导线上面：选中该复选框，导线呈"T"字形连接处会显示电气节点。电气节点的大小在"尺寸"项设置，电气节点的颜色通过"颜色"项右边的颜色框设置。
- ◆ 显示在总线上面：选中该复选框，总线呈"T"字形连接处会显示电气节点。电气节点的颜色和大小设置同上。

（3）【手工交叉连接状态】区域。手工添加电气节点时，设置节点的显示与否、节点大小及颜色。

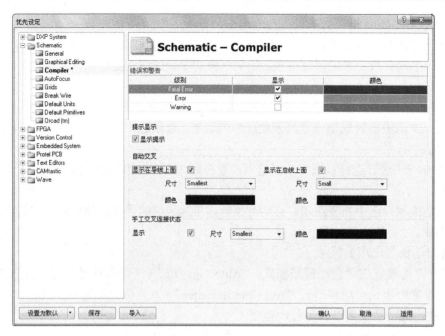

图 3-17 【Compiler】选项卡

4.【AutoFocus】选项卡

自动对焦。根据原理图中对象所处的状态（未连接或连接），设置在各种操作情况下的淡化或加浓显示，以及在各种操作下的缩放情况。

5.【Grids】选项卡

用于设置三种网格（捕获网格、电气网格、可视网格）的大小、线形和颜色。网格有公制和英制两种尺寸。一般采用默认值。

6.【Break Wire】选项卡

在原理图编辑环境下，当用户需要剪掉某段导线，又不希望删除整条导线时，可执行菜单命令【编辑】→【切断配线】来切割导线。与【切断配线】有关的参数在【Break Wire】选项卡中设置。

【切割长度】区域：用来设置每次执行【切断配线】命令时，切割的导线长度。

7.【Default Units】选项卡

用于设置系统默认的度量单位。单击【Default Units】（默认单位）标签，将弹出【Default Units】选项卡，如图 3-18 所示，有英制单位和公制单位两种。

◆ 英制单位系统：可选单位有 Mil（毫英寸）、Inch（英寸）、DXP Defaults（系统默认）、Auto-Imperial（自动切换为英制单位）。

◆ 公制单位系统：可选单位有 Millimeter（毫米，mm）、Centimeter（厘米，cm）、Meter（米，m）、Auto-Metric（自动切换为公制单位）。

单位之间的换算关系如下：

$$1\ inch = 1000\ mil$$
$$1\ mil = 0.0254\ mm$$

84

$$1 \text{ mm} = 39.37 \text{ mil}$$

用户在绘图过程中随时可执行菜单命令【设计】→【文档选项】，在弹出的文档选项对话框中的【单位】选项卡中切换单位。

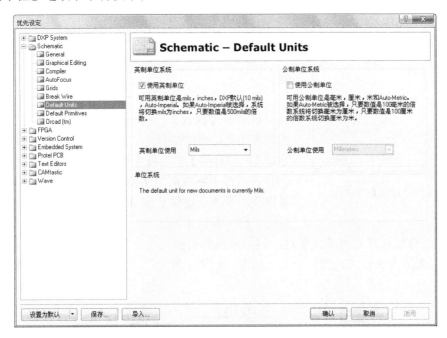

图 3-18　【Default Units】选项卡

8．【Default Primitives】选项卡

用于设置原理图编辑时常用图元的初始默认值。

选中某一图元，单击【重置】按钮，可将该图元的属性恢复到安装时默认值。单击【全部重置】按钮，可将所有图元的属性都恢复到安装时默认值。

永久复选框：选中该复选项，在原理图编辑环境下，按"Tab"键所调出的属性对话框中，只能改变当前对象的属性，再次使用该对象时，其属性还是原始属性。若不选中该复选项，对象属性保持为前次放置时的状态。

9．【Orcad】选项卡

用于与 Orcad 文件有关的设置。Orcad 文件"Part Field"域中存放了元件封装信息。

◆ 复制封装 From/To：当选择了 Part Field1～Part Field8 其中一个选项时，表示导入 Orcad 文件时将该域中的元件封装信息复制到 Protel DXP 的封装域中，导出时将 Protel DXP 的封装信息复制到 Orcad 相应的域中。选择"Ignore"表示不进行封装信息的复制。

◆ 仿 Orcad 端口：选中该复选项，系统将自动根据端口名称的字符串长度来调整端口长度，用户不能手动调整端口长度。

技能 5　放置网络标签

原理图中能实现电气连接的方法有 4 种：导线；网络标签；总线、总线分支、网络标签；I/O 端口。

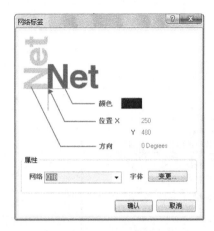

图 3-19 【网络标签】对话框

在原理图中若用导线连接距离较远的两点会使图面凌乱，不利于读图，这时可以使用网络标签来连接，省去冗长的导线。

网络标签具有电气特性，在原理图中元件引脚端点处或者导线上任意位置放置两个同名的网络标签后，导线与导线或元件引脚之间就建立了电气连接。放置网络标签的操作如下。

单击配线工具栏上的"放置网络标签"工具 或执行菜单命令【放置】→【网络标签】，光标将变成上一次使用该工具结束时的状态。按"Tab"键，在如图 3-19 所示的【网络标签】对话框中输入网络名称，如 Q1B、Q2B、Q3B 等。单击字体后的【变更】按钮可设置字体，一般不需修改。系统还提供了网络标签的颜色、位置和方向的设置，一般不需修改。

确认后，将光标移到需要放置这一网络标签的引脚端点、导线或者总线上，这时会出现红色"×"，表示光标已捕捉到一个电气热点，如图 3-20 所示，单击放置网络标签即可。

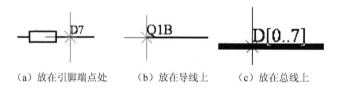

（a）放在引脚端点处　　　（b）放在导线上　　　（c）放在总线上

图 3-20　放置网络标签

如果网络标签是以数字结尾的，连续放置时，其末尾数字会自动加 1。单击右键可退出连续放置状态。

双击已经放置的网络标签可调出属性对话框对其进行修改。网络标签的其他操作（如旋转、镜像、删除等）与元件的操作方法相同。

放置网络标签注意事项：
1. 网络标签要放置于元件引脚端点，不能放在引脚中间或其他位置。可以放在导线或总线上的任意位置，但放在总线上时有特殊格式，稍后详述。
2. 网络标签不区分大小写，但一般要写法一致。
3. 当需要在网络标签上放上画线以表示该点信号低电平有效时，在其字母后插入"\"，如"R\D\"。

技能 6　总线、总线入口

在使用集成电路芯片时，常见数据总线、地址总线、控制总线等，总线是对一组具有相同性质导线的总称。绘制图纸时，为了使图面清晰、表达专业，常用总线代替数条性质相同的导线。

总线、总线入口没有任何实质的电气连接意义，仅起示意作用，所以实际连接电路必须结合网络标签，由网络标签完成电气连接。

1．总线

单击配线工具栏上的【放置总线】工具 ⬏ 或执行菜单命令【放置】→【总线】，启动总线工具后，光标处带有"×"。总线与导线的操作方法完全相同，不再赘述。属性设置对话框也非常相似，可以修改线宽和颜色，但一般不需要修改。总线绘制部分结果如图3-21所示。

2．总线入口

总线入口是导线与总线之间的桥梁，总线入口两端无方向性，无电气特性。总线入口并不是必须的，但使用总线入口会使图纸更专业化、标准化。

单击配线工具栏上的【放置总线入口】工具 ⬏ 或执行菜单命令【放置】→【总线入口】，光标处带有"\"或者"/"，可通过"空格"键切换方向。使总线入口一端与总线相连，另一端与导线或者元件引脚相连，如图3-22所示。当总线入口两端的"×"均变为红色时表示已连接好。有时在元件引脚与总线入口连接处放置网络标签会造成图形重叠，此时可在它们之间加一条延长导线。完成后单击右键退出连续放置状态。

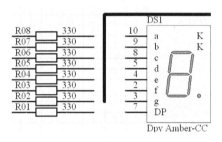

图 3-21　绘制总线

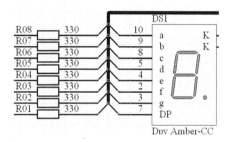

图 3-22　绘制总线入口

3．总线的网络标签

前已述及，总线和总线入口没有任何电气连接意义，实质性的连接还需要在连接的两点各放同名的网络标签，如图3-23所示，同时，还要在总线上放置总线的网络标签。

总线的网络标签用"总线名[n1..n2]"来表示。例如，总线的网络标签 D[0..7]表示一组导线 D0～D7。总线的网络标签可以不放置，不会引起连接错误，其原因是电气连接实际上是由网络标签实现的，所以即使总线和总线入口都不画也不会错。放置总线的网络标签是为了使制图标准化。

技能 7　输入输出端口

与使用网络标签相似，使用同名的I/O（输入/输出）端口同样能实现两点的电气连接。不同的是，若绘制层次原理图，那么同一张图纸中不应使用I/O端口来连接，I/O端口只用于不同图纸之间的连接。

单击配线工具栏上的"放置端口"工具 📖 或执行菜单命令【放置】→【端口】，启动端口工具后，光标处跟随着一个I/O端口，该端口是上次使用端口工具结束时的状态。

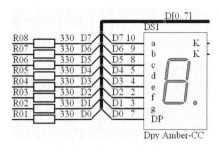

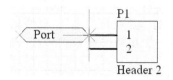

图 3-23　放置总线的网络标签　　　　　　图 3-24　放置 I/O 端口

移动光标到需要放置 I/O 端口的元件引脚末端、导线或者总线上，这时会出现红色"×"，表示光标已捕捉到一个电气热点，如图 3-24 所示，单击确定端口的一端，拖动鼠标可见端口长度随之改变，端口大小合适后再次单击确定另一端，即完成了一个端口的放置，右键单击退出连续放置状态。

双击端口或者在放置前按下"Tab"键，可弹出【端口属性】对话框，如图 3-25 所示，端口的颜色、长度、位置、ID 等信息不需要修改，一般使用中需设置以下参数。

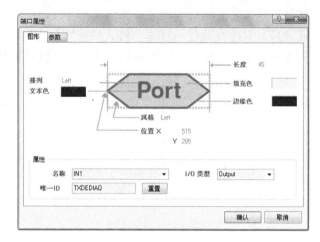

图 3-25　【端口属性】对话框

◆ 名称：输入端口的名称，例如，这里输入 IN1、IN2。上画线的输入与网络标签一样，在字母后输入"\"。

◆ I/O 类型：设置 I/O 端口的电气特性，为 ERC 检查提供依据。I/O 类型有 4 种：Unspecified（没有定义）、Output（输出）、Input（输入）、Bidirectional（双向）。

◆ 风格：I/O 端口形状有 8 种。端口形状要与端口的电气特性相配合，指示端口的信号流向。端口箭头指向引脚外的是输出性质的，指向引脚内的是输入性质的。例如，本项目原理图中与 P1 相连的 I/O 端口 IN1、IN2 是输出的，与 U1 相连的第 2、3 引脚是输入的。

如果设置了风格，但发现原理图显示的和设置值并不一致，那么可在图 3-11 所示的对话框中取消选择"端口方向"复选框。

技能 8　PCB 布局标记

PCB 布局标记用于指定某处 PCB 布线规则，包括线宽、过孔直径、布线优先权等。原理图绘制时，在电路某些位置放置 PCB 布局标记，预先指定该处的布线规则，那么当原理图更新到 PCB 之后，系统会自动引入这些布线规则。

执行菜单命令【放置】→【指示符】→【PCB 布局】，光标变为十字形，并跟随着一个 PCB 布局标记，移动光标到需要的位置，即可单击放置 PCB 布局符号。

双击 PCB 布局标记，或者在放置前按下"Tab"键，弹出 PCB 布局【参数】对话框，如图 3-26 所示。

◆ 名称：PCB 布局标记的名称。

◆ 参数列表窗口：PCB 布局标记的有关参数。

图 3-26 PCB 布局【参数】对话框

选中某一参数，单击【编辑】按钮，弹出【参数属性】对话框，如图 3-27 所示，单击图中【编辑规则值】按钮，弹出如图 3-28 所示的【选择设计规则类型】对话框，该窗口包含了 PCB 设计的所有规则，在 Routing 下可设置布线规则，设置方法在项目二中已述及，不再赘述。

图 3-27 【参数属性】对话框

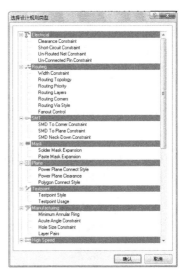

图 3-28 【选择设计规则类型】对话框

技能 9 元件自动标注

Protel 系统采用的元件默认编号形式为"类型"+"？"。例如用"R?"标识电阻的默认编号，电容是"C?"，集成块是"U?"等，用户可以在元件属性窗口中手工指定元件编号。当原理图中元件数目较多时，手工编号可能会出现重号，采用自动编号则可以避免这一问题，而且可以提高效率，不过自动编号不适合已指定元件编号的图纸。

执行菜单命令【工具】→【注释】，在如图 3-29 所示的【注释】对话框中，指定元件重新编号的范围、顺序和条件。

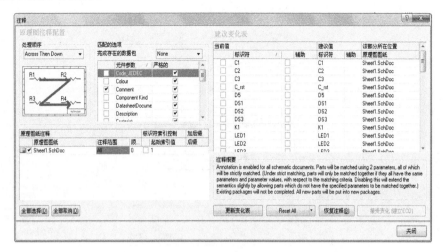

图 3-29　【注释】对话框

在【处理顺序】区域单击下拉列表，选择编号顺序，共有四种方向可以选择，选择后，图示例箭头所指方向为编号方向。

在【原理图纸注释】区域中，【原理图图纸】栏下指定需要对哪些图纸进行编号；【注释范围】栏下选择编号的范围，有三种选择：All（全部）、Ignore Selected Part（不对选中的元件编号）、Only Selected Part（只对选中的元件编号）；【起始索引值】栏下设置编号的起始值；【后缀】栏下设置编号的后缀值。

在【建议变化表】区域列出了元件的当前值和根据设置项生成的编号值。

单击【更新变化表】按钮，执行更新元件编号。

单击【Reset All】按钮，将元件编号全部恢复为"类型+？"的形式。

单击【接受变化（建立 ECO）】按钮，系统将弹出 3-30 所示的【工程变化订单（ECO）】对话框。首先单击【使变化生效】按钮，确认元件编号的修改，无误后【检查】栏会显示"√"，然后单击【执行变化】按钮执行元件编号的修改。

图 3-30　【工程变化订单（ECO）】对话框

技能 10 同时修改多个对象的属性

当需要修改多个对象的属性时，逐一修改速度慢，可以使用 DXP 系统提供的工具同时修改多个对象的属性，以提高效率。例如，要将所有电阻的封装由原来默认的 AXIAL-0.4 修改为 AXIAL-0.3，操作过程如下。

首先选中所有待修改的电阻。可在鼠标单击元件的同时按下"Shift"键进行多重选择，使所有待修改元件的外围出现绿色的虚线框。然后执行菜单命令【编辑】→【查找相似对象】，这时光标变为十字形，单击任意一个选中的电阻，系统将弹出如图 3-31 所示的对话框，单击【Selected】栏，将其右边的下拉列表设为"Same"，即修改范围设置为与刚才所单击的对象处于同样选中状态的所有对象，并选中"运行检查器"。

单击【确认】按钮，在如图 3-32 所示的【Inspector】对话框中找到【Current Footprint】栏，将其右边的封装改为"AXIAL-0.3"，并按"Enter"键确认，然后关闭该对话框，封装修改就完成了。

返回原理图编辑环境，单击编辑区右下角的【清除】按钮，退出过滤状态。双击任一电阻，在其属性对话框中即可见其封装都已改为"AXIAL-0.3"。

图 3-31 【查找相似对象】对话框

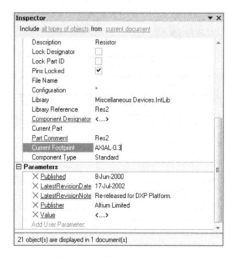

图 3-32 【Inspector】对话框

技能 11 ERC 错误信息分析

运行项目编译命令【项目管理】→【Compile PCB Project】，并打开【Messages】面板可以查看错误信息，如图 3-33 所示。

Protel 系统默认所有的输入引脚都必须连接，并且有信号提供源。如果输入引脚悬空（由于电路设计需要，有些输入引脚可能被悬空），或者连接的另一端不是输出性质的引脚，例如引脚是未定义的（通常大多数分立元件引脚是未定义 I/O 方向的），或者是双向引脚（在某种特定的应用情况下，双向引脚实际只工作于一种方向），系统都会认为是错误的。

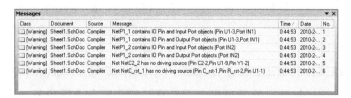

图 3-33　ERC 错误信息

图 3-33 所示的前 4 行 ERC 警告信息提示用户：网络 P1_1、P1_2 包含了 I/O 双向引脚 U1_2、U1_3，但是却连接了单向（Input、Output）端口。实际上元件 U1 用于温度控制器时，它的第 2、3 引脚只用于接收外部传感器输入的信号，原理图本身是没错的。这四条可以忽略。

图 3-33 所示的后两行 ERC 警告信息提示用户：网络 C2_2、C_rst_1 没有驱动源。该错误信息产生的原因是网络 C2_2 中的引脚 U1_9 是输入性质的，但是网络中的引脚 C2_2、Y1_2 都是未定义的，没有输出性质的引脚提供信号给 U1_9。网络 C_rst_1 同理。这是原理图设计需要，本身没有问题，所以这两条也可以忽略。

为了避免上述报告无谓错误的情况发生，可以在 U1_1、U1_2、U1_3、U1_9 处放置忽略 ERC 检查符号✕，让系统不进行此处的 ERC 检查。

此外，ERC 检查不能报告原理图设计的逻辑性错误，需要用户自己仔细校对。

技能 12　原理图报表输出

1．元件清单报表

设计完成一个项目后，要进行元件采购。对于比较复杂的项目，元件种类和数量都很多，单靠人工很难统计准确，Protel 系统提供的工具能帮助用户完成这项工作。

打开原理图，执行菜单命令【报告】→【Bill of materials】，系统将弹出如图 3-34 所示的项目元件清单对话框。对话框的左下区域用于设置显示的列表项，选中的列表项会显示在对话框的右边区域。

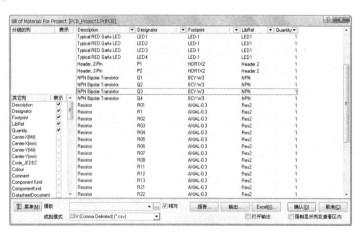

图 3-34　项目元件清单

单击【报告】按钮，会弹出【报告预览】对话框，如图 3-35 所示，单击【输出】按钮可将报表保存为指定的文件。单击图 3-34 下方的【Excel】按钮可直接将报表输出为 Excel 文档。

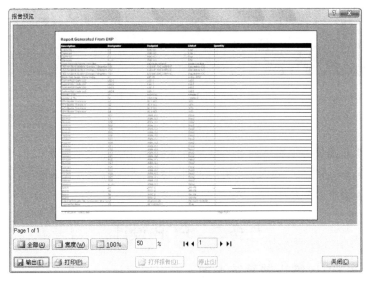

图 3-35 【报告预览】对话框

2. 原理图打印输出

原理图绘制结束后，为了查看、校对、存档，需要打印出来。执行菜单命令【文件】→【页面设定】，可在如图 3-36 所示的对话框中设置打印纸、打印机、缩放比例以及色彩等。设置方法与大多数 Office 文档打印相似，不再赘述。设置完成后，单击【预览】按钮进行打印预览。预览结果满意后，可单击【打印】按钮进行原理图打印。

技能 13 同步更新 PCB

使用向导生成 PCB 文件并进行设置，使之适合用于双面板，即在向导出现如图 3-37 所示的对话框时，选择信号层为"2"，不设置内部电源层。向导其余部分的设置前已述及，不再赘述。

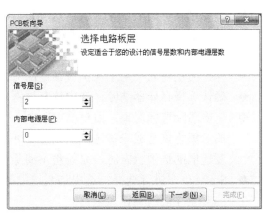

图 3-36 原理图打印设置　　　　　　图 3-37 【PCB 板向导】对话框

生成 PCB 文件后将其与原理图保存在同一项目下，然后同步更新 PCB。上述操作前已述及，不再赘述。更新后的 PCB 如图 3-38 所示。

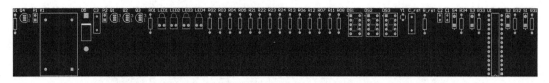

图 3-38　同步更新后的 PCB

○　**答疑解惑**　○

提问： 网络标签或者 I/O 端口的上画线总是显示不出来，为什么？

解答： 检查是否错将"\"输入为"/"。此外，I/O 端口的上画线和端口形状上面的线条重合，要放大编辑区才能看到。

任务二　PCB 设计

技能 1　设置 PCB 编辑器系统参数

打开 PCB 文档，执行菜单命令【工具】→【优先设定】，打开如图 3-39 所示的【优先设定】对话框，Protel PCB 设定项下有五个选项卡，默认打开的是【General】选项卡。

1.【General】选项卡

（1）【编辑选项】区域

◆ 在线 DRC：选中该复选框，所有违反 PCB 设计规则的地方都会被标记出来。

◆ 对准中心：选中该复选框，鼠标捕获点将自动移到对象的中心。

◆ 聪明的元件捕获：选中该复选框，当选中元件时鼠标将自动移到离单击处最近的焊盘上；取消对该复选框的选中状态，当选中元件时鼠标将自动移到元件的第一个管脚的焊盘处。

◆ 双击运行检查器：选中该复选框，在一个对象上双击将打开该对象的【Inspector】对话框；不选中时，双击将打开该对象的属性编辑对话框。

◆ 删除重复：选中该复选框，系统将自动删除编号重复的组件。

◆ 确认全局编辑：选中该复选框，在进行整体修改时，系统会出现整体修改结果提示对话框。

◆ 保护被锁对象：用于保护被锁定的对象。

◆ 确认选择存储器清除：选中该复选框后，在清除存储器时，将弹出确认对话框。

◆ 单击清除选择对象：用户单击选中一个对象，然后去选择另一个对象时，上一次选中的对象将恢复成未被选中的状态，单击空白处会取消所有元件的选中状态。取消对该复选框的选中状态时，系统将不清除上一次的选中记录。

◆ Shift+单击进行选择：选中该复选框时，用户需要按"Shift"键的同时单击所要选择的对象才能选中该对象。

以上各项通常采用图示默认设置，初学者只需认识各项的作用即可。

图 3-39　PCB【优先设定】对话框

（2）【屏幕自动移动选项】区域

该区域用于设置编辑区自动移动功能。【风格】栏用于选择视图自动缩放的模式，【速度】栏用于设置编辑区移动速度，有两种单位：【Pixels/Sec】为像素每秒，【Mils/Sec】为英寸每秒。

（3）【交互式布线】区域

◆ 模式：有三种交互布线模式，Ignore Obstacle（忽略障碍模式），选择该项后，用户可以在工作窗口的任意处进行布线，即使两者距离小于安全距离，也同样可以画线；Avoid Obstacle（避开障碍模式），选择该项后，如果手动布线时违反了布线规则，则不可以进行布线；Push Obstacle（推挤障碍模式），选择该项后，布线时 PCB 编辑器可以推挤其他的导线来方便当前的布线。

◆ 保持间距穿过覆铜区：选中该复选框后，用户可以直接在覆铜上走线。

◆ 自动删除重复连线：自动清除回路布线。选中该复选框后，在手动调整布线操作过程中，两电气节点间重新连线后，PCB 会自动删除原来的连线。

◆ 限定方向为 90/45 度角：选中该复选框后，手动布线时将只能进行 90 度或 45 度的布线模式。

（4）【其他】区域

◆ 取消/重做：设置撤销/恢复操作步数。

◆ 旋转角度：放置元件时，每按一次"空格"键元件将改变一定角度，通常为 90 度。

◆ 光标类型：可选择工作窗口鼠标的类型，有三种选择：Large 90、Small 90、Small 45。

◆ 元件移动：设置拖动元件时，是否同时拖动与元件相连的导线。

（5）【覆铜区重灌铜】区域：用于设置交互布线中的避开障碍和推挤布线方式。

◆ 重新覆铜：决定在铺铜上走线后是否重新进行覆铜操作，有三种选择：选择"Never"时不进行重新覆铜操作；选择"Threshold"，当多边形覆铜超出了极限值时系统将提示以确认是否进行重新覆铜操作；选择"Always"时总是进行重新覆铜操作。

◆ 阀值：用于设置覆铜极限值。

2.【Display】选项卡

单击【Display】标签即可打开【Display】选项卡，如图 3-40 所示。

图 3-40　【Display】选项卡

（1）【显示选项】区域

◆ 转换特殊字符串：选中该复选项，系统会将特殊字符串转换成其内容显示，否则显示特殊字符串本身。

◆ 全部加亮：选中该复选框后，选中的对象将以当前的颜色突出显示出来。

◆ 用网络颜色加亮：用于设置选中的网络是否仍然使用网络的颜色，还是一律采用黄色。

◆ 重画阶层：选中该复选框，当用户在不同的板层间切换时窗口将被刷新。

◆ 单层模式：选中该复选框后，只显示当前激活的层，其他层不显示。

◆ 透明显示模式：选中该复选框后，每一层的颜色都是透明的，这样可以显示所有层的对象。

◆ 屏蔽时使用透过模式：选中该复选框，屏蔽时会将其余的对象透明化显示。

◆ 显示在被加亮网络内的图元：选中该复选框，在单层模式下系统将显示所有层中的对象，而且当前层将被高亮显示出来。

◆ 在交互式编辑时应用屏蔽：选中该复选框，用户在交互式编辑模式下可以使用屏蔽功能。

（2）【表示】区域

设置当视图处于足够的放大率时，PCB 是否显示焊盘所在的网络名称、焊盘的编号、过孔所在的网络名称、测试点、原点标记、状态栏信息。

（3）【草案阀值】区域

用于设置图形显示极限。【导线】栏设置导线显示极限，如果编辑区放大到导线宽度大于设定值时，则以实际轮廓显示，否则只以简单直线显示；【字符串】栏设置字符显示极限，如果编辑区放大到字符像素大于设定值时，以文本显示，否则只以方框显示。

3.【Show/Hide】选项卡

该选项卡用于设置各种图形的显示模式，每种对象都有三种显示模式：最终、草案、隐藏。一般取默认值，即最终模式。

4.【Defaults】选项卡

该选项卡用于设置各个对象的系统默认值，包括：Arc（圆弧）、Component（元件封装）、Coordinate（坐标）、Dimension（尺寸）、Fill（金属填充）、Pad（焊盘）、Polygon（覆铜）、String（字符串）、Track（铜膜导线）、Via（过孔）等。

选中某对象后，单击【编辑值】按钮即可进入属性对话框，修改默认值。单击【全部重置】按钮可将所有对象的属性都恢复到安装时的默认值。

选中【永久】复选框，按"Tab"键所调出的属性对话框中，只能改变当前对象的属性，再次使用该对象时，其属性还是原始属性。若不选中该复选项，对象属性保持为前次修改时的值。

5.【PCB 3D】选项卡

该选项卡用于设置三维模式显示 PCB 板时的颜色，以及是否生成 3D 文档。

技能 2　布局基本原则

大多数电子设备对 PCB 板都有机械尺寸要求，应先根据实际情况规划电路板的物理尺寸，确定特殊元件的位置，然后根据电路的信号流向安排各功能单元的位置，使布局便于信号流通，并使信号尽可能保持一致的方向。

在放置功能单元电路的元件时，一般以其核心元件为中心，围绕它布局，元器件应整齐、均匀、紧凑地排列在 PCB 板上。根据元器件间的连线关系，适当调整元件的位置，如旋转元件、移动元件，使元件之间的连线尽量短。

对于没有机械结构约束的 PCB 应先布局，根据布局结果及国家标准规划印制板的尺寸。

元件布局关系到布线质量，对电路板设计的成败有直接影响。布局应当从以下几方面综合考虑。

1. 元件排列一般原则

◆ 尽量将所有元件均匀、整齐地布置在 PCB 的同一面。

◆ 应符合信号流向，功能单元布局分块、分区放置。

◆ 元件之间应遵循就近放置原则，尽量缩短元件之间的连接导线。

◆ 元件应互相平行或垂直，排列紧凑但不能重叠。

◆ 元件间距与插件、焊接工艺有关。对于中密度线路板，采用自动插件和波峰焊接工艺时最小距离取 50～100mil，采用手工工艺时，间距可略大些，取 100mil 或 100mil 以上。大型器件的四周要留较大维修间隔。

◆ 遵循先大后小，先核心后周围的原则。

◆ 位于板边缘的元件距板边至少 2mm。

◆ 可调元件放在方便调节的地方。如在机内调节，应放在印制板方便调节的地方（如板边），周围不宜有较高元件阻挡；如在机外调节，其位置要与调节旋钮在机箱上的位置相适应。

◆ 发热元件（如中大功率三极管等）不能紧邻怕热元件（如晶振、锗管等）、热敏元件及导线。发热量较大的元件不宜放在印制板上。

2．防止电磁干扰

◆ 输入输出元件应尽量远离。

◆ IC 去耦电容应尽量靠近芯片的电源引脚。

◆ 时钟电路元件应尽量靠近 CPU 时钟引脚。

◆ 模拟和数字元件应分开布置。在布局时，需要考虑哪些属于模拟电路，哪些属于数字电路，两者要分开放置，防止互相干扰。

3．板的形状

◆ 没有指定机械结构时，板的形状通常设计为矩形，矩形的长宽要符合国家标准，一般长宽比为 3:2 或 4:3。GB 9316—88 推荐的印制电路板外形尺寸如表 3-2 所示，其中"●"为优先采用尺寸，"○"为可以采用尺寸，表中尺寸单位为公制 mm。

◆ 根据需要留出定位孔、支架位及固定螺丝孔位。定位孔等非安装孔周围 1～2mm 内不得安装元件；螺丝孔等安装孔周围 1mm 内不得安装元件，不得布线。

表 3-2　GB 9316—88 推荐的印制板外形尺寸　　　　　单位：mm

W\H	20	25	30	35	40	45	50	55	60	70	80	90	100	110	120	130	140	150	160	180	200	220	240	260	280	300	320	360	400	450
25	○																													
30	●	●																												
35	○	○	○																											
40	●	●	●	○																										
45	○	○	○	○	○																									
50	○	○	○	○	○	○																								
55	●	●	●	○	●	○	○																							
60	●	○	●	●	●	○	○	●																						
70		○	○	○	○	○	○																							
80		●	○	●	○	○	●	●	○																					
90		○	○	○	○	○	○	○																						
100			●	○	○	●	●	○	●																					
110						○	○	○	○	○																				
120						○	●	●	○	○	○			○																
130						○	○	○	○	○	○			○																
140						○	○	○	○	○	○	●	○	○																
150						○	○	○	○	○	○	○	○	○	○															
160						○	●	●	○	●	●	○	●	○	○	○														
180									○	○	○	○	○	○	○	○	○													
200													●	○	●	○	●	○	●											
220													○	○	●	○	●	○	●											
240															●	○	○	○	●	○										
260																○	○	○	○											
280																			○	○	●									
300																			○	○	○	○	●							
320																					●	○	●	○	○	○				
360																					○	○	○	○	○					
400																							○	●	○	○	●	●		
450																									○	○	○	○	○	
500																													●	○

技能 3　布局操作

若需要自动布局，则执行自动布局操作前应先设置布局规则，布局规则在【设计】→【规则】下的【Placement】选项卡中设置。手工布局一般不需设置布局规则。

由于自动布局功能无论如何完善，都无法适应功能各异、种类繁多、工作环境各不相同的电路系统，目前绝大多数的电路系统都主要依赖于手工布局，所以这里不介绍布局规则设置方法，用户可在手工布局的过程中依据布局原则自己把握。

本项目布局操作过程如下。

（1）首先分析原理图，区分图中以下几种功能单元：信号输入模块（P1）、设置模块（R31～34，S1～S4）、主控模块（U1）、复位模块（C_rst，R_rst）、时钟模块（C1，C2，Y1）、指示模块（R21～R24，LED1～LED4）、温度显示输出模块（R11～R13，R01～R08，DS1～DS3，Q1～Q3）、温度控制输出模块（R1，Q4，D5，K1，C3，P2）。

外部温度传感器里的信号由信号输入模块输入，设置模块用于设置电路的运行参数，指示模块用于工作方式指示，温度显示输出模块用于温度显示（在参数设置时用于设定参数的显示），温度控制输出模块用于控制系统加热电路的通断。

（2）分析原理图的信号流向，初步规划各功能单元在印制板上的位置从左到右依次为"输入→处理→输出"。电路处于运行状态时，模块间信号流向为：信号输入模块→主控模块→温度控制输出模块/温度显示输出模块。

（3）放置核心元件（单片机 U1）到 PCB 中间位置。

（4）在核心元件 U1 的左边放置信号输入模块和设置模块，放置时注意接插件 P1 和按钮尽量放在板边；在核心元件 U1 的右边先放置各种输出模块（温度显示输出模块、温度控制输出模块）的主要元件，放置时注意使显示和指示器件便于察看。初步放置时可以使元件间距稍大些。

（5）在核心元件 U1 周围放置复位模块和时钟模块。放置时注意使时钟模块尽量靠近单片机的 9、10 引脚。

以上各功能单元放置时要考虑信号流向原则，同时，为了使后续连线短，还要考虑就近原则。部分布局后如图 3-41 所示。

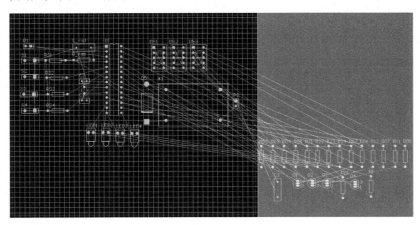

图 3-41　部分布局

（6）按模块分区放置其他非核心元件。必要时根据需要调整已经放置的元件位置。

（7）旋转元件方向，使飞线最短、飞线交叉最少，以利于布线。使用排列功能，使同一行或同一列的元件对齐且均匀。布局结果如图 3-42 所示。

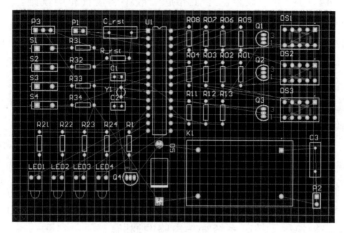

图 3-42　布局结果

技能 4　规划印制板机械尺寸

依据布局结果，观察印制板的大概尺寸，对照国家标准，确定印制板的机械尺寸。由于国家标准是公制单位，所以要先执行菜单命令【查看】→【切换单位】，将系统单位切换为公制。切换后，有以下两种方法可以得知印制板的大概尺寸。

◆　利用状态栏的坐标观察印制板的大概尺寸。例如，在如图 3-42 所示的布局结果图中，将鼠标移至最左边元件处，观察状态栏显示的 X 轴坐标值，再将鼠标移至最右边元件处，观察这时的 X 轴坐标值，两者差即为 PCB 的长度，同理可知 PCB 的宽度。图 3-42 所示的 PCB 大约为 105×67mm。

◆　执行【报告】→【测量距离】菜单命令，光标变为"十"字形，将光标移至图 3-42 最左边元件处单击，移动光标，可见拉出一条线（线不必拉直），再在最右边元件处单击，会弹出测量距离报告，如图 3-43 所示，"X Distance"即为 PCB 的长度尺寸。同理可测量 PCB 的宽度。

图 3-43　测量距离报告

对照表 3-2 可知，应选取机械尺寸为 110×70mm。

画机械边框前，先在规划的印制板左下角放置原点。启用放置原点工具有两种方法：执行菜单命令【编辑】→【原点】→【设定】，或者使用【实用工具】→【设定原点】。放置原点工具启用后，光标变为十字形，在规划中的 PCB 左下角单击即可放置原点，从状态栏可见该点坐标为（0,0）。

激活机械层 1，使用【实用工具】→【放置直线】工具，画出四条封闭的机械边框线，它们的起始坐标和结束坐标分别为：（0,0）～（110,0）、（0,0）～（0,70）、（0,70）～（0,110）、（110,0）～（110,70），单位为 mm。机械边框完成后如图 3-44 所示。

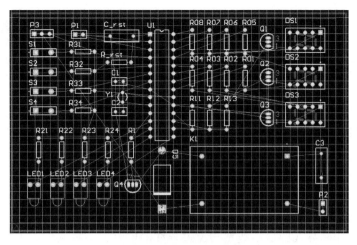

图 3-44　机械边框绘制结果

有时，布局结果与国家标准尺寸之间差异较大，所以画定机械边框线以后还要进一步调整布局，以使板面布局均匀。因此，规划机械尺寸最好在布线之前完成。

技能 5　布线原则

布线，即利用印制导线完成元件之间的连接关系。布线也是印制板设计的关键，不好的布线会使印制板抗干扰能力差，甚至根本不能工作。布线过程必须遵循以下原则。

1. 一般原则

◆ 导线要精简，走线密度要均匀。一般走线要尽可能短，尽可能粗，尽可能少转弯。但有些高频回路中，为了达到阻抗匹配需要进行特殊延长导线（如蛇行走线）。导线转弯时内角不能小于 90 度。

◆ 布线顺序。地线→电源线→核心信号线→其余信号线。

◆ 导线间避免近距离平行走长线，这样耦合较大，相邻两层信号线的走线方向最好垂直或斜交。但对于电流大小相同而方向相反的导线要平行走线。

◆ 导线、焊盘、过孔之间要保持一定距离，一般整个板子可设为 0.254mm（10mil），密度较低的板子可设为 0.3mm，较密的贴片板子可设为 0.2～0.22mm，0.1mm 以下是绝对禁止的。电压较高时，要注意线间距与电压的关系。

◆ 导线应连接于焊盘、过孔的中心，避免呈一定角度与焊盘相连。只要可能，印制导线应从焊盘的长边的中心处与之相连，如图 3-45 所示。

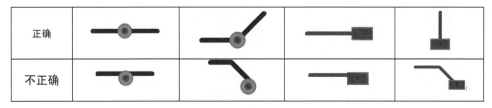

图 3-45　导线与焊盘连接

◆ 宽导线或大面积导体与 SMT 焊盘相连时，应在焊盘与导线或导体相连部位"缩径"，如图 3-46 所示。焊盘与较大面积导电区相连接时，细导线应进行热隔离。

图 3-46　SMT 焊盘与宽导线相连

2．安全工作原则

◆ 安全间距原则。要保证走线最小间距能承受所加电压的峰值，特别是高压线应圆滑，不得有尖锐的倒角，否则容易造成电路板打火击穿，甚至发生火灾等严重后果。线间距和电压的关系：1mm 线间距能承受 200V 的电压（峰值）。

◆ 安全载流原则。走线宽度应以其所能承载的电流峰值为基础进行设计，并留有一定的余量。走线的载流能力取决于以下因素：线宽、线厚（铜箔厚度）、容许温升等。

一般情况下，印制导线的最小线宽与流过导线的电流大小关系为：印制导线的横截面每 mm^2 的电流负荷为 20A。那么，一般铜箔厚度为 0.05mm，则 1mm 的线宽电流负荷约 1A，这就是"毫米安培"经验。所以，没有特殊说明时，按 1mm 线宽电流负荷 1A 计算。

3．电源/地线布线原则

◆ 地线、电源线应尽量加粗。若地线过细，地线阻抗大，接地电位随电流变化大，就会导致抗噪性能降低，因此应将地线加粗，最好使它能通过三倍于印制板上的允许电流。独立电源电路应加粗。同一电路板内各种线宽的关系是：地线线宽 ≥ 电源线线宽 > 信号线线宽。

◆ 一般将公共地线布置在印制板的边缘。

◆ 正确的单点和多点接地。在低频电路（信号的工作频率小于 1MHz）中，布线和器件间的电感影响较小，而接地电路形成的环流对干扰影响较大，因而应采用单点接地。多级电路为防止局部电流而产生地阻抗干扰，各级电路应采用单点接地（或尽量集中接地）。高频电路（30MHz 以上），如果采用单点接地，其地线的长度不应超过波长的 1/20，否则应采用多点接地法。

◆ 电源线和地线应靠近，尽量减小围出的面积，以降低电磁干扰。

◆ 数字地与模拟地分开。一般数字电路的抗干扰能力比较强，而模拟电路只要有很小的噪声就足以使其工作不正常，所以这两类电路应该分开布局、布线。

◆ 高压或大功率元件尽量与低压或小功率元件的电源线、地线分开走线，以避免高压大功率元件通过电源线、地线的寄生电阻（或电感）干扰小功率元件。

◆ 易受干扰器件和线路可用地线包围。

4．信号线布线原则

◆ 最靠近板边缘的导线距离印制板的边缘应大于 5mm。

◆ 时钟电路、振荡器电路走线原则。时钟电路和振荡器电路的传输线是主要的干扰源和辐射源。时钟应尽量靠近用到该时钟的器件，使时钟线尽量短；尽可能用地线将时钟区围起来；晶振外壳要接地；在双面电路板中，由于没有地线层屏蔽，应尽量避免在时钟电路下方走线。例如，时钟电路在顶层连线时，信号线最好不要通过底层的对应位置。

高频电路和振荡器电路的传输线也是主要的干扰源和辐射源，应单独对其布设。

输入、输出信号线最好远离，靠近时中间可用地线隔开；对噪声敏感的线不要与大电流、高速开关线并行；信号线不能形成环路，如不可避免，环路区域应尽量小。

5．其他原则

◆ 配置退耦电容原则。

电源的输入端跨接 10～100μF 的电解电容，如果印制电路板的位置允许，采用 100μF 以上的电解电容器抗干扰效果会更好。

原则上每个集成电路芯片都应布置一个 0.01～0.1μF 的瓷片电容，如遇印制板空隙不够，可每 4～8 个芯片布置一个 1～10μF 的钽电解电容（最好不用铝电解电容，铝电解电容是两层薄膜卷起来的，这种卷起来的结构在高频时表现为电感）。

退耦电容尽量靠近芯片的电源引脚。退耦电容引脚尽量短。

◆ 过孔设置原则。合理选择过孔尺寸。一般过孔内径大于板厚的 1/5，在目前技术条件下，当过孔内径小于板厚的 1/6 时，很难加工。

过孔不应放在 SMT 元件下，不可避免时，必须用阻焊剂覆盖或封堵孔。过孔不能放在焊盘上。控制过孔数量，尽量不要使用不必要的过孔。

◆ 未用引脚的处理。MCU 无用端要接高电平或接地，或定义成输出端；集成电路上的应接电源、地的引脚都要接，不要悬空。

闲置不用的门电路输入端不要悬空，闲置不用的运放正输入端接地，负输入端接输出端。

◆ 在振动或其他容易使板子变形的环境中采用过细的铜膜导线会导致起皮拉断等。

◆ 走线要考虑组装是否方便。例如，印制板上有大面积地线和电源线区时（面积超过 $500mm^2$），应局部开窗口以方便腐蚀等。

6．一些常规尺寸

◆ 板厚：3.0mm，2.5mm，2.0mm，1.6mm，1.0mm。

◆ 孔内径：24mil，20mil，16mil，12mil，8mil。

◆ 焊盘直径：40mil，35mil，28mil，25mil，20mil。

一般不要设置特殊尺寸，以免造成加工困难。

技能 6　设置布线规则

执行【设计】→【规则】菜单命令，弹出【PCB 规则和约束编辑器】对话框，单击【Routing】选项卡设置如下布线规则。

（1）线宽规则：电源线、地线线宽 40mil，信号线 12mil。设置方法如下。

新建布线规则"Width_1"，在【第一匹配对象的位置】区域的"网络"下拉列表中选择"GND"网络。在约束区域，将最大线宽"Max Width"设为 40mil，优先线宽"Preferred Width"设为 40mil，即完成了将地线线宽设为 40mil。

新建规则"Width_2"、"Width_3"，分别将电源 V_{CC} 网络和+12 网络的最大线宽设为 40mil，优先线宽设为 35mil。

将规则 Width 规则修改为全部对象适用线宽为最大 40mil，优先线宽设为 12mil。

至此，已设置了四条线宽规则，完成后如图 3-47 所示。

有多条同类规则时，需要对它们进行优先次序排队。单击【优先级】按钮，弹出如图 3-48

103

所示的对话框，单击选中需要调整的优先级的规则名，然后单击【增加优先级】、【减小优先级】按钮，可调整优先级。最上面的优先级最高，最下一行的优先级最低。这里设置 Width 的优先级最低，其余规则依次增加。若将 Width 的优先级设为最高，也就是所有对象适用 12mil，那么其他规则实际上不起作用。

（2）布线层规则：选中"Bottom Layer"和"Top Layer"，双面布线。

（3）布线转角规则：45°转角。

其他规则选择默认。

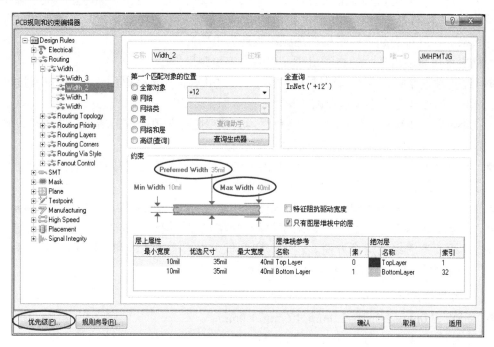

图 3-47　线宽规则设置

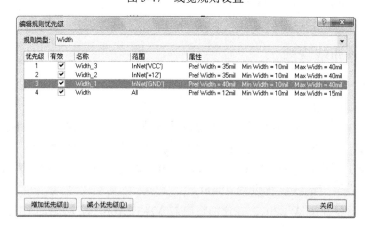

图 3-48　规则优先级设置

技能 7　布线操作

首先，采用局部布线法布电源、地线。执行【自动布线】→【网络】菜单命令，光标变为"十"字形，放大编辑区，单击 GND 网络中的任意焊盘或者飞线，系统则自动对 GND 网络布线，布线结果如图 3-49 所示。

依据布线原则修改地线，使地线围绕时钟电路，走线精简，修改后如图 3-50 所示。

同样的方法，采用局部自动布线，布电源网络+12 和 V_{CC}，布线结果如图 3-51 所示。

用下述方法可分别查看+12 网络及 V_{CC} 网络的布线结果。

◆ 按下"Ctrl"键，同时鼠标单击+12 网络中的任意一点，则该网络导线高亮显示，其余对象被屏蔽。被屏蔽的对象不可操作。同样方法可浏览 V_{CC} 网络。

◆ 打开【PCB】工作面板，浏览对象选择"Nets"（网络），然后在网络列表中选择"+12"，结果同上。单击面板控制中心的【清除】按钮可退出屏蔽状态。

观察电源网络布线结果，依据布线原则分别修改+12 和 V_{CC} 网络的布线，修改结果如图 3-52 所示。

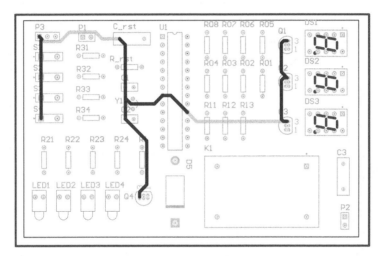

图 3-49　局部自动布地线网络

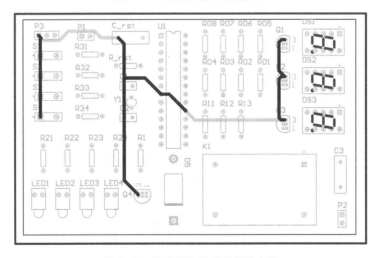

图 3-50　修改后的地线网络的布线

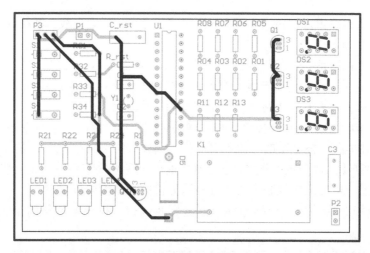

图 3-51　局部自动布电源网络

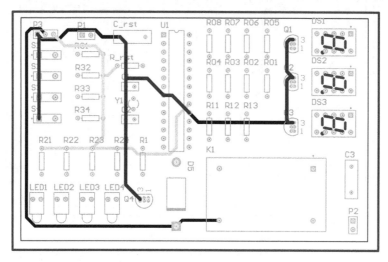

图 3-52　手工修改电源网络布线

电源和地线网络的布线修改完成后，自动布其余信号线。执行菜单命令【自动布线】→
【全部对象】，在弹出的如图 3-53 所示的对话框中选中"锁定全部预布线"选项，单击【Route
All】按钮，启动自动布线，布线结果如图 3-54 所示。

从自动布线结果可见此布线存在以下缺陷：有信号线穿过时钟电路区域；导线绕行太远
（如 Q1、Q2、Q3 的第 2 引脚上的导线）；导线没有连接于焊盘中心（如 R1-1 处）；布线密度
不均匀（如局部地方有导线距离导线或者元件焊盘过近而另一侧空间较大）。

在手工调整布线的过程中，根据需要，可调整其他导线的位置（如将 Q1、Q2、Q3 第 3
引脚上的地线调至元件右侧）、布线的层，也可以重新调整元件的位置（如调换 C1 与 C2 的位
置，微调 S1～S4 的位置使导线能拉直）和方向，然后再次布线。此外，考虑到温度调节的外
部电路，手工加粗与元件 K1、C3、P2 相连的导线，手工调整的布线结果如图 3-55 所示。

布线结束后，调整注释等说明性的文字，使之不在元件下面，不在焊盘和过孔上。

图 3-53　启动自动布线

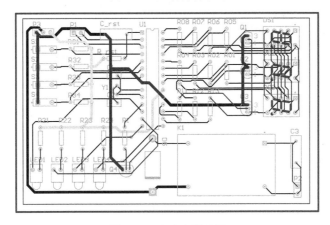

图 3-54　自动布线结果

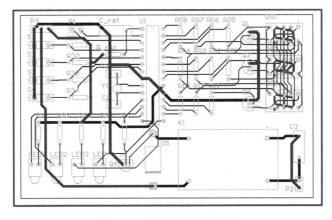

图 3-55　手工调整布线结果

技能 8　布线后续处理

1．泪滴化焊盘

根据需要将全部焊盘和过孔或者指定焊盘变为泪滴焊盘，这样可以提高焊盘及过孔与印制导线连接处的宽度。

执行菜单命令【工具】→【泪滴焊盘】，在弹出的如图 3-56 所示的对话框中，可设置泪滴化对象范围、泪滴方式以及操作行为（追加或删除）。

图 3-56　【泪滴选项】对话框

2．覆铜

覆铜原则：

◆ 没有布线的区域最好由一个大的接地或电源面来覆盖，以提供屏蔽能力。

◆ 发热元件周围和大电流引线避免使用大面积铜箔。

◆ 覆铜面积较大时最好使用栅格状铜箔。

执行【放置】→【覆铜】菜单命令，或使用【配线】工具栏中的工具▦（放置覆铜平面），弹出如图 3-57 所示的对话框，填充模式有三种：实心填充、影线化填充、无填充。当填充区域较大时，使用影线化填充。在影线化填充模式下，属性设置如下。

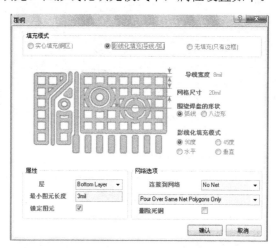

图 3-57　覆铜属性设置

◆ 导线宽度：用于设置填充图形的栅格线宽。

◆ 网格尺寸：用于设置栅格的尺寸。

◆ 围绕焊盘的形状：用于设置填充区与焊盘间的环绕方式，有弧线和八角形两种。

◆ 影线化填充模式：用于设置填充形式。

◆ 层：设置覆铜所在的工作层。

◆ 最小图元长度：设置填充区的最短长度限制。

◆ 锁定图元：选中该复选框，系统会锁定所有组成填充区的导线。未选中时，组成覆铜的栅格线会被看做导线。

◆ 连接到网络：设置覆铜所连接的网络。

◆ 删除死铜：选中该复选框，系统会删除无法连接到指定网络上的覆铜块。

◆ 下拉列表框："Don't Pour over Same net Object"表示不覆盖相同的网络；"Pour over Same net Polygons only"：仅覆盖相同的网络；"Pour Over All Same Net Object"表示覆盖所有相同的网络。

设置完成后单击【确认】按钮，光标变成"十"字形，将光标移到所需位置并单击，确定覆铜区的一个顶点，然后移动光标，依次确定覆铜区的其他顶点，确定终点后右键单击退出。终点不需要与起点重合，系统会自动将起点与终点连接起来构成一个封闭区域。放置过程中可以按"空格"键切换拐角模式。经覆铜和泪滴化后的 PCB 如图 3-58 所示。

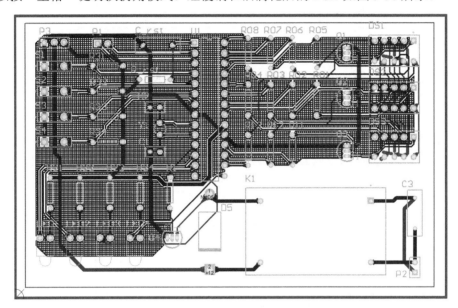

图 3-58　覆铜、泪滴化后的 PCB

技能 9　设计规则检查（DRC）

设计规则检查（DRC）可以检验 PCB 板上是否有违反在【规则】对话框中设置内容的情况。DRC 可以在线检查，也可以手动运行它来检查。系统用高亮的绿色提示在线检查错误，出错的原因可通过 DRC 检查器生成的报告来查看。

执行【工具】→【设计规则检查】菜单命令，可手动运行 DRC 检查器，在如图 3-59 所示的对话框中可设置检查的内容和 DRC 报告选项。设置完成后，单击【运行设计规则检查】按钮运行 DRC，完成检查后将在【Messages】窗口内显示违反规则的情况，如果错误较多，只显示前 500 条。

DRC 报告的错误中，有些是由于设计不合理造成的，那么必须修改设计，有些是由于规则设置不合理造成的，这类错误不会影响 PCB 性能，只需修改规则设置即可解决。详细的 DRC 错误报告及其意义见附录。

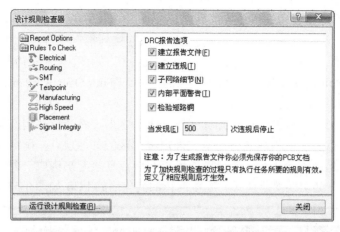

图 3-59　【设计规则检查器】对话框

单击面板控制中心【System】→【Messages】，打开【Messages】面板，可随时查阅错误信息并找出错误的原因进行修改，然后再执行 DRC，查看是否还存在错误。

也可以打开【PCB】面板，在下拉列表中选择"Rules"，在【规则类】栏内选择某一规则，在【Violation】栏内显示了违反规则的内容和数量，单击其中某条，系统会用掩膜功能高亮显示违反规则的对象。双击【Violation】栏内的某条，系统会弹出违规详细报告，如图 3-60 所示。

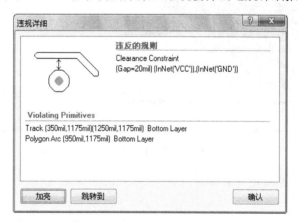

图 3-60　违规详细报告

技能 10　其他规则设置

在项目二中介绍了布线规则的使用，以下补充介绍其他几个规则。

1. 电气规则（Electrical）

Electrical 规则用于设置在布线过程中所遵循的电气规则，包括以下四项设置。

◆ Clearance：布线安全间距规则，用于设置 PCB 中导线、焊盘、过孔、覆铜区、矩形填充区等导电对象之间的最小安全距离。

单击"Clearance"前面的符号⊞，展开树状结构下的各项规则名称。系统默认的只有一个名称为"Clearance"的安全距离规则，单击这个规则名称，对话框的右边区域将显示这个规则使用的范围和规则的约束特性，如图 3-61 所示。默认的情况下整个电路板上的安全距离为

10 mil。

◆ Short-Circuit：短路规则，用于设置是否允许不同网络导线之间短路。默认设置为不允许短路。

◆ Un-Routed Net：未布线网络规则，用于检查指定范围内的网络布线是否成功，没有成功布线的将保持飞线。默认设置为检查整个电路板。

◆ Un-Connected Pin：未连接引脚，用于检查指定范围内元件封装的引脚连接是否成功。

图 3-61　安全距离设置

2．表面贴装规则（SMT）

SMT 规则是针对表贴元件电路板的设计规则。

◆ SMD To Corner：用于设置 SMD 元件焊盘距离焊盘引线拐弯处之间的最小距离。

◆ SMD To Plane：用于设置表贴式焊盘与内层连接的过孔（或焊盘）之间的距离。表贴式焊盘与内地层的连接只能用过孔来实现，本规则指出要距离焊盘中心多远才能使用过孔与内层连接。

◆ SMD Neck-Down：用于设置 SMD 焊盘缩颈。本规则设置 SMD 引出导线宽度与 SMD 元件焊盘宽度之间的比值关系，默认值为 50%。

3．阻焊层和助焊层规则（Mask）

◆ Solder Mask Expansion：用于设置阻焊层的收缩宽度，即阻焊层中的焊盘孔大于焊盘的数值，默认为 4mil。

◆ Paste Mask Expansion：用于设置助焊层的收缩宽度，即 SMD 焊盘焊锡膏模板孔之间的距离。

4．内电层连接规则（Plane）

◆ Power Plane Connect Style：用于设置焊盘或过孔与内电层的连接形式及适用范围。

 111

Plane Connect 规则提供了三种连接形式：No Connect（不连接）、Direct Connect（直接连接）、Relief Connect（缓冲连接）。缓冲连接又有连接点数选择（2 或 4）、连接导线宽度设置、空隙间距设置及扩展距离设置。

◆ Power Plane Clearance：用于设置与内电层没有连接关系的焊盘或过孔距离内电层的间距及适用范围。

◆ Polygon Connect Style：覆铜连接规则，设置方法与 Plane Connect 规则类似。

5．测试点设计规则（Testpoint）

◆ Testpoint Style：用于设置测试点的形状和大小。

◆ Testpoint Usage：用于设置测试点的用法。

6．制造规则（Manufacturing）

用于设置与电路板制造有关的规则。

◆ Minimum Annular Ring：最小环宽规则，用于设置焊盘或过孔的最小环宽。

◆ Acute Angle：最小夹角规则，用于设置有电气特性的导线与导线之间的最小夹角。

◆ Hole Size：最小孔径规则，用于设置 PCB 上的最小孔直径。

◆ Layer Pairs：板层对规则，用于设置是否允许使用板层对。

7．高速布线规则（High Speed）

◆ Parallel Segment：用于设置平行走线的最小间隔和最大长度。

◆ Length：用于设置导线的最小和最大长度。

◆ Matched Net Lengths：用于设置网络等长走线。以规定范围内的最长走线为基准，通过调整其他网络，使它们在设定的公差范围内和它等长。

◆ Daisy Chain Stub Length：用于设置菊花链走线时，支线的最大长度。

◆ Vias Under SMD：用于设置是否允许在 SMD 焊盘下设置过孔。

◆ Maximum Via Count：用于设置 PCB 上允许的过孔数最大值。

8．布局规则（Placement）

◆ Room Definition：用于设置 Room 空间大小、所在的层及元件所在区。

◆ Component Clearance：用于设置元件封装之间的最小距离。

◆ Component Orientation：用于设置元件封装允许放置的方向。

◆ Permitted Layers：用于设置元件封装允许放置的层。

◆ Nets To Ignore：用于设置自动布局时忽略的网络。

◆ Height：用于设置元件的最大高度。

9．信号完整性分析规则（Signal Integrity）

◆ Signal Stimulus：用于设置激励信号，包括激励信号的种类、初始电平、开始时间、结束时间、周期。

◆ Overshoot-Falling Edge：用于设置信号下降沿超调量，单位为伏（Volt）。

◆ Overshoot-Rising Edge：用于设置信号上升沿超调量，单位为伏（Volt）。

◆ Undershoot-Falling Edge：用于设置信号下降沿欠调电压的最大值，单位为伏（Volt）。

◆ Undershoot-Rising Edge：用于设置信号上升沿欠调电压的最大值，单位为伏（Volt）。

◆ Impedance：用于设置电路的最大和最小阻抗，单位为欧姆（Ohm）。

◆ Signal Top Value：用于设置高电平最小电压，单位为伏（Volt）。

◆ Signal Base Value：用于设置信号电压基准值，单位为伏（Volt）。

◆ Flight Time-Rising Edge：用于设置信号上升沿延迟时间，单位为秒（Second）。

◆ Flight Time-Falling Edge：用于设置信号下降沿延迟时间，单位为秒（Second）。

◆ Slop-Rising Edge：用于设置信号从阈值电压上升到高电平的最大延迟时间，单位为秒（Second）。

◆ Slop-Falling Edge：用于设置信号从阈值电压下降到低电平的最大延迟时间，单位为秒（Second）。

◆ Supply Nets：用于设置网络电压值，单位为伏（Volt）。

所有规则的添加、删除、使用范围设置等操作方法相同。

技能 11　其他对象使用方法

前面内容中已经介绍了元件封装、铜膜导线、直线、原点、覆铜的使用方法，以下介绍其余几个重要对象的使用方法，包括：焊盘、过孔、圆弧、圆、矩形填充、铜区域、字符串、坐标、标准尺寸等。

1．焊盘

单击配线工具栏中的放置焊盘工具 ⊚ ，或者执行【放置】→【焊盘】菜单命令，光标变成"十"字形，且跟随着一个焊盘（其形状为上次使用该工具所绘制的焊盘）。

将光标移到所需的位置，单击放置焊盘。此时，PCB 编辑器仍处于放置焊盘的状态，重复以上操作来放置多个焊盘。右键单击退出连续放置状态。

在放置焊盘时按下"Tab"键，或者用鼠标双击已放置的焊盘，都可以弹出焊盘属性设置对话框，如图 3-62 所示。

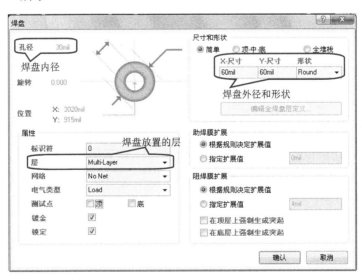

图 3-62　焊盘属性设置

◆ 孔径：用于设置焊盘内孔径。

◆ 形状：通过下拉列表可以选择三种焊盘形状：圆形、矩形、八角形。

◆ X 尺寸、Y 尺寸：用于设置焊盘外形的 X 轴尺寸和 Y 轴尺寸。当焊盘为圆形、正方形或正八角形时，X 轴尺寸和 Y 轴尺寸相等；当焊盘为椭圆形或长方形时，X 轴尺寸和 Y 轴尺寸不等。

◆ 标识符：用于设置焊盘的编号。

◆ 层：用于设置焊盘所放置的层。穿透式焊盘放于 Multi-Layer（多层），表贴式焊盘放于 Top Layer（顶层）。

◆ 网络：用于设置焊盘所属的网络名称。

◆ 镀金：用于设置焊盘的孔壁是否电镀。

◆ 锁定：用于设置是否锁定焊盘。焊盘锁定后，移动它时系统会弹出提示框。

2．过孔

单击配线工具栏中的放置过孔工具 ，或者执行菜单命令【放置】→【过孔】，光标变成十字形，且跟随着一个过孔。过孔的属性对话框如图 3-63 所示。

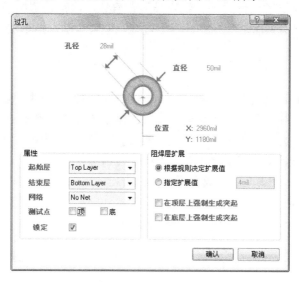

图 3-63　过孔属性设置

◆ 孔径：用于设置过孔内孔径。

◆ 直径：用于设置过孔外径。

◆ 起始层、结束层：用于设置过孔所在的起始层、结束层。对于通孔起始层为 Top Layer（顶层），结束层为 Bottom Layer（底层）。对于多层板的盲孔和埋孔，根据需要设置。

◆ 网络：用于设置过孔所属的网络名称。

◆ 锁定：用于设置是否锁定过孔。

3．圆弧

（1）中心法放置圆弧

该方法通过依次确定圆心、半径、圆弧的起点、圆弧的终点来绘制一段圆弧。执行菜单命令【放置】→【圆弧（中心）】或单击实用工具栏中的"中心法放置圆弧"工具 ，光标变成十字形。

将光标移到所需位置，单击左键确定圆弧的中心。然后移动光标会出现一个圆弧预拉线，移动光标到合适位置，单击可确定圆弧的半径，继续移动光标到圆弧的合适位置，单击确定圆弧的起点，再次移动光标到合适位置，单击确定圆弧的终点。此时，一段圆弧绘制完毕。单击鼠标右键，退出命令状态。

（2）边缘法放置 90 度圆弧

该方法通过依次确定圆弧的起点、终点来绘制一段圆弧。执行【放置】→【圆弧（90 度）】菜单命令，或者单击配线工具栏中的"边缘法放置圆弧"工具 ⌒，光标将变成十字形，将光标移到所需位置，单击确定圆弧的起点，然后移动光标到合适位置，单击确定圆弧的终点，可绘制一段 90 度的圆弧。

（3）边缘法放置任意角度圆弧

该方法通过依次确定圆弧的起点、圆心、终点来绘制一段圆弧。执行【放置】→【圆弧（任意角度）】菜单命令，或者单击实用工具栏中的"边缘法放置任意角度圆弧"工具 ◠，光标将变成十字形。将光标移到所需位置，单击确定圆弧的起点。然后移动光标到合适位置，单击确定圆弧的圆心。继续移动光标到圆弧的合适位置，单击确定圆弧的终点，可绘制一段任意角度的圆弧。

以上三种方法绘制的圆弧，在绘制结束后，都可以通过调整圆弧的控点来改变圆弧的形状。拖动圆弧两端的控点可以改变圆弧的起点和终点，拖动圆弧中间的控点可以改变圆弧的圆心。当然，也可以通过修改圆弧属性对话框中的参数来改变圆弧的形状。

4．圆

该方法通过依次确定圆心、半径来绘制圆。执行【放置】→【圆】菜单命令或单击实用工具栏中的"放置圆"工具 ◯，光标将变成"十"字形。将光标移到所需位置，单击确定圆心。然后移动光标到合适位置，单击确定圆的大小。

5．矩形填充

执行【放置】→【矩形填充】菜单命令或单击配线工具栏中的工具 ▬，光标将变成十字形。

将光标移到所需位置，单击确定矩形填充的一个顶点。然后移动光标会出现一个矩形，在合适位置单击确定矩形的对角顶点。

在绘制矩形填充时按下"Tab"键或者用鼠标双击已绘制的矩形填充，系统将弹出矩形填充属性设置对话框，如图 3-64 所示。在属性对话框中可设置矩形填充所在的层以及连接的网络。

6．铜区域

执行【放置】→【铜区域】菜单命令或单击配线工具栏中的工具 ▱，光标将变成十字形。将光标移到所需位置，依次单击确定多边形区域的顶点，可绘制任意形状的多边形区域。铜区域属性设置对话框如图 3-65 所示。

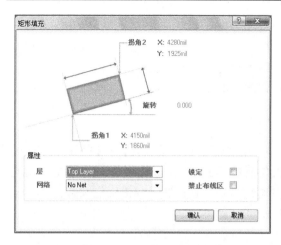

图 3-64　矩形填充属性设置

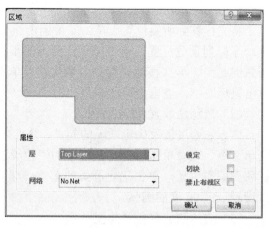

图 3-65　铜区域属性设置

7．字符串

在设计印制板的过程中，有时会需要在 PCB 中放置一些标注性文字，这些字符串不具有任何的电气特性，且通常放在丝印层。

图 3-66　字符串属性设置

执行【放置】→【字符串】菜单命令或单击配线工具栏中的工具**A**，光标将变成"十"字形且跟随着一个默认的字符串。将光标移到所需位置，单击即可放置字符串。

在放置字符串时按下"Tab"键，或者用鼠标双击已放置的字符串，可弹出字符串属性设置对话框，如图 3-66 所示。在该对话框中可输入字符串文本，设置字符串字体以及字符串放置的层。

8．坐标

坐标和字符串一样，都不具有任何的电气特性，且通常放在丝印层。

执行【放置】→【坐标】菜单命令或单击实用工具栏中的工具 ，光标将变成"十"字形且跟随着一个当前位置的坐标值。将光标移到所需位置，单击即可放置坐标。

9．尺寸标注

在印制板设计的过程中，有时需要标注某些对象的尺寸大小。

执行【放置】→【尺寸】→【尺寸标注】菜单命令或单击实用工具栏中的工具 ，光标将变成"十"字形。将光标移到所需位置，单击即可确定尺寸标注的起点。继续移动光标到合适的位置，单击可确定尺寸标注的终点。

此外，PCB 中元件的排列对齐、队列粘贴、一次修改多个对象的属性等操作方法与原理图中一样，不再赘述。

技能 12　报表及打印输出

1．生成 PCB 板信息

PCB 信息报表用于给用户提供电路板的完整信息，包括电路板尺寸、电路板上焊点的数量、过孔的数量、导线数量以及电路板上的元器件标号等。生成 PCB 信息报表过程如下。

执行【报告】→【PCB 板信息】菜单命令，系统会弹出如图 3-67 所示的【PCB 信息】对话框。该对话框有以下三个选项卡。

（1）【一般】选项卡：显示电路板的一般信息，如电路板尺寸、各个组件的数量（包括导线数、焊点数、导孔数、覆铜数），以及违反 DRC 规则的数量，如图 3-67 所示。

（2）【元件】选项卡：显示当前电路板上使用的元件序号以及元件所在的板层等，如图 3-68 所示。

图 3-67　【PCB 信息】对话框【一般】选项卡

图 3-68　【元件】选项卡

（3）【网络】选项卡：显示当前电路板中的网络信息，如图 3-69 所示。

在任何一个选项卡中单击【报告…】按钮，将弹出如图 3-70 所示的【电路板报告】对话框，从中选择生成报表所需要的信息。单击【全选择】按钮，可选取所有项目，单击【全取消】按钮，则不选取任何项目。选中【只有选定的对象】复选框，只产生所选中对象的信息报表。单击【报告】按钮，系统将自动生成以".REP"为后缀的信息报表。

图 3-69　【网络】选项卡

图 3-70　【电路板报告】对话框

2．生成元件清单

元件清单用来向用户提供一个 PCB 或者一个项目的元件及其相关信息，便于查询和采购。元件清单的生成过程与在原理图编辑环境下生成元件清单一样，不再赘述。

3．生成网络状态报表

执行菜单命令【报告】→【网络表状态】，系统将生成以".REP"为后缀的网络状态报表。网络状态报表列出了每一个网络的名称、布线所处的工作层以及网络的完整走线长度。网络状态报表部分内容如下：

```
Nets report For
On 2010-2-23 at 0:24:18
+12   Signal Layers Only  Length:4481 mils
D0    Signal Layers Only  Length:2253 mils
D1    Signal Layers Only  Length:2710 mils
D2    Signal Layers Only  Length:2971 mils
D3    Signal Layers Only  Length:2991 mils
D4    Signal Layers Only  Length:2236 mils
D5    Signal Layers Only  Length:3066 mils
D6    Signal Layers Only  Length:2948 mils
D7    Signal Layers Only  Length:3386 mils
GND    Signal Layers Only  Length:7952 mils
NetC1_2   Signal Layers Only  Length:819 mils
...
```

4．生成制造文件

Protel DXP 还提供了生成 Gerber Files（光绘文件）和 NC Drill Files（数控钻孔文件）的功能。通常，只需要将 PCB 电子文档提供给 PCB 加工厂，由其检查电路板图，生成制造文件，再进行加工即可。下面是生成制造文件的方法。

- 生成 Gerber Files（光绘文件）：在 PCB 编辑环境下，执行菜单命令【文件】→【输出制造文件】→【Gerber Files】。
- 生成 NC 钻孔文件：在 PCB 编辑环境下，执行菜单命令【文件】→【输出制造文件】→【NC Drill Files】。

5．打印印制电路板图

完成 PCB 设计后，为了便于存档以及自制 PCB，需要将 PCB 文件打印出来。打印之前要进行页面设置和打印机设置。

（1）页面设置

执行菜单命令【文件】→【页面设置】，弹出如图 3-71 所示的【页面设置】对话框。在该对话框内设置打印纸以及输出比例。1:1 打印时将 X 方向和 Y 方向比例都设为 1。

（2）打印设置

单击图 3-71 中【页面设置】对话框中的【打印设置】按钮，在弹出的【打印机设置】对话框内设置打印机的类型、打印范围、份数等。

单击图 3-71 中【页面设置】对话框中的【高级…】按钮，将弹出如图 3-72 所示的【PCB

打印输出属性】对话框。在【打印输出层】栏下显示了当前待打印的层，可右键单击选择删除或者插入层。根据加工工艺，在【打印输出选项】栏下设置是否镜像。设置完成后，单击【确认】按钮。

（3）打印输出

打印前，可执行【文件】→【打印预览】菜单命令，预览要打印的图形。如无问题则可执行【文件】→【打印】菜单命令，将设定的工作层上的图形打印输出。

图 3-71　页面设置对话框

图 3-72　【PCB 打印输出属性】对话框

○　答疑解惑　○

提问：PCB 设计都已经完成大半部分了，才发现原理图有错，要重新做 PCB 吗？那不是要前功尽弃吗？

解答：不需要重做 PCB，保存当前 PCB，回去修改原理图，改好后再次执行更新 PCB 操作即可。

○　项目小结　○

通过本项目，进一步掌握 Protel DXP 原理图和 PCB 高级编辑技巧，掌握布局和布线规则，以及规则的设置方法，掌握双面板的设计方法。

实训四　红外遥控发射器

实训目的：

（1）熟悉元件的查找及库加载操作；

（2）熟练使用总线、总线分支、网络标签连接电路；

（3）掌握双面板的设计方法。

实训任务：

将如图 3-73 所示的红外遥控发射器电路设计为双面 PCB，并合理设置印制板的机械边框。

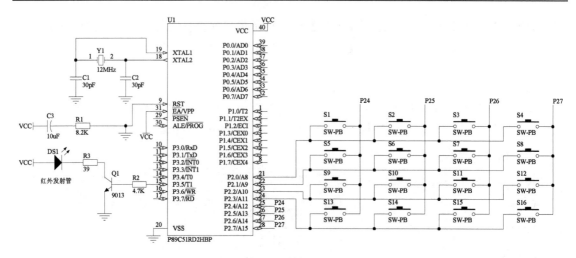

图 3-73　红外遥控发射器

实训内容：

（1）在 D 盘下以自己学号为名的文件夹下再建立名为"实训四"的文件夹，用来保存实训四的设计项目和文件。

（2）以自己姓名拼音的首字母为名字建立项目文件，保存在上述"实训四"文件夹中。

（3）在上述项目中建立原理图文件，并保存。按照图 3-73 编辑原理图。

（4）编辑完成后运行编译命令检查原理图是否存在错误，如存在则修正编译错误。

（5）在上述项目中建立 PCB 文件，并保存。

（6）执行菜单命令【设计】→【Update PCB Document…】，更新 PCB。若更新过程中存在错误，需修正后再次更新。

（7）元件布局，并结合机械边框国家标准规划 PCB 形状。

（8）设置布线规则。执行菜单命令【设计】→【规则】，将电源和地线网络线宽设置为 30mil，其余信号线线宽设为 10mil；将布线层设为底层和顶层。

（9）采用局部自动布线并手工调整，布线顺序为：地线→电源线→信号线。

（10）焊盘泪滴化和覆铜。

实训五　红外遥控接收器

实训目的：

（1）熟悉元件的查找及库加载操作；

（2）熟练使用总线、总线分支、网络标签连接电路；

（3）熟练掌握双面板的设计方法。

实训任务：

将图 3-74 所示的红外遥控接收器电路设计为双面 PCB，并合理设置印制板的机械边框。

实训内容：

（1）在 D 盘下以自己学号为名的文件夹下再建立名为"实训五"的文件夹，用来保存实训五的设计项目和文件。

（2）以自己姓名拼音的首字母为名字建立项目文件，保存在上述"实训五"文件夹中。

（3）在上述项目中建立原理图文件，并保存。按照图 3-74 编辑原理图。

（4）编辑完成后运行编译命令检查原理图是否存在错误，如存在则修正编译错误。

（5）在上述项目中建立 PCB 文件，并保存。

（6）执行【设计】→【Update PCB Document…】菜单命令，更新 PCB。若更新过程中存在错误，需修正后再次更新。

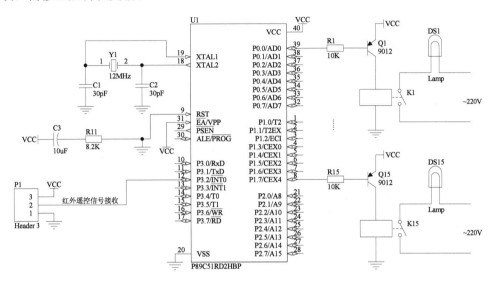

图 3-74　红外遥控接收器

（7）元件布局，并结合机械边框国家标准规划 PCB 形状。

（8）设置布线规则。执行菜单命令【设计】→【规则】，将 V_{CC} 和+12V 电源网络以及地线网络线宽设置为 30mil，其余信号线线宽设 10mil；将布线层设为底层和顶层。

（9）采用局部自动布线并手工调整，布线顺序为：地线→电源线→信号线。

（10）焊盘泪滴化和覆铜。

实训六　模拟信号采集器

实训目的：

（1）熟悉元件的查找及库加载操作；

（2）熟练使用总线、总线分支、网络标签连接电路；

（3）掌握双面板的设计方法。

实训任务：

将图 3-75 所示的模拟信号采集器电路设计为双面 PCB，并合理设置印制板的机械边框。

实训内容：

（1）在 D 盘下以自己学号为名的文件夹下再建立名为"实训六"的文件夹，用来保存实训六的设计项目和文件。

（2）以自己姓名拼音的首字母为名字建立项目文件，保存在上述"实训六"文件夹中。

（3）在上述项目中建立原理图文件，并保存。按照图 3-75 编辑原理图。

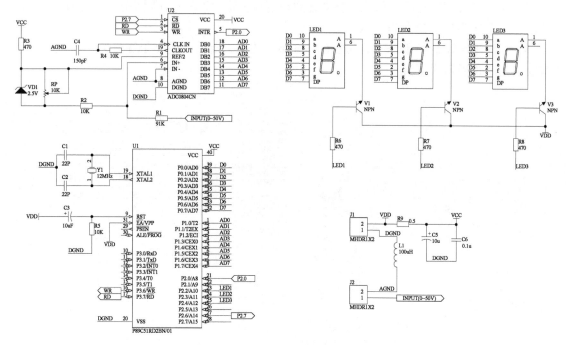

图 3-75　模拟信号采集器

（4）编辑完成后运行编译命令检查原理图是否存在错误，如存在则修正编译错误。

（5）在上述项目中建立 PCB 文件，并保存。

（6）执行菜单命令【设计】→【Update PCB Document…】，更新 PCB。若更新过程中存在错误，需修正后再次更新。

（7）元件布局，布局时注意模拟电路与数字电路模块的分割，并结合机械边框国家标准规划 PCB 形状。

（8）设置布线规则。执行菜单命令【设计】→【规则】，将电源（V_{CC}、V_{DD}）和地线（A_{GND}、D_{GND}）网络线宽设置为 30mil，其余信号线线宽设 10mil；将布线层设为底层和顶层。

（9）采用局部自动布线并手工调整，布线顺序为：地线→电源线→信号线。布线时注意模拟地与数字地的隔离，模拟电源与数字电源的隔离，以免造成干扰。

（10）焊盘泪滴化和覆铜。

第四篇 元件图形及其封装设计

项目五 原理图元件绘制

项目要求

绘制如图 4-9、图 4-27、图 4-42、图 4-50 所示的原理图元件。

项目目的

熟练掌握原理图元件库编辑器的使用方法和原理图元件的绘制方法。

任务一 原理图元件库编辑器

虽然 DXP SP2 提供了众多的元件库，但在原理图设计过程中，难免会遇到库中元件不能满足要求的情况。这时就需要用元件编辑器创建或修改元件。

技能 1 启动元件库编辑器

◆ 执行【文件】→【创建】→【库】→【原理图库】菜单命令，系统将建立扩展名为.SchLib 的库文件，并自动进入原理图元件库编辑界面。这时，在工作区面板中增加了一个新的工作面板 "SCH Library"。

◆ 单击【SCH Library】面板或者执行【查看】→【工作区面板】→【SCH】→【SCH Library】菜单命令，打开元件库管理器。启动后的元件库编辑器如图 4-1 所示。

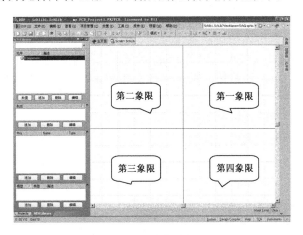

图 4-1 元件库编辑器

元件库编辑器与原理图编辑器界面非常相似，主要由元件库管理器、主工具栏、菜单栏、常用工具栏和编辑区等组成。但两者有一个明显的不同之处：在如图 4-1 所示的元件库编辑器编辑区有一个大"十"字坐标轴，将元件编辑区划分为四个象限。右上角为第一象限，逆时针方向依次为第二、三、四象限。一般情况下，用户在第四象限中进行元件的编辑工作。

技能 2　元件库编辑器

1.【SCH Library】面板

单击【SCH Library】面板打开元件库管理器，如图 4-2 所示，包括 4 个区域，从上到下依次是：元件列表区、别名列表区、引脚信息区、模型列表区。当面板标签"SCH Library"未显示时，单击编辑区右下方面板控制中心的【SCH】→【SCH Library】打开。

（1）元件列表区。主要功能是查找、选择、取用元件，显示当前打开的元件库中所有的元件。

◆ 元件列表上方的空白文本框：用于筛选元件，支持通配符。

◆ 【放置】按钮：在元件列表中选中某个元件后，单击该按钮，可将元件放到原理图中。直接双击某个元件名称也可以取出该元件。

◆ 【追加】按钮：在当前元件库文件中新建一个元件。

◆ 【删除】按钮：从元件库中删除选定的元件。

◆ 【编辑】按钮：修改元件属性。

（2）别名列表区。用来设置和显示所选中元件的别名。

（3）引脚信息区。用于显示在元件列表区所选中元件的引脚信息。

◆ 【追加】按钮：向当前元件添加新的引脚。

◆ 【删除】按钮：从当前元件中删除引脚。

◆ 【编辑】按钮：单击该按钮，系统可弹出元件引脚属性对话框。

图 4-2　【Sch Library】面板

（4）模型列表区。在此区域可以设置 PCB 封装、信号完整性或仿真模式等。

◆ 【追加】按钮：单击该按钮，系统将弹出如图 4-3 所示的【加新的模型】对话框，可以为元件添加一个新的模式。

◆ 【删除】按钮：删除选中的模型。

◆ 【编辑】按钮：编辑选中的模型。

2.【工具】菜单

【工具】菜单下有以下常用工具。

◆ 新元件(C)：在编辑的元件库中建立新元件。

◆ 删除元件(R)：删除在元件库管理器中选中的元件。

◆ 删除重复(S)…：删除元件库中的同名元件。

◆ 重新命名元件(E)…：修改选中元件的名称。

图 4-3　【加新的模型】对话框

◆ 复制元件(Y)…：将元件复制到当前元件库中。

◆ 移动元件(M)…：将选中的元件移动到目标元件库中。

◆ 创建元件(W)：给当前选中的元件增加一个新的功能单元（子件）。

◆ 删除元件(T)：删除当前元件的某个功能单元（子件）。

◆ 模式：用于增减新的元件模式，即在一个元件中可以定义多种元件符号。

◆ 元件属性(I)…：设置元件的属性。

◆ 模型管理器(A)…：管理元件的模型。

◆ XSpice 模型向导(X)…：为元件创建 SPICE 模型。

◆ 更新原理图(U)…：修改元件库编辑器后，更新打开的原理图。

技能 3　元件绘制工具

DXP SP2 的元件库编辑器提供了绘图工具、IEEE 符号工具等来完成元件绘制。绘图工具、IEEE 符号工具集中在实用工具栏中。

1. 绘图工具栏

执行菜单命令【查看】→【工具栏】→【实用工具栏】打开实用工具栏，该工具栏中包含 IEEE 工具栏、常用绘图工具栏、栅格设置工具栏和模型管理器工具栏，如图 4-4 所示。

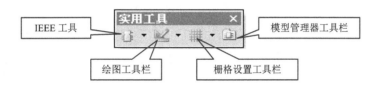

图 4-4　实用工具栏

绘图工具栏中各按钮的功能如表 4-1 所示。

单击【放置】菜单，如图 4-5 所示，可见【放置】菜单中的命令与绘图工具栏中的命令互相对应，用户也可以从放置菜单上直接选取。

表 4-1　绘图工具栏按钮功能

图　标	功　能	图　标	功　能	图　标	功　能
/	画直线		新建元件		画椭圆
	画曲线		创建子件		放置图片
	画椭圆弧线		画矩形		阵列粘贴
	画多边形		画圆弧矩形		放置管脚
A	放置文字				

注：的功能是创建新的元件；的功能是为元件创建新的子件。

2. IEEE 符号工具栏

实用工具栏中的 IEEE 工具如图 4-6 所示。单击图标打开或关闭 IEEE 工具栏。

IEEE 工具栏中的命令与【放置】→【IEEE 符号】子菜单中的命令相对应，所以也可以从放置菜单上选取。IEEE 工具栏上各个按钮的功能如图 4-7 所示。

图 4-5 【放置】菜单　　图 4-6 IEEE 工具栏　　　　图 4-7 IEEE 符号

任务二　绘制原理图元件

技能 1　认识原理图元件

如图 4-8 所示，原理图元件由元件图形、元件引脚、元件属性三部分构成。

（1）元件图形：元件的主体和识别符号，没有实际的电气意义。

（2）元件引脚：元件的主要电气部分，引脚序号必须存在且唯一，管脚的端点是原理图中的电气节点。根据要求，引脚名称可以是空字符串。

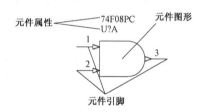

图 4-8　原理图元件的构成

（3）元件属性：包括元件名称、标号、元件封装形式、参数、各种标注栏和说明，它们是进行电路仿真和设计印制板不可缺少的部分。

科学技术的发展伴随着新型器件的不断产生，DXP SP2 所提供的元件库虽然很完整，但不可能包罗万象，所以在设计电路时，往往会遇到一些 DXP SP2 元件库中没有的元件，可在元件编辑器中对库中元件进行修改或创建新的原理图元件的图形符号。

案例 1　手工绘制元件 PIC16C58B

绘制元件的基本过程包含以下六个步骤：绘制元件图形→绘制元件引脚→设置引脚属性→设置元件属性→保存元件→元件规则检查。

绘制如图 4-9 所示的新元件，并命名为"PIC16C58B"。

1．绘制元件图形

（1）建立元件库文件。执行【文件】→【新建】→【库】→【原理图库】，建立元件库文件，默认的文件名为"Schlib1.Schlib"，在存储管理器对话框下对该库文件重新命名为"MySchLib.SchLib"。打开状态栏的【SCH】→【SCH Library】面板，可见元件列表中已经存在一个默认添加的名为"Component_1"的元件。首先修改元件的名称，执行【工具】→【重新命名新元件】，打开【Rename Component】对话框，如图 4-10 所示，将元件名命名为"PIC16C58B"。

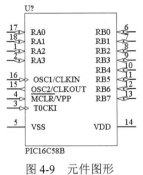

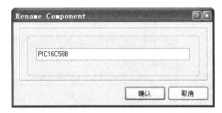

图 4-9　元件图形　　　　图 4-10　【Rename Component】对话框

（2）取消自动滚屏。执行【工具】→【原理图优先设定】菜单命令，单击【Graphical Editing】选项卡，修改自动摇景选项（自动滚屏）为"Auto Pan Off"，单击【确认】按钮。这样做是为了避免绘图过程中编辑区自动移动。此后，可用鼠标右键在编辑区移动。

（3）若编辑区看不到坐标原点（即十字交叉点），则执行【编辑】→【跳转到】→【原点】菜单命令，或按快捷键"Ctrl+Home"将光标定位到原点。将鼠标放到坐标原点附近，连续按键盘上的"Page Up"键或者"Ctrl"键的同时使用鼠标滚轮，把网格放大到适当的大小。

（4）执行【放置】→【矩形】菜单命令，或者单击一般绘图工具栏中的矩形按钮□来绘制一个直角矩形。这时，鼠标指针旁边会出现一个大的"十"字形光标。

（5）移动鼠标，将矩形的左上角移动到坐标原点处（0,0），单击鼠标左键，固定矩形的左上顶点。再移动鼠标到想要绘制的直角矩形的右下顶点，单击鼠标左键完成直角矩形的绘制。单击鼠标右键退出连续放置状态。

2．绘制元件引脚

（1）执行【放置】→【引脚】菜单命令，或者单击一般绘图工具栏中的按钮来绘制引脚。这时，鼠标指针旁边会出现一个大的"十"字形符号和一条带有两个数字的短线（即引脚）。带有小"X"的一端是有电气特性的，而另一端是没有电气特性的。

 特别说明

放置元件引脚时，有电气节点的一端一定要朝外，否则该元件不能与电路连通。

（2）引脚位置的调整。在放置引脚时，默认的方向为 0 度，此时引脚的电气端在左侧，所以在绘制引脚时可通过按"空格"键来旋转引脚，每按一次"空格"键旋转 90 度。转到合适位置，单击鼠标就可以将引脚放到矩形上。

（3）引脚属性：双击已经放置的引脚，或者在放置前按"Tab"键，打开"引脚属性"对话框，如图 4-11 所示，设置引脚属性。

引脚电气类型说明。

Input：输入；

I/O：双向；

Output：输出；

Opencollector：集电极开路输出；

Passive：被动引脚，信号的方向由实际电路决定。当引脚的输入输出特性无法确定时，可定义为被动特性，如电阻、电容、电感和三极管等分离元件的引脚；

Hiz：三态输出；

Power：电源、地。

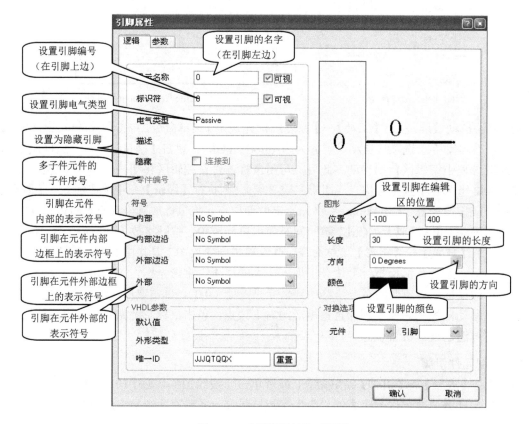

图 4-11　【引脚属性】对话框

3．设置引脚属性

元件引脚属性设置：选择要编辑的引脚，单击鼠标右键，在弹出的快捷菜单中选择【属性】命令，或者双击要编辑的引脚，进入【引脚属性】对话框，如图 4-11 所示。

在对话框中对引脚属性进行相关修改。针对本案例，设置如下。

引脚 1：显示名称 RA2，选中【可视】复选框，电气类型选为"I/O"，长度为"20"；

引脚 3：显示名称 TOCKI，选中【可视】复选框，电气类型选为"Input"，内部边沿"Clock"；

引脚 16：显示名称 OSC2/CLKIN，选中【可视】复选框，电气类型选为"Input"，内部边沿"Clock"；

引脚 15：显示名称 OSC2/CLKOUT，选中【可视】复选框，电气类型选为"Output"；

引脚 5：显示名称 VSS，选中【可视】复选框，电气类型选为"Power"；

引脚 14：显示名称 VDD，选中【可视】复选框，电气类型选为"Power"；

引脚 4：在名称中输入"M\C\L\R\VPP"，则显示名称$\overline{\text{MCLR}}$/VPP，选中【可视】复选框，电气类型选为"Input"。

同理，可以设置其他的引脚，完成所有引脚设定后，得到如图 4-12 所示的最终元件图。

如果【工具】→【原理图优先设定】→【General】选项卡中的"引脚方向"未选中，则图形如 4-13 所示。

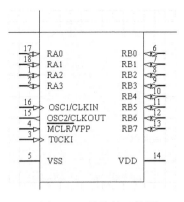

图 4-12　最终的元件图

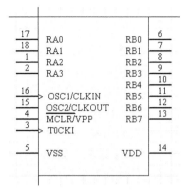

图 4-13　未选中"引脚方向"的图形

 提示

① 显示名称一定采用英文输入法；

② 当需要在引脚名称上放置上画线，表示该引脚低电平有效时，可在引脚名称每个字符后面插入"\"，如"M\C\L\R\"、"W\R\"等；

③ 引脚名称放在不具有电气特性的一端，并且具有电气特性的一端一定向外。

4．设置元件属性

在元件库编辑器中选中该元件，执行【工具】→【元件属性】菜单命令，或者单击元件列表中的"编辑"按钮，系统弹出如图 4-14 所示的【Library Component Properties】对话框。

在【Default Designator】文本框内输入元件的默认编号"U?"，在【注释】输入栏内输入元件型号"PIC16C58B"。

图 4-14　【Library Component Properties】对话框

接下来为元件添加封装。单击元件属性对话框【Models for PIC16C58B】区的【追加】按钮，进入【加新的模型】对话框，如图 4-15 所示，可追加三种模型：仿真（Simulation）、封装（Footprint）、信号的完整性（Signal Integrity）。在下拉列表中选择【Footprint】，然后单击【确认】按钮，进入【PCB 模型】对话框，如图 4-16 所示。

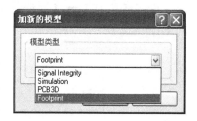

图 4-15　【加新的模型】对话框

单击 PCB 模型设置对话框中的 浏览(B)... 按钮，进入【元件库浏览】对话框，如图 4-17 所示。

（1）如果知道"SOP18"在"Altium2004\Library\Pcb\Ipc-sm-782\IPC-SM-782 Section 9.3 SOP.PcbLib"中。进入【添加、删除元件库文件】对话框，添加该元件库为当前库，单击【关闭】按钮，回到【元件库浏览】对话框，刚才添加的元件库为当前库，从列表中选择"SOP18"。

图 4-16　【PCB 模型】对话框

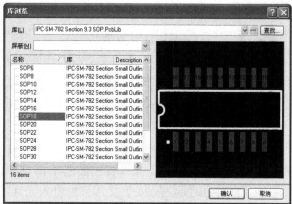

图 4-17　【元件库浏览】对话框

单击【确认】按钮，回到【PCB 模型】对话框，如图 4-18 所示。

图 4-18　添加 PCB 模型后的【PCB 模型】对话框

单击【确认】按钮后即可将封装添加到【元件】属性对话框，这样就为元件添加了封装 SOP18。

（2）如果不知道要添加的模型在哪个库，在如图 4-19 所示的【库浏览】对话框中单击 查找... 按钮，进入如图 4-20 所示的【元件库查找】对话框。

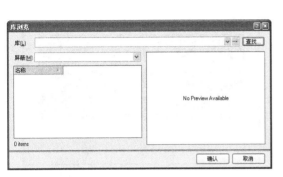

图 4-19　【库浏览】对话框

图 4-20　【元件库查找】对话框

在【元件库查找】对话框中，范围选择"路径中的库"，路径定位到"Altium2004 SP2\Library\Pcb"，确定【搜索库】对话框中的【包含子路径】选项已被选中，然后单击【确定】按钮。在名字栏输入"SOP18"，单击 查找(S) 按钮，进入如图 4-21 所示的【库浏览】对话框。查到 SOP18 以后，按【库浏览】对话框右上角的【Stop】按钮后，再按【确认】按钮。

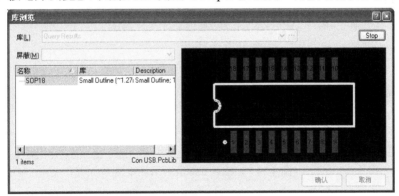

图 4-21　【库浏览】对话框

系统弹出如图 4-22 所示的确认是否加载元件库的对话框。单击 是(Y) 按钮加载该封装库，弹出如图 4-23 所示添加了封装模型的【PCB 模型】对话框。单击【确认】按钮即为上述元件加载了 SOP18 的封装。

（3）如果稍后会自己创建这个封装模型，那么在如图 4-23 所示的【名称】栏输入封装名称即可。

PIC16C58B 元件属性设置后的对话框如图 4-24 所示。

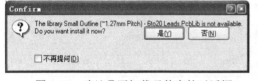

图 4-22　确认是否加载元件库的对话框　　　图 4-23　添加了封装模型的【PCB 模型】对话框

图 4-24　PIC16C58B 元件属性设置

🐦 提示

　　另一种为元件添加封装的途径是在"SCH Library"面板的模块窗口"模型"区内单击【追加】按钮，为元件添加各种模型，操作方法同上。

　　Protel DXP 还提供了元件引脚集成编辑功能。单击元件属性对话框中的【编辑引脚】按钮，可在系统弹出如图 4-25 所示的【元件引脚编辑器】对话框中，对元件的所有引脚进行修改和编辑。

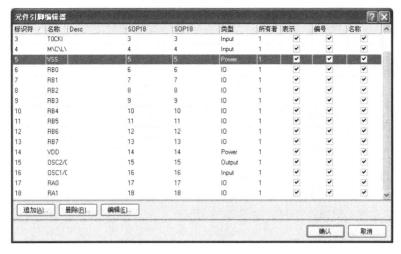

图 4-25　【元件引脚编辑器】对话框

5．保存元件

执行命令【文件】→【保存】可保存元件。元件重命名和保存的操作可在绘制元件的过程中随时进行。

6．元件规则检查

元件规则检查主要用于检查元件库中的元件是否有错，并且将有错的元件以报表形式显示出来，指明错误原因等。

执行菜单命令【报告】→【元件规则检查】，系统弹出如图 4-26 所示的【库元件规则检查】对话框，可以设置检查项目。设计规则检查项目如表 4-2 所示。

图 4-26　【元件规则检查】对话框

表 4-2　设计规则检查目表

【复制】列表框	
【元件名】	元件名称重复
【引脚】	引脚重复
【缺少】列表框	
【描述】	缺少描述文字
【封装】	缺少封装
【默认标识符】	缺少默认元件类型标识
【引脚名】	缺少引脚名称
【引脚数】	缺少引脚序号
【序列内缺少的引脚】	引脚序列不连续

单击如图 4-26 所示对话框中的【确认】按钮，系统生成扩展名为.ERP 的报告文档：

```
Component Rule Check Report for : D:\CAD教材编写\ MySchLib.SchLib


Name          Errors
------------------------------------------------------------------------------
```

该报告文档内容空白，说明当前库文件 MySchLib.SchLib 中的所有元件都没有错误。如果有错，系统会在虚线下方列出出错的对象和错误原因。

案例 2　绘制带子件的元件 DM74LS04N

有些元件中有多个独立功能单元，比如 DM74LS04N 内部有六个独立的反相器，即 DM74LS04N 为含六个子件的元件。它们的输入、输出都是独立的，只是共用电源和地线，每个独立部分称为一个子件。接下来绘制如图 4-27 所示的带子件的元件。

1．创建元件

执行命令【工具】→【新元件】，并命名为"DM74LS04N"。此时在左边的工程管理窗口中可以看到当前元件 DM74LS04N，如图 4-28 所示。

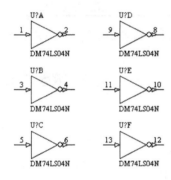

图 4-27　带子件的元件

图 4-28　创建元件 DM74LS04N

2．绘制第一个子件

利用画线工具或者放置多边形功能，放置前按"Tab"键，修改多边形的属性窗口如图 4-29 所示。要想精细绘图，先将"文档选项"中捕获网格设小，本例中设为"5"即可，修改完，画出第一个反相器的图元如图 4-30 所示。

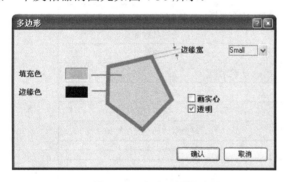

图 4-29　多边形属性设置

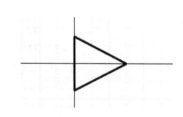

图 4-30　反相器的图元

特别说明

◆　绘制元件轮廓时，一般先将捕获网格设小一些，可视网格不变。执行菜单命令【工具】→【文档选项】修改库编辑器工作区中的捕获网格的大小。具体的大小要视图元的精细度而定。

◆　画完图元，放置引脚前一定要将捕获网格设为默认的"10"。

3．添加第一个子件的引脚

将引脚编号改为"1"和"2"，长度改为"20"，并隐藏引脚名称，引脚 1 的电气类型选为"Input"；引脚 2 的电气类型选为"Output"，【外部边沿】选择"Dot"，反相器第一个子件的引脚如图 4-31 所示。

图 4-31　反相器第一个子件的引脚

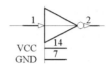

图 4-32　添加电源和地线引脚

4．为第一个子件添加电源线和地线引脚

如图 4-32 所示，为第一个子件添加电源线和地线引脚。将地线和电源线引脚改为隐藏引脚的方法分别如图 4-33 和图 4-34 所示，至此第一个子件添加完毕。设置隐藏电源线和地线引脚后的子件如图 4-35 所示。

图 4-33　地线引脚改为隐藏引脚

图 4-34　电源线引脚改为隐藏引脚

5．显示隐藏引脚

将电源、地引脚设为隐藏引脚后，在编辑区将看不到这两个引脚。执行菜单命令【查看】→【显示或隐藏引脚】，可以使隐藏引脚显示出来，但并没有改变引脚的隐藏属性。在元件放置到原理图之前再次执行上述命令，使隐藏属性的引脚不可见。

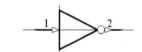

图 4-35　设置隐藏电源线和地线引脚后的子件

6．创建第二个子件

执行菜单命令【工具】→【创建元件】或者在绘图工具箱中单击 按钮，新建一个子件。此时展开左边面板中的 DM74LS04N 元件，就可以看到这个元件有 Part A 和 Part B 两个子件。

7．绘制第二个子件

同样的办法绘制第二个子件，如图 4-36 所示，也可将第一个子件复制到第二个子件的工作区，然后修改引脚属性即可。同理，绘制出六个子件后的子件信息如图 4-37 所示。

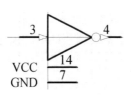

图 4-36　第二个子件　　　　图 4-37　绘制的六个子件

8. 设置元件属性

在元件库编辑器中选中元件 DM74LS04N，选择【工具】→【元件属性】命令，或者单击元件列表中的【编辑】按钮，系统弹出【Library Component Properties】对话框。

在"Default Designator"文本框内输入默认的元件编号"U?"，在"注释"栏内输入元件型号"DM74LS04N"。

9. 为元件添加封装

加载封装前需要选中元件库中的"封装"，如图 4-38 所示。然后单击元件属性对话框【Models for DM74LS04N】区的【追加】按钮，进入【添加 PCB 模型】对话框，封装信息设为"N14A"，最后单击【确认】按钮。

图 4-38　元件库对话框

 特别说明

◆ 不清楚 N14A 所在的位置时，可以先单击【元件库】面板上的 [查找...] 按钮，在如图 4-39 所示的【元件库查找】对话框中查找封装，找到该封装所在的库"NSC Power Mgt Voltage Regulator.PcbLib"后可加载该库。

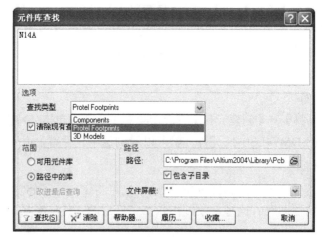

图 4-39　【元件库查找】对话框

◆ 单击元件属性对话框"Models for DM74LS04N"区的【追加】按钮，选择"Footprint"

进入【添加 PCB 模型】对话框，单击【浏览】按钮，选择"NSC Power Mgt Voltage Regulator.PcbLib"，【库浏览】对话框如图 4-40 所示。

◆ 选择"N14A"后的【PCB 模型】对话框如图 4-41 所示。最后单击【确认】按钮即可。

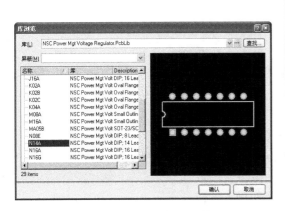
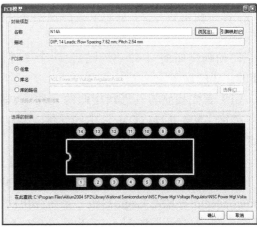

图 4-40 【库浏览】对话框   图 4-41 【PCB 模型】对话框

10．元件规则检查

执行菜单命令【报告】→【元件规则检查】，结果报告如下：

```
Component Rule Check Report for : D:\CAD教材编写\MySchLib.SchLib


Name            Errors
------------------------------------------------------------------
```

检查无误，保存文件。

 提示

添加标注信息和封装信息时一定要选中元件 DM74LS04N，而不是选中某个子件。

 特别说明

在绘制多子件的元件时，有以下两点建议。

◆ 共用的引脚要添加到每个子件中。

在 Protel DXP 中，每个子件都相当于一个独立的元件，可以独立放置或者删除。如果共用的引脚没有添加到每个子件中，那么当只使用那个缺少共用引脚的子件时，就会出现共用引脚悬空的错误。比如，在绘制 DM74LS04N 时，如果仅仅在第一个子件中添加了电源和地线引脚，但是因为布线的需要，没有使用第一个子件，电源和地线引脚就会悬空。

◆ 要更改共用引脚的属性时，可以在每个子件中进行更改，不可漏掉。

○ **答疑解惑** ○

提问：能否一次将电源和地添加完好或者一次修改呢？

解答：可以。将电源线和地线的零件编号设为"0"，只需在一个子件中添加或修改，它会自动为每个子件添加进去，而不用一一去修改。

案例 3　利用已有的元件绘制新元件 74F08

当元件形状较繁杂不易画出，且与库中已有元件形状相似的情况下，可以从已有的原理图库中找出形状相似的元件，经选定、复制后，粘贴到新元件的编辑区内，然后再经过适当修改，即可获得新元件，从而节省原理图元件的制作时间。

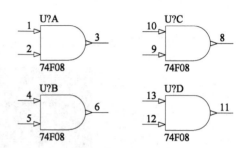

比如制作如图 4-42 所示的含四个子件的元件 74F08。步骤如下。

（1）首先找到与其形状相似的元件，例如美国半导体库"NSC Logic Gate"中的元件"74F00PC"或元件"74F08*"。

（2）复制已有的元件图形。执行【文件】→【打开】菜单命令，打开库文件 Library→National Semiconductor→NSC Logic Gate，系统弹出的【抽出源码或安装】对话框如图 4-43 所示，单击【抽取源[E]】按钮。

图 4-42　含四个子件的元件 74F08

这时左侧的工程管理区内显示出抽取的"NSC Logic Gate.SchLib"库，如图 4-44 所示。

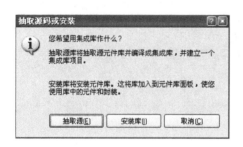

图 4-43　【抽取源码或安装】对话框

图 4-44　抽取的"NSC Logic Gate．SchLib"库

在工程管理区里选定"NSC Logic Gate.SchLib"库名，双击打开它（由于这个库比较大，打开的过程可能会慢些，工程管理器下方会有进度条提示打开文件的进度）。

单击工程管理区的【SCH Library】选项，找到与本案例中相似的元件 74F08PC，如图 4-45 所示。

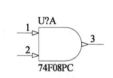

图 4-45　相似元件 74F08PC

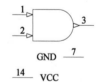

图 4-46　元件 74F08 的第一个子件

这时编辑区内显示了 74F08PC 的原理图库元件。选中该子件图形，然后执行菜单命令【编辑】→【复制】。

（3）粘贴子件图形。回到自己的元件库编辑界面，建立新元件 74F08。将刚才复制的元件粘贴到元件 74F08 的编辑区中的坐标原点附近，添加隐藏引脚电源、地后就得到第一个子件。

执行【查看】→【显示或隐藏引脚】菜单命令，使隐藏引脚可见，则得到的元件 74F08 的第一个子件如图 4-46 所示。

（4）新建其余三个子件。将第一个子件的全部图形（包括隐藏引脚）分别复制到其余三个子件编辑区中，修改引脚属性，即可得到其余三个子件。

（5）添加元件属性。将元件默认编号（Default Designator）设为"U?"，将元件【注释】设为"74F08"。

（6）添加封装，名称为"M14A"。

（7）最后进行元件规则检查，检查无误后保存文件。编辑完成后，使隐藏引脚不可见。

提示

元件属性标注文字（如 U?A，74F08 等）在库文件编辑区是看不到的，只有元件放到原理图中才能看见。

不能将元件默认编号设为"U?A"，只能设为"U?"。"A"是系统默认的第一个子件的编号，同理"B"、"C"、"D"分别代表第二、三、四个子件。

当隐藏属性的引脚在编辑区不可见时，可通过引脚列表观察和修改它。

元件编辑完成后要使隐藏引脚不可见。

案例4　绘制变压器的元件图形

绘制如图 4-50 所示变压器元件图。

变压器设计的主要目的是学习线圈的绘制方法，画好元件标识图中的线圈是设计的关键。如果当前正在编辑的文件不是"MySchLib.SchLib"，则需先切换到该文件。

（1）新建一个名为"TRANS"的元件：执行菜单命令【工具】→【新元件】，在弹出的对话框中将新元件名字改为"TRANS"。

（2）绘制线圈中的半圆：绘制半圆可以使用快捷键"P/A"，或者在绘图工具箱中用鼠标单击 按钮。使用鼠标左键依次选择弧的圆心、X 方向半径、Y 方向半径、圆弧起点和终点（沿顺时针方向）。由于需要绘制的半圆直径等于一个栅格，只需要将圆心定在栅格左边沿的中点，移动鼠标选择合适的 X 方向半径和 Y 方向半径，然后分别在下、上两个交叉点单击，选择起点和终点，就可以绘制出一个右半圆。如果分别在上、下两个交叉点单击，选择起点和终点，就可以绘制出一个左半圆。由于 Protel DXP 会记住前一次操作使用的值，因此只需移动鼠标到下面一个圆心处，连续单击鼠标左键五次即可绘出下面相邻的一个半圆，依此类推。

由 Protel DXP 绘制圆的方法可以知道，只需要选择不同的 X 方向半径和 Y 方向半径就可以绘制出椭圆来，而且起点和终点都是任意的。

（3）绘制出元件图形，变压器的元件标识图如图 4-47 所示。

（4）添加引脚，并隐藏引脚名称，添加了引脚的变压器如图 4-48 所示。

（5）添加相位标志：变压器需要添加相位标志，这个标志可以是圆圈、圆点或者星号，此处以小圆圈为相位标志。执行菜单命令【放置】→【椭圆】，或者在工具箱中用鼠标单击按钮，开始放置小圆圈，然后双击小圆圈，弹出如图 4-49 所示的【椭圆】属性对话框。在这个对话框里将小圆圈的半径设置为"2"、边缘宽设置为"Smallest"，颜色设置为蓝色。

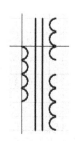 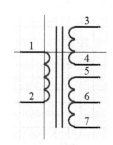 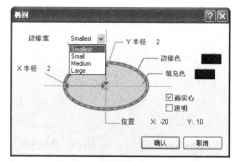

图 4-47　变压器的元件标识图　图 4-48　添加了引脚的变压器　　图 4-49　【椭圆】属性对话框

（6）完成的变压器元件图如图 4-50 所示。

（7）为元件添加属性：在元件库编辑器中选中该元件"TRANS"，选择【工具】→【元件属性】命令，或者单击元件列表中的【编辑】按钮，系统弹出"Library Component Properties"对话框。

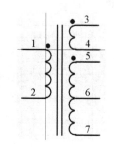

- 在"Default Designator"文本框内输入默认的元件默认编号"T?"。
- 为元件添加封装。单击元件属性对话框"Models for TRANS"区的【追加】按钮，进入【添加 PCB 模型】对话框，封装信息设为"BYQ"（此处只是填写，不查找，会出现封装找不到的信息，没关系，接下来自己绘制 BYQ 的封装）。

图 4-50　完成的变压器元件图

○ **项目小结** ○

通过四个典型元件的绘制案例，掌握 Protel DXP SP2 原理图元件编辑器的使用；熟练掌握原理图元件的手工绘制、复制和修改方法，掌握元件属性设置方法；认识子件，掌握带子件的元件绘制方法。

项目六　制作元件封装

项目要求

绘制如图 4-74 和 4-90 所示的封装。

项目目的

通过案例，熟悉元件封装编辑器的使用方法；掌握制作元件封装的方法；掌握集成元件库的创建方法。

本项目主要学习元件封装及其绘制。有些封装在 Protel DXP 中已经提供，可以直接选用，有的系统提供的库中没有，需要自己创建。由于元件封装技术发展很快，Protel DXP 不可能提供所有的封装图形，因此，掌握在 Protel DXP 中设计元件封装是很重要的。

任务一　常用元件的封装形式

技能 1　认识元件的封装

封装是指元件的外形和管脚分布，起着安装、固定、密封、保护芯片及增强电热性能等方面的作用。

电子元件封装主要分为通孔插装技术（简称 THT）和表面贴装技术（简称 SMT）两大类。

元件的封装信息主要包括两个部分：外形和焊盘。如果有必要，也可以在封装中加入说明性信息，不过这不是元件封装的核心内容。元件外形和标注信息一般在顶部丝印层"Top Overlay"层绘制，而焊盘分为贴片元件的焊盘和穿孔焊盘。如果是贴片元件的焊盘，一般在"Top Layer"上绘制；如果是通孔式焊盘，一般在"Multi-Layer"层绘制。

同一种元件可以有多种封装形式，而多个不同的元件也可以有相同的封装形式。在 Protel DXP 安装目录下的"\Library\Pcb"目录中，存放着 Protel DXP 提供的元件封装库。常用封装类型如下。

1．分立元件封装

（1）电阻。电阻的封装尺寸主要取决于其额定功率及工作电压等级，这两项指标的数值越大，电阻的体积就越大。一般来说，电阻分为通孔式和贴装式两大类。

Protel DXP SP2 中，对于直插式电阻，现有封装为 AXIAL-0.3～AXIAL-1.0，如图 4-51 所示。一般 1/2W 以下的电阻可以选择 AXIAL-0.3 或者 AXIAL-0.4。"0.4"是指焊盘中心间距为 0.4 英寸，即 400mil，约 1cm。依此类推，"AXIAL-1.0"即为焊盘间距 1 英寸的电阻，这是体积比较大的电阻，大功率电阻常常用到这种封装。

对于贴片式电阻，相应的现有封装为 0402～5720 等很多种，这种贴片封装并非从属于特定的元件类型，可以灵活应用于电阻、电容、电感及二极管等多类元件。比如"R2012-0805"中"R"代表电阻，"0805"表示电阻封装的外形尺寸，即两个焊盘中心距为 80mil，焊盘的宽度为 50mil。其封装形式如图 4-52 所示。

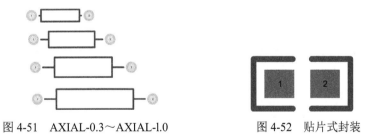

图 4-51　AXIAL-0.3～AXIAL-l.0　　　　图 4-52　贴片式封装

（2）电位器。电位器的封装 VR3、VR4、VR5 如图 4-53 所示，并且默认的封装是 VR3，是最大的一个，一般都需要修改。

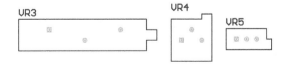

图 4-53　电位器的封装

（3）电容。电容的体积和耐压值与容量呈正比例关系。容量越大耐压值越高，相应的体积越大。电容大体上分两类：无极性电容和电解电容（有极性电容）。

无极性扁平直插式电容，对应的封装形式为 RAD-0.1～RAD-0.4 等，如图 4-54 所示，其后缀的数字表示封装模型中两个焊盘之间的中心距离，单位"英寸"。

图 4-54　无极性扁平直插式电容封装

电解电容对应的封装形式如图 4-55 所示。其中"RB5-10.5"表示两个焊盘的中心距离是 0.5mm，外形直径是 10.5mm。一般后面的数字越大，容量和耐压越大。此外，还有 CAPPR1.27-1.96×4.06、CAPPR14.05-10.5×6.3 系列的封装和 CC1005-0402、CC2012-0805 等贴片式的封装（与贴片电阻封装的命名方法类似）等。

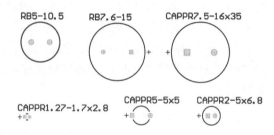

图 4-55　电解电容的封装

（4）二极管。常用的直插式二极管的封装有 DIODE-0.4、DIODE-0.7，如图 4-56 所示，后面的数字代表两个焊盘的中心距离，单位为 inch，数字越大，代表的功率越大。所以在选用封装时，一般的二极管采用 DIODE-0.4，如果用在电源部分可选 DIODE-0.7 的封装。

发光二极管的封装如图 4-57 所示，一般选用 LED-1。

图 4-56　直插式二极管的封装　　　图 4-57　发光二极管的封装

（5）三极管：

◆　塑封

小功率三极管（1W 以下）可采用默认值 BCY-W3，如图 4-58 所示。

中大功率三极管（几十 W 以上）可选 SFM 系列，如图 4-59 所示。

◆　金属外壳

依功率大小可选 CAN 系列，CAN-3/D5.9 如图 4-60 所示。

图 4-58　BCY-W3　　图 4-59　SFM –T3-A6.6V　　图 4-60　CAN-3/D5.9

◆　贴片封装

如图 4-61 所示为 SO-F*和 SO-G* 系列的贴片式封装。

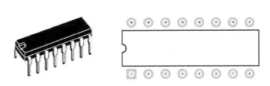

图 4-61　SO-F*和 SO-G* 系列的贴片式封装

2．集成元件

传统的 IC 有 SOP、SOJ、QFP、PLCC 等，较新型的有 BGA、CSP、FLIP CHIP 等。这些零件类型因其管脚的间距不同，而呈现各种各样的形状。

和分立元件相比，集成元件的封装形式更有规律。一般来说，集成元件的封装可分为以下几种形式。

（1）DIP（Dual Inline Package）——双列直插封装

DIP 是一种传统的封装形式，也是目前最常见的集成电路封装形式，应用范围包括标准逻辑 IC、存储器 LSI 及微机电路等。引脚中心距 2.54mm（100mil），引脚数为 6～64。封装宽度通常为 15.2mm。DIP16 的外观及其封装如图 4-62 所示。

（2）SOP（Small Outline Package）——小尺寸封装

SOP 的其外观及其封装形式如图 4-63 所示。零件两面有管脚，管脚向外张开。SOP 是普及最广的表面贴装封装，标准的 SOP 封装的引脚中心距 1.27mm，而且以后逐渐派生出 J 型管脚小尺寸封装（SOJ）、薄小尺寸封装（TSOP）、甚小尺寸封装（VSOP）、缩小型 SOP 封装（SSOP）、薄的缩小型 SOP 封装（TSSOP）及小尺寸晶体管 SOT、小尺寸集成电路（SOIC）等，在集成电路中起到了举足轻重的作用。

图 4-62　DIP16 的外观及其封装　　　　图 4-63　SOP14 器件的外观及其封装

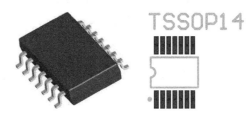

（3）SIP（Single Inline Package）——单列直插式封装

引脚从封装一个侧面引出，排列成一条直线。当装配到印刷基板上时封装呈侧立状。标准的引脚中心距通常为 2.54mm。SIP 对应的外观及其封装形式如图 4-64 所示。

（4）PLCC（Plastic Leaded Chip Carrier）——带引线的塑料芯片载体

PLCC 是表面贴装型封装之一，引脚从封装的四个侧面引出，呈丁字形，是塑料制品。美国得克萨斯仪器公司首先在 64K 位 DRAM 和 256K DRAM 中采用，现在已经广泛应用于逻辑 LSI、PLD（编程逻辑器件）等电路。引脚中心距 1.27mm，引脚数为 18～84。丁字形引脚不易变形。PLCC 外观及其封装如图 4-65 所示。

（5）PGA（Pin Grid Arrays）——引脚栅格阵列

PGA 是一种传统的封装形式，其引脚从芯片底部垂直引出，且整齐地分布于芯片四周，如图 4-66 所示为 PGA 外观及其封装。早期的 80X86CPU 也是这种封装形式。实际上，对 LCC

和 QUAD 两种封装，都可以通过 PGA 引脚的转换插座固定在板上。

　　由于 PGA 封装使用很广泛，所以 Protel DXP 专门提供了一个 PGA 封装库，在"\Library\PCB\"路径下的"Pin Grid Array Package(PGA).PcbLib"中。

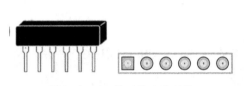

图 4-64　SIP 的元件及其封装

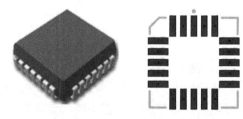

图 4-65　PLCC 的外观及其封装图

（6）QUAD（QUAD Packs）——方形贴片式封装

　　QUAD 和 LCC 封装类似，但其引脚没有向内弯曲，而是向外伸展。与 LCC 封装相比较，所占面积稍大，但焊接要方便得多。因为它的引脚暴露在外面，拆卸很容易，用热风吹几分钟就可以拿下来。QUAD 是个大家族，包括 QFP 系列、TQFP、PQFP、SQFP 和 CQFP 等。这种封装的形式和 PLCC 很相似，QUAD 元件外观和 PQFP84 的封装如图 4-67 所示。

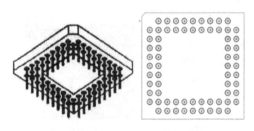

图 4-66　PGA 外观及其封装

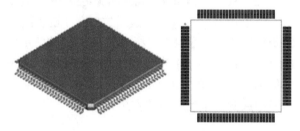

图 4-67　QUAD 元件外观和 PQFP84 的封装

　　还有其他封装，这里不再详细说明。

　　因为封装库的提供总是滞后于元件的问世，对于 Protel DXP 没有提供的元件封装，只能自己来创建。

技能 2　分立元件封装的选择

　　相同的元件封装只代表了元件的外观是相同的，焊盘数目是相同的，但并不意味着可以简单互换。如图 4-68 所示的三极管 2N3904，它有通孔式的，也有贴片式的，元件引脚排列有 EBC（国产）、ECB（日产）和 CBE（欧美产）三种，在 PCB 设计时，必须根据使用元件的管型选择合适的封装类型，否则会出现引脚错误问题。

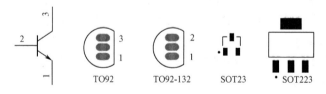

图 4-68　三极管 2N3904

常用的分立元件封装选择如下。

1．电阻

电阻的封装与功率有关。一般 1/2W 以下的电阻可以选择 AXIAL-0.3（数值单位为 inch），或者 AXIAL-0.4。

2．二极管

直插式二极管的封装可选 DIODE-0.4（数值单位为 inch），如果用在电源部分选用 DIODE-0.7，发光二极管选用 LED-1。

3．三极管

（1）塑封：小功率三极管（1W 以下）可采用默认值 BCY-W3。中大功率三极管（几十 W 以上）可选 SFM 系列。

（2）金属外壳：依功率大小可选 CAN 系列。

4．电容

（1）无极性电容：无极性电容常用的封装有 RAD 系列（数值单位为 inch）和 CAPR 系列（数值单位为 mm），封装尺寸可按以下规则选择：

大约几十到几百 pF 选 RAD-0.1；几百到几千 pF 选 RAD-0.2；几万 pF（0.01μF 以上）选 RAD-0.3。

（2）有极性电容：有极性电容外形为圆形的，其封装为 CAPPR 系列（数值单位为 mm）；外形为方形的，其封装为 CAPPA 系列（数值单位为 mm），封装尺寸可大致按以下规则选择：

1μ 及以下：CAPPR1.27-1.7×2.8；

大于 1μ 且小于 10μ：CAPPR1.5-4×5；

大于 10μ 且小于 100μ：CAPPR 2-5×6.8；

大于 100μ 且小于 1000μ：CAPPR5-5×5；

大于 1000μ：CAPPR7.5-16×35。

技能 3　带子件的元件及其封装

每个分立元件都是一个实体，都有特定的封装形式。原理图中每个分立元件都有一个唯一的编号，如 R1、C3 等，它们在 PCB 中是一个固定的封装，如 AXIAL-0.3、RAD-0.1 等。

有些元件是由多个相同的功能单元（即子件）集成制造而成的，集成块内部的多个子件共用电源和地。只要元件的电源、地引脚正常供电，元件内部的各个子件都可以独立工作，当然也可以同时工作。

带子件的元件在原理图中的编号是由"元件号+子件号"构成的，同一元件的不同子件，其元件编号是一样的，但子件的编号不一样。子件编号可以用字母表示，也可以用数字表示。例如元件 U1 的第一个子件编号为"U1A"（或"U1：1"），U1 的第二个子件编号为"U1B"（或"U1：2"），以此类推。

例如，元件 74F08 本身集成了四个与门，实物如图 4-69（b）所示。在某个原理图中可能只用了其中某个子件，假设是子件 1，它的第 7 脚（地）和第 14 脚（电源）在原理图中是隐藏的，如图 4-69（a）所示，然而在 PCB 中是不能单独放置子件的，各个子件共用一个元件封装 M14A，子件在元件中的位置如图 4-69（c）所示。

（a）元件的第一个子件　　　（b）元件实物 74F08　　　（c）子件在元件中的位置

图 4-69　元件及子件的对应关系

任务二　封装设计前的准备

技能 1　元件封装编辑器

选择【文件】→【创建】→【库】→【PCB 库】命令，启动元件封装编辑器，在设计窗口中生成一个新的名为"PubLib1.PcbLib"的库文件，如图 4-70 所示。封装库文件创建后，就可以添加或修改元件了。

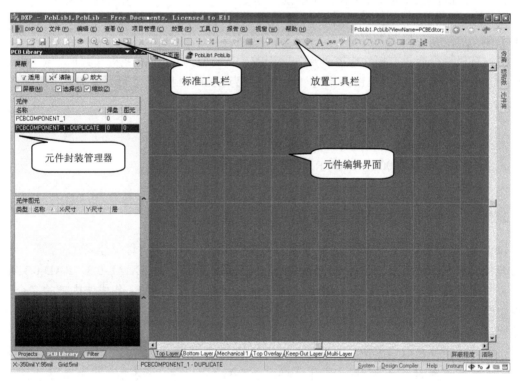

图 4-70　元件封装编辑器

从图 4-70 中可见，整个编辑器由以下几个部分组成。

◆　主菜单：元件封装编辑器的主菜单如图 4-71 所示，主要用于完成元件 PCB 封装的设计、制作。

图 4-71　元件封装编辑器的主菜单

◆ 元件封装管理器：管理元件封装库，如添加、删除新元件封装等。
◆ 状态栏：屏幕的左下角为状态栏，可以显示系统当前所处的状态。
◆ 元件编辑界面：进行元件封装的编辑。
◆ 标准工具栏：如图 4-72 所示，主要为用户提供诸如打开、保存、打印、放大、缩小等功能。
◆ 放置工具栏：如图 4-73 所示，提供绘图工具和放置焊盘、过孔、圆弧等各种工具。

图 4-72　标准工具栏

图 4-73　放置工具栏

该工具栏各图标作用如表 4-3 所示。

表 4-3　图标功能介绍

图　标	作　用　描　述	图　标	作　用　描　述
	放置导线		从圆心开始画圆弧
	放置焊盘		从边缘放置圆弧
	放置过孔		圆心开始画任意角度弧形
	放置注释文本		从圆心开始画圆周
	放置坐标		放置矩形填充
	放置尺寸标注		放置铜填充区

技能 2　元件封装尺寸

创建元件封装前应了解封装信息，一般元件生产厂家提供的用户手册中都有元件的封装信息。如果手头上没有所需元件的用户手册，可以上网或到图书馆去查阅。首选是该器件的供应商网站，如果无法访问，还可以求助于搜索引擎，或者到一些专业的 IC 网站搜索（例如 www.21ic.com 和 www.ic37.com）。如果有些元件找不到相关资料，则只能依靠实际测量，一般要配备游标卡尺，测量要尽量精确。

1. 元件封装尺寸

（1）元件封装设计时必须注意元件的轮廓设计，元件的外形轮廓一般放在丝印层上，要求要与实际元件的轮廓大小一致。如果元件的外形轮廓画得太大，则浪费空间；如果画得太小，元件可能无法安装。

（2）元件引脚粗细和相对位置也是必须考虑的问题。

（3）注意器件外形和焊盘位置之间的相对位置。因为常常有这种情况：器件外形容易量，焊盘分布也容易量，可是这两者的相对位置却难以准确测量。

（4）元件封装设计时还要注意引脚焊盘的设计。直插式焊盘放在多层（Multi-layer），贴片式焊盘放在顶层。

◆ 设计直插式焊盘的重要尺寸有：焊盘的内径、外径、横向及纵向间距。

◆ 设计贴片式焊盘的重要尺寸有：焊盘的长、宽、横向及纵向间距。

 提示

> 注意公英制的转换，它们之间的转换关系为：1 inch = 1000 mil = 25.4 mm。

任务三 创建元件封装

建立一个新的元件封装库作为用户元件库，元件库命名为"MyPcbLib.PcbLib"，并将要创建的元件封装建立到该元件库中。

创建一个新元件的封装主要包括创建新元件、设置位置、放置焊盘、绘制封装外形、设置元件参考点和保存文件几个步骤。

创建新元件封装的方法包括以下三种。

◆ 用户自定义方式。

◆ 采用向导方式。

◆ 利用向导生成再做修改。

接下来分别用三个案例说明三种封装的绘制方法。

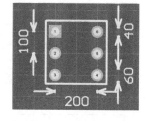

图 4-74 元件的封装图

案例 1 手工绘制元件封装

制作如图 4-74 所示的封装，图中单位为 mil。

1. 创建新元件

（1）执行【工具】→【新元件】菜单命令，弹出如图 4-75 所示的【元件封装向导】对话框。

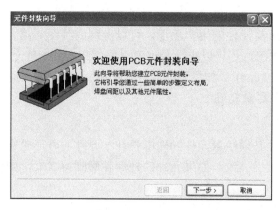

图 4-75 【元件封装向导】对话框

（2）单击【取消】按钮取消向导方式，进入用户自定义方式手工绘制。

（3）生成一个名字为"Component_1-duplicate"的新的元件封装，双击该名称可以在对话框中输入新的名字"DPDT-6"，如图 4-76 所示。

（4）单击【确认】按钮，确认新名字。

图 4-76　编辑元件封装名称

2．设置编辑位置

（1）选择【编辑】→【跳转到】→【新位置】命令，打开"跳转到某位置"对话框。

（2）设置（X,Y）的坐标位置为（0,0）。单击【确认】按钮，即可在工作区（0,0）点附近建立一个新的元件封装。

3．放置焊盘

（1）选择【放置】→【焊盘】命令，一个焊盘会浮在光标上。

（2）移动光标定位到（0,0）点，单击鼠标将焊盘放置到该点处，单击鼠标右键或者按下"Esc"键可以退出焊盘的放置。可以在未单击鼠标前按下"Tab"键设置焊盘属性，也可以在放置焊盘后双击打开设置焊盘属性，焊盘的内径为 40mil，外径为 60mil，【焊盘】属性对话框如图 4-77 所示。

图 4-77　【焊盘】属性对话框

在对话框中，设置焊盘属性，主要内容如下。

◆ 孔径：设置焊盘的内孔直径。

◆ 旋转：设置焊盘的旋转角度。

◆ 位置：设置焊盘的 X、Y 轴坐标位置。

◆ 标识符：设置焊盘的标识。

◆ 层：设置焊盘所在层。

◆ 网络：设置焊盘所在网络。

◆ 尺寸和形状：可以选择焊盘的尺寸和形状。

◆ 助焊膜扩展：可以指定助焊膜扩展值。

◆ 阻焊膜扩展：可以指定阻焊膜扩展值。

（3）单击【确认】或者【取消】按钮保存或者取消设置。

（4）同样在工作区根据实际的元件引脚的距离放置其余的焊盘，并在【焊盘】对话框中将焊盘 1 设置为"Rectangle"，其余焊盘设置为"Round"，所放置焊盘如图 4-78 所示。

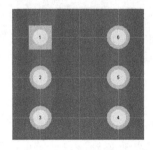

图 4-78　放置焊盘

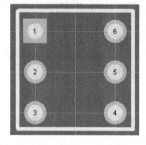

图 4-79　绘制完成

4. 绘制元件封装的轮廓

（1）将工作区的工作层切换到丝印层（Top Overlay）。

（2）执行【放置】→【直线】命令，或者单击绘图工具栏的图标▨，绘制元件封装的外形。绘制好后的外形如图 4-79 所示。

5. 设置参考点

当把元件封装放置到 PCB 的时候，会出现十字形光标，参考点就是十字形光标点。如果参考点设置不当，离元件图形太远的话，会导致在 PCB 中看不到封装图形。一般元件封装的参考点是设在焊盘 1 的中心或元件的几何中心。

执行【编辑】→【设置参考点】命令，如图 4-80 所示，选择【引脚 1】或者【中心】命令来设置元件封装的参考点为焊盘 1 的中心或者元件的几何中心。

若选择其中的【位置】命令，则表示用户可以指定一个位置为元件封装的参考点。

单击图标▨，或者执行【文件】→【保存】命令，将新创建的元件封装保存。

图 4-80　设置参考点

6. 元件规则检查设置

在设计完一个新的封装后，需要利用元件规则检查来查错。执行【报告】→【元件规则检查】命令，弹出如图 4-81 所示的【元件规则检查】对话框。

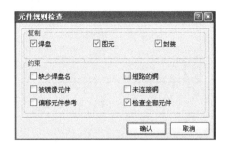

图 4-81　【元件规则检查】对话框

单击【确定】按钮，生成以下的报告内容：

```
Protel Design System: Library Component Rule Check
PCB File : MyPcbLib
Date     : 2010-1-3
Time     : 18:12:26


Name               Warnings
--------------------------------------------------------------------------------
```

该报告文档内容空白，说明当前库文件"MyPcbLib.PchLib"中的所有元件都没有错误。如果有错，系统会在虚线下方列出出错的对象和错误原因。

表 4-4 列出了设计规则检查项目，熟悉规则检查项目的各项含义就可以比较轻松地根据出错信息找到出错原因。

表 4-4　设计规则检查项目表

Duplicate 组	
[Pads]	是否存在编号相同的焊盘。编号为"0"的焊盘除外
[Primitives]	检查是否存在同名的电气符号
[Footprint]	检查封装库中是否存在同名的封装形式
Constraints 分组	
[Shorted Copper]	检查是否存在短路的电气连接
[Unconnected Copper]	检查是否存在未和焊盘连接的覆铜区
[Offset Component Reference]	检查是否设置了封装参考点
[Check All Components]	检查当前封装库文件中所有的元件封装

案例 2　根据元件用户手册提供的尺寸图绘制封装

绘制如图 4-82 所示元件实物的封装，元件实物相关尺寸可参考图中的标注，并将其命名为"SOP16"。图中单位为 inch（mm），即无括号的尺寸单位为英寸，括号内的尺寸单位为毫米。

151

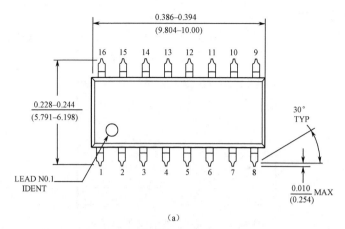

（a）

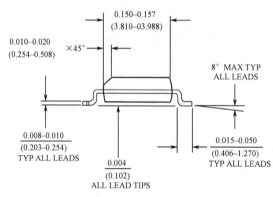

（b）

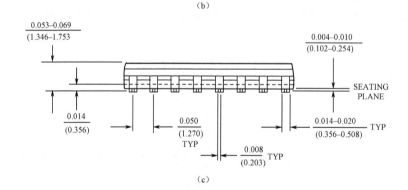

（c）

图 4-82　SOP16 的元件实物尺寸

由图 4-82 可知封装参数，从中选出绘制 PCB 封装的关键参数。

◆ 元件的轮廓：长 10mm，宽 4mm（这两个尺寸在向导中可以不设置）。

◆ 焊盘大小：焊盘的长度取引脚贴装部分长度的两倍，观察图 4-82（b），取贴装部分长度较大值（1.1mm）的两倍，即 2.2mm。

◆ 焊盘宽的取值：取引脚宽的最大值，或比最大值略大取到整数，观察图 4-82（c），焊盘宽度取 0.51mm。

◆ 焊盘中心距：横向相邻焊盘的中心距为 1.27mm；因为焊盘是加长到两倍的，所以纵向中心距取两列引脚端点距离，观察图 4-82（a），取值 5.8mm。

绘制步骤如下。

（1）执行【工具】→【新元件】命令，单击【下一步】按钮，进入【元件封装向导】对话框，选择单位为"Metric（mm）"，如图 4-83 所示。在该对话框中，用户可以选择元件封装的模式。在这里我们选择"SOP"（小尺寸封装）封装模式。

其他可选择的封装模式如下。

- "DIP"，（双列直插式）。
- "BGA"（球状阵列封装）。
- "SBGA"（交错式球状阵列封装）。
- "Diodes"（二极管封装）。
- "Capacitors"（电容封装）。
- "QUAD"（方形封装）。
- "PGA"（引脚网格阵列封装）。
- "SPGA"（交错式针状网阵封装）。
- "LCC"（无引脚芯片载体封装）。
- "Resistors"（电阻封装）。
- "Edge connectors"（印制板插座）。

（2）单击【下一步】按钮，在如图 4-84

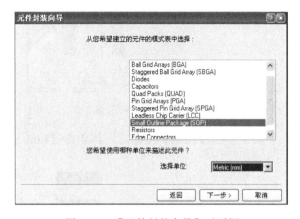

图 4-83　【元件封装向导】对话框

所示的对话框中进行焊盘尺寸编辑。在该对话框中用户可以设置焊盘的尺寸：焊盘长的取值取较大值如 1.1mm 的两倍即 2.2mm（焊盘一般加长为引脚贴装部分的两倍）；焊盘宽的取值取引脚宽的最大值，或比最大值略大。

用户可以直接选中引脚间的距离数字进行修改。

（3）继续单击【下一步】按钮，在如图 4-85 所示的对话框中进行焊盘间距编辑。

焊盘中心距：（相邻焊盘的中心距离）1.27mm；两列焊盘的中心距离：因为焊盘是加长到两倍的，所以中心距取较小值 5.8mm。

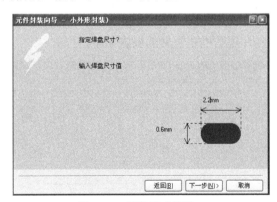

图 4-84　焊盘尺寸编辑

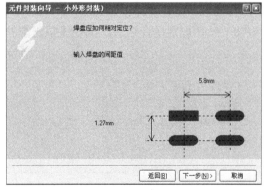

图 4-85　焊盘间距编辑

（4）单击【下一步】按钮，在该对话框中用户可以设置元件封装轮廓线的粗细，一般设置为默认值。

（5）单击【下一步】按钮，设置元件引脚总数，如图 4-86 所示。

（6）继续单击【下一步】按钮，为元件封装命名，如图 4-87 所示。将元件封装命名为"SOP16"。

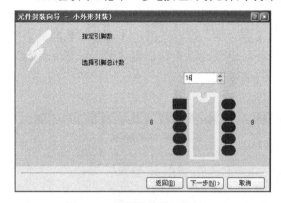

图 4-86　设置元件引脚总数　　　　　　　图 4-87　元件封装命名

（7）单击【Next】按钮后，再单击【Finish】按钮即完成元件的封装，如图 4-88 所示。

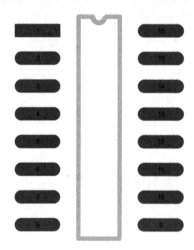

图 4-88　完成后元件的封装

（8）元件规则检查结果：执行【报告】→【元件规则检查】后的报告如下：

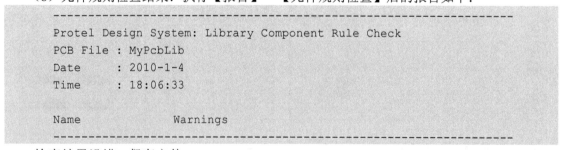

```
-----------------------------------------------------------------
Protel Design System: Library Component Rule Check
PCB File : MyPcbLib
Date     : 2010-1-4
Time     : 18:06:33


Name          Warnings
-----------------------------------------------------------------
```

检查结果没错，保存文件。

案例 3　变压器的封装设计

本案例中我们将以一种变压器的封装设计为例，学习如何利用封装向导设计并修改封装。该变压器的封装及尺寸信息如图 4-89 所示。

从图 4-89 中可以看出，该封装不是标准的 DIP 封装，需要先做出 DIP10 的封装然后再修改。操作步骤如下。

（1）单击"MyPcbLib.PcbLib"，切换该文件为当前编辑的文件。

（2）执行菜单命令【工具】→【新元件】，弹出【元件封装向导】对话框，单击【下一步】按钮，弹出如图 4-90 所示的对话框，可以在其中选择封装类型。选择"Dual in-line Package（DIP）"封装类型，测量单位选择英制"Imperial（mil）"。

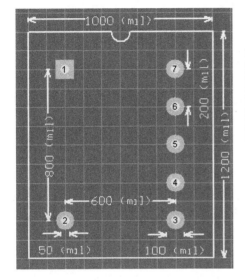

图 4-89 变压器的封装及尺寸信息

图 4-90 选择封装类型

（3）单击【下一步】按钮，弹出如图 4-91 所示的对话框，在该对话框中设置焊盘参数，将焊盘在所有工作层的外径设置为"100mil"，内径设置为"50mil"。

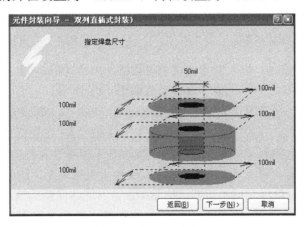

图 4-91 设置焊盘参数

（4）单击【下一步】按钮，弹出如图 4-92 所示的对话框，在此对话框中设置焊盘间距，纵向焊盘间距为"200mil"，横向焊盘间距为"600mil"。

（5）单击【下一步】按钮，弹出如图 4-93 所示的对话框，将丝印层轮廓线宽度改为"10mil"。

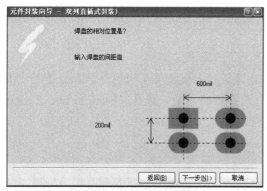
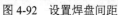

图 4-92　设置焊盘间距

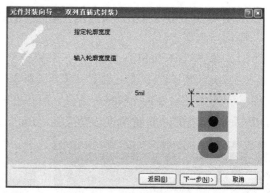

图 4-93　设轮廓线宽度

（6）单击【下一步】按钮，弹出如图 4-94 所示的对话框，可在此设置焊盘数目。给出的变压器虽然是 7 脚，由于它右边部分和 DIP10 完全一样，因此选择 10 脚的 DIP 封装。

（7）单击【下一步】按钮，弹出如图 4-95 所示的对话框，在此为封装部分。设置封装名为"BYQ"。

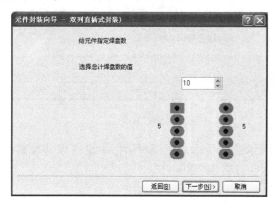

图 4-94　设置焊盘数目

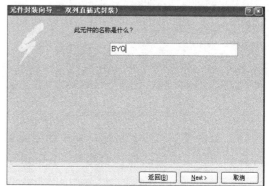

图 4-95　设置元件名称

（8）单击【Next】按钮，进入向导的结束对话框，单击【Finish】按钮，完成封装向导操作步骤。执行完以上操作之后，生成的封装形式如图 4-96 所示。

（9）修改封装。上述生成的封装与变压器封装还有一些区别，需要对这个封装做一些修改。

◆ 删除多余的焊盘。执行菜单命令【编辑】→【删除】，将光标移动到多余的焊盘上，单击鼠标左键，则删除该焊盘。本例中删除 2, 3 和 4 号焊盘。

◆ 修改焊盘的编号。将 5, 6, 7, 8, 9, 10 分别改为 2, 3, 4, 5, 6, 7 即可。

◆ 修改轮廓线。用鼠标左键单击四边的轮廓线，出现四向箭头拖动轮廓线到合适的位置即可。也可以通过修改现有轮廓线的起点和终点参数来实现。修改后的变压器封装如图 4-97 所示。

（10）元件规则检查。执行菜单命令【报告】→【元件规则检查】，选择所有菜单选项，单击【确认】按钮，执行检查过程。报告结果如下：

```
Protel Design System: Library Component Rule Check
PCB File : MyPcbLib
Date     : 2010-1-3
```

```
Time        : 19:54:59

Name              Warnings
```

（11）保存文件。

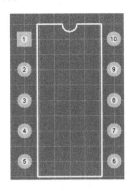
图 4-96　封装向导生成的元件封装

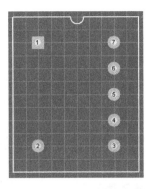
图 4-97　修改后的变压器封装

 提示

在修改封装时不能修改焊盘参数，这是因为所有焊盘已经合理设置了。封装向导生成的元件封装的参考点全部默认为 1 号焊盘，因此不需要重新设置参考点。

○ **答疑解惑** ○

提问：能否将轮廓线全部删除再重新画？

解答：可以，但一定要先切换到丝印层（Top Overlay）再重画轮廓。

任务四　创建集成元件库

现在我们有了一个包含一些原理图元件的原理图库和一个包含一些 PCB 元件的封装库，可以将这些库放到一个库包中然后将它们编译到一个集成库中去。这样元件会和它们的模型一起被存储。创建集成库的步骤如下。

（1）执行菜单命令【文件】→【创建】→【项目】→【集成元件库】创建一个集成元件库。项目面板显示一个名为"Integrated Library1.LibPkg"的集成元件库项目，如图 4-98 所示。

（2）将该库包重命名为"My Integrated Library.LibPkg"并保存文件，如图 4-99 所示。

图 4-98　生成的集成元件库项目

图 4-99　集成元件库项目

（3）执行【项目管理】→【追加已有文件到项目中】命令，或者右键单击"My Integrated Library.LibPkg"将源库文件加载到集成元件库项目中。找到希望添加到集成元件库中的原理图库"MySchLib.SchLib"和封装库"MyPcbLib.PcbLib"，将这些库文件作为源库添加到项目面板的源库列表中，如图 4-100 所示。

图 4-100　添加源库文件到集成元件库项目

（4）单击原理图库文件 MySchLib.SchLib，切换到【SCH Library】面板下，单击自制的变压器 TRANS，打开其原理图编辑环境，如图 4-101 所示。

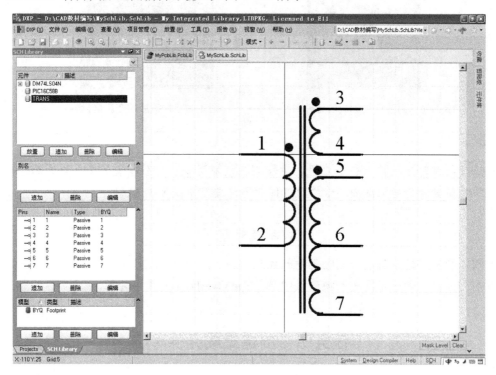

图 4-101　原理图编辑环境

 提示

集成时，再检查一下原理图元件是否加载了封装，如果没有，要重新添加。

（5）执行【项目管理】→【Compile Integrated Library My Integrated Library.LIBPKG】命令将集成元件库项目中的元件库和封装模型库文件编译到一个集成库中。

◆　编译后系统会自动激活【元件库】面板，如图 4-102 所示。

◆　编译过程中的所有错误或警告会显示在【Messages】面板中，如图 4-103 所示。如果出错，修改后再次编译集成库，直到没错为止。

（6）一个新的集成库将以"Integrated Library My Integrated Library.INTLIB"名字命名，并存储在项目选项对话框内【Options】标签下指定的输出文件夹中，并且出现在库面板中。集成库被自动加载到库面板的当前库列表中。

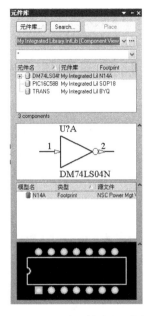

图 4-102　【元件库】面板

图 4-103　【Messages】面板

这时在元件库的保存位置就会生成一个"Project Outputs for My Integrated Library"的输出文件夹，如图 4-104 所示。文件夹中有刚才编译的自制的集成元件库，如图 4-105 所示。

图 4-104　输出文件夹

图 4-105　自制的集成元件库

此时就可以直接在 DXP SP2 中调用这个元件库了，与系统的集成元件一样。下次双击打开集成元件时，就会出现【抽取源码或安装】的提示对话框。选择抽取源，就可以在【PROJECT】面板中看到集成元件包含的所有元件库和 PCB 封装库了。

 特别说明

元件库或封装库修改后，必须在项目名上右键单击选择"Recompile Integrated Library My Integrated Library.LibPgk"选项重新编译项目，否则不能修改集成元件库内容。

○　项目小结　○

通过 3 个典型的封装设计案例，掌握获取封装数据的方法，熟练元件封装编辑器的使用

 159

方法，掌握制作元件封装的操作方法和集成元件库的创建。

实训七 绘制继电器的元件及其封装

实训目的：

1．掌握原理图元件和 PCB 元件库编辑器的基本操作。

2．熟练掌握原理图元件的绘制方法。

3．掌握用向导绘制元件封装的方法。

4．掌握集成库的制作方法。

实训任务：

建立如图 4-106 所示的继电器，命名为"Relay1-SPDT"，并将其封装命名为"DIP-P6/x1"，单位为 mm（inch）。

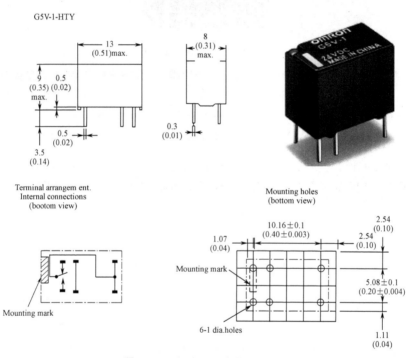

图 4-106　继电器的实物及尺寸

🐦 **提示**

由图 4-106 可知：

◆ 元件的轮廓：长 13mm，宽 8mm；

◆ 焊盘大小设置；

◆ 焊盘内孔径取值：内孔径比引脚大 0.2～0.3mm，引脚直径为 0.5mm，所以焊盘内径取 0.7mm；

◆ 焊盘外孔径取值：焊盘外径取内孔的两倍左右，取 1.4mm；

◆ 焊盘间距：横向中心距为 2.54mm（100mil），纵向为 5.08mm（200mil）。

实训内容：

1．采用设计向导绘制 DIP10 的封装

（1）执行【文件】→【创建】→【库】→【PCB 库】菜单命令，创建"Relay.PcbLib"封装库；

（2）执行【工具】→【新元件】菜单命令，弹出元件设计向导，采用设计向导绘制 DIP10，元件封装的参数为：焊盘的大小外径为 1.4mm，内径为 0.7mm，相邻焊盘间距为 2.54mm（100mil），两排焊盘间的间距为 5.08mm（200mil），封装名设置为"DIP-P6/x1"；然后删除四个焊盘，修改焊盘编号，设计完毕保存文件。DIP-P6/x1 的封装如图 4-107 所示。

（3）修改焊盘号，使其与图 4-106 的引脚号一致。

2．利用已有的库元件来设计新元件

图 4-106 中的图形和 Device 中的 SPDT 图形符号相同，只是引脚编号不同。

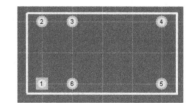

图 4-107 DIP-P6/x1 的封装

（1）打开 Miscellaneous Devices.SchLib ，抽取元件找到 Relay-SPDT，将其复制到自制的元件库 Relay.SchLib 中。

（2）如图 4-108 所示，修改所有的引脚编号，将其命名为"RELAY1-SPDT"。

（3）属性设置：用鼠标左键双击【SCH Library】面板上的 Relay1-SPDT，添加"Default Designator"为"K？"，注释设为"Relay-SPDT"，并选中可视选项。

（4）将其封装模型追加为自制的"DIP-P6/x1"，保存文件。

3．创建集成元件库

（1）执行【文件】→【创建】→【项目】→【集成元件库】命令创建一个源库包。项目面板显示一个名为"Integrated Library1.LIBPKG"的集成元件库项目，将该项目重命名为"My Integrated Library.LIBPKG"并保存文件，如图 4-109 所示。

（2）添加源文件到集成文件包

执行【项目管理】→【追加已有文件到项目中】命令或者用鼠标右键单击 My Integrated Library.LIBPKG，将源库 Relay.PcbLib 封装库和 Relay.SchLib 原理图库加载到库包中。

（3）单击原理图库 Relay.SchLib 文件，切换到 SCH Library 面板下，查看是否已经添加了封装，如果没加再添加封装。

图 4-108 继电器的原理图元件   图 4-109 集成元件库项目

（4）执行【项目管理】→【Compile Integrated Library My Integrated Library.LIBPKG】命令，将库包中的源库和模型文件编译到一个集成库中。

编译后系统会自动激活【元件库】面板，编译过程中的所有错误或警告会显示在【Messages】面板，如果出错，修改后再次编译集成库，直到没错为止。

（5）一个新的集成库将以"Integrated Library My Integrated Library.INTLIB"命名，将其存储在项目选项对话框内【Options】标签下指定的输出文件夹中。

实训八　绘制带有子件的元件及其封装

实训目的：

1. 掌握原理图元件和 PCB 元件库编辑器的基本操作。
2. 熟练掌握原理图元件的绘制方法。
3. 掌握用向导绘制元件封装的方法。
4. 掌握图纸标注中的数据含义。
5. 掌握集成库的制作方法。

实训任务一：

建立如图 4-110 所示的带有子件的新元件，元件命名为"74ALS000"，其中图中对应的为四个子件样图，其中第 7、14 脚接地和电源，网络名称为"GND"和"VCC"。

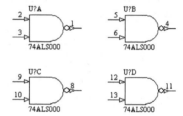

图 4-110　带有子件的新元件图形

实训任务二：

绘制如图 4-110 所示的元件 74ALS000 的封装，其相关尺寸可参考如图 4-111、表 4-5 所示的标注信息，并将其命名为"PDIP14"。

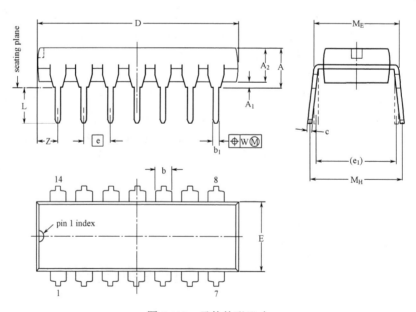

图 4-111　元件外形尺寸

表 4-5　DIMENSIONS

UNIT	A max	A$_1$ min	A$_2$ max	b	b$_1$	c	D	E	e	e$_1$	L	M$_E$	M$_H$	w	Z max
mm	4.2	0.51	3.2	1.73 1.13	0.53 0.38	0.36 0.23	19.50 18.55	6.48 6.20	2.54	7.63	3.60 3.05	8.25 7.62	10.0 8.3	0.254	2.2
inches	0.17	0.020	0.13	0.068 0.044	0.021 0.015	0.014 0.009	0.77 0.73	0.26 0.24	0.10	0.30	0.14 0.12	0.32 0.30	0.39 0.33	0.01	0.087

 提示

由图 4-111 可知：

◆ 元件的轮廓：长 19.50mm，宽 6.48mm。

◆ 焊盘大小：

◆ 焊盘内径取值：内径比引脚大 0.2～0.3mm，或者按引脚的 1.67 倍计算，取 0.7mm，但要注意该取值要大于元件引脚宽的最大值（元件引脚宽中间值 0.45mm）。

◆ 焊盘外径取值：一般为内径的两倍左右，取 1.4mm。

◆ 焊盘间距：横向为 2.54mm（100mil），纵向为 7.62mm（300mil）。

实训内容：

1．利用已有的库元件设计新元件

观察如图 4-110 所示的图形，它与"Texas Instruments \TI Logic Gate 1.SchLib"路径中的 SN74AS00AD 的图形符号相同，只是标注、引脚编号不同。

（1）打开 Texas Instruments \TI Logic Gate 1.SchLib，抽取元件找到 SN74AS00AD，将其复制到自制的元件库 74000.SchLib 中。

（2）添加子件，并修改所有的引脚编号，将其命名为"74ASL000"。

（3）用鼠标左键双击【SCH Library】面板上的 74ASL000 添加标注信息，将"Default Designator"设为"U?"，注释为"74AS000"，选中可视选项。其封装模型追加为下面自制的 PDIP14。保存文件。

从上述的封装模型中看出，"Footprint not found"是由于 PDIP14 的封装还没做。接下来制作 PDIP14 的封装。

2．采用设计向导绘制 PDIP14 的封装

（1）执行菜单【文件】→【创建】→【库】→【PCB 库】，创建"74000.PcbLib"封装库。

（2）执行菜单【工具】→【新元件】，屏幕弹出元件设计向导，采用设计向导绘制 14 脚 IC 封装 PDIP14，如图 4-112 所示。

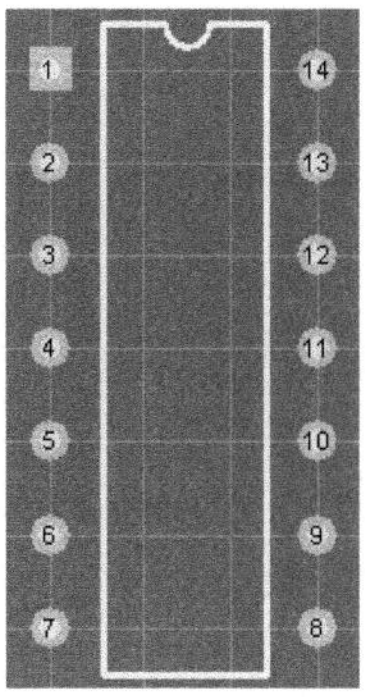

元件封装的参数为：焊盘的外径为 1.5mm，内径为 0.8mm，相邻焊盘间距为 100mil（2.54mm），两排焊盘间的间距为 300mil（7.62mm），封装名设置为"PDIP14"，设计完毕保存文件。

图 4-112　PDIP14 的封装

3．创建集成库

（1）创建一个集成元件库项目。

（2）添加源文件到集成库项目中。

（3）单击原理图库文件，切换到【SCH Library】面板下，查看是否已经添加封装，如果没加再添加封装。

（4）将库包中的源库和模型文件编译到一个集成库中。

编译后系统会自动激活【元件库】面板，编译过程中的所有错误或警告会显示在【Messages】面板，如果出错，修改后再次编译集成库。

第五篇　层次电路设计

项目七　数据采集器 PCB 设计

项目要求

利用层次电路设计如图 5-1 所示的数据采集器原理图电路，并设计出双面板的 PCB。

项目目的

学习层次电路的设计方法，进一步熟悉双面板 PCB 的设计。

设计要求

◆　将如图 5-1 所示的电路设计成层次电路，并设计出双面 PCB。

◆　抄画图中的元件必须和样图一致，如果和标准库中的不一致或没有时，要修改或新建。

◆　选择合适的封装，如果和标准库中的不一致或没有时，要修改或新建。

◆　将创建的元件库应用于制图文件中。

◆　选择合适的电路板尺寸制作电路板，要求选择符合国家标准。

任务一　层次电路设计概念

1．层次原理图的概念

层次原理图在大型电路设计中给原理图的设计与管理带来了极大方便。层次原理图的设计方法代表了当前电路设计的潮流，Protel DXP 提供了强大的层次原理图功能。

有些大型电路原理图即便是在 A0 幅面的原理图上也没法画下来，整张大图按功能分割成若干较小的子图，子图还可以向下细分。同一个项目中，可以包含多个分层的多张原理图，这就是层次原理图的设计思想。使用层次原理图还有一个很重要的意义，那就是它在原理图设计中引进了"自上向下"或"自下向上"的设计思想。这样可以首先分析整个电路的总体构成，然后按功能细分成多个功能模块，适合于大型电路图的小组开发、多人合作共同开发的模式。

采用层次化设计后，原理图按照某种标准划分为若干功能部分，分别绘制在多张原理图纸上，这些图纸被称为该设计系统的子图。同时，这些子图将由一张总原理图来说明它们之间的联系，此原理图被称为该设计项目的母图（或父图）。各子图与母图，各张子图之间的信号传递是通过在母图和各子图上放置相同名字的端口来实现的。

因此层次电路原理图设计又被称为化整为零、聚零为整的设计方法。

2．层次电路的构成

（1）子图。该原理图中包含与其他原理图建立电气连接的输入/输出端口。

（2）母图。母图中包含代表各子图的图纸符号，各子图之间的连接通过各模块电路的端口来实现。通过母图，可以很清楚地看出整个电路系统的结构。

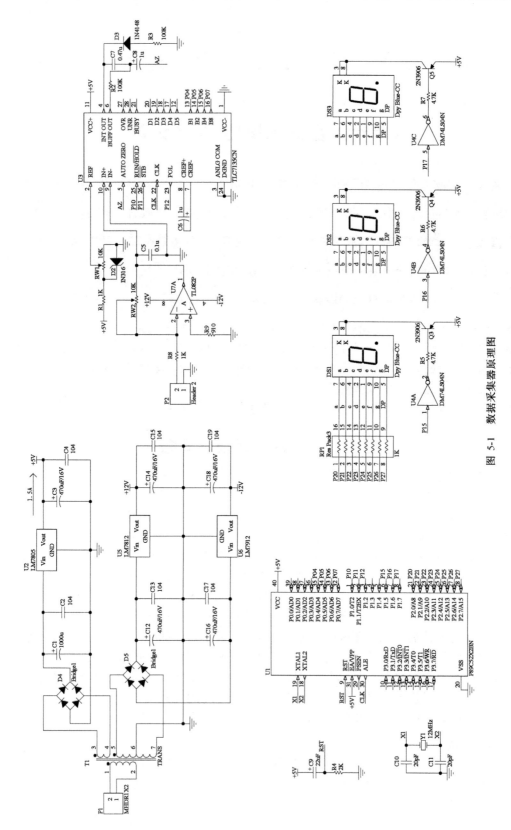

图 5-1 数据采集器原理图

3．层次电路的设计方法

层次电路的设计主要有自上而下和自下而上两种设计方法，也可混合使用两种方法。其中，自下而上的设计方法比较直观。

（1）自上而下：层次原理图的自上而下设计方法是指由电路方块电路生成电路原理图，在绘制原理图之前对电路的模块划分比较清楚。在设计时首先要设计出包含各电路方块电路的母图，然后再由母图中的各个方块电路图创建与之对应的子原理图，设计流程如图 5-2 所示。

（2）自下而上：自下而上设计方法中，首先设计出下层基本模块的子原理图，子原理图设计和常规原理图设计方法相同，然后在母图中放置由这些子原理图生成的方块电路，层层向上组织，最后生成总图（母图）。这是一种被广泛采用的层次原理图设计方法，设计流程如图 5-3 所示。

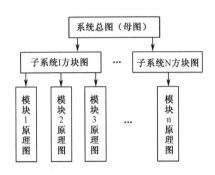

图 5-2　自上而下的层次设计方法流程

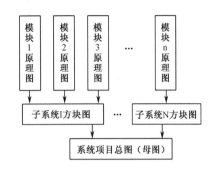

图 5-3　自下而上的层次设计方法流程

任务二　层次电路设计方法

层次电路设计首先需要将原理图分割成子图模块，分割的基本原则是以电路功能单元为模块。例如，通过分析如图 5-1 所示的电路，将其分为电源模块、输入模块、处理模块和显示模块四个部分。其中处理模块为核心，它与其他几个模块之间的有以下连接关系。

电源模块：电源模块是一个独立模块，用于产生 ±12V 和 +5V 电源，实际上它和其他各模块之间均有电源关联，但是 DXP 不需要将电源和地作为端口列出。

输入模块：它和处理模块之间的连线有 P04～P07、P10～P12 以及 CLK 信号。

显示模块：它和处理模块之间的连线主要是 P15～P17 位选信号和 P20～P27 数据信号。

其他几块之间除了电源和地，再没有其他联系。

绘制层次电路时，通常约定 I/O 端口是全局的，而网络标号是局部的。也就是说，I/O 端口只能用来表示各子图之间的连接关系，不用来表示同一图纸内部的连接，同一图纸内部的连接用网络标号来实现。

技能 1　自上而下设计层次电路

设计层次电路一般采用自下而上的方法，如果模块划分和各模块连接的输入输出特性相当清楚，也可以采用自上而下的方法设计层次电路。

设计思路： 新建 PCB 工程项目→绘制母图→从方块电路生成子图→编辑子图→生成层次结构。设计步骤如下。

1．新建 PCB 工程项目并启动原理图设计编辑器

执行【文件】→【创建】→【项目】→【PCB 项目】菜单命令，命名为"xchx1.PRJPCB"后保存。

2．建立母图文件

执行【文件】→【创建】→【原理图】菜单命令，新建原理图文件，用于绘制母图。

执行【文件】→【保存】或【文件】→【另存为】菜单命令，将新建的"Sheetl.SchDoc"层次原理图的母图文件命名为"数据采集器.SCHDOC"，并保存。

3．绘制母图

（1）依次放置各模块的图纸符号。在原理图编辑环境下，单击布线工具栏中的 图标，或者执行【放置】→【图纸符号】命令，出现如图 5-4 所示的图纸符号。此时光标变为十字形状，并带着图纸符号（方块电路）出现在工作窗口中，如图 5-5 所示。

按"Tab"键，弹出【图纸符号】对话框，如图 5-6 所示。

从【图纸符号】对话框中可以看到其中包含两个区域，其中上半部分直观显示了图纸符号（方块电路）的属性设置，下半部分是方块电路的几个属性设置。

图 5-4 图纸符号

◆ 标识符：该文本框用来设置方块电路图的名称。

◆ 文件名：该文本框用来设置文件名称，以表明方块电路代表的是哪个模块。

◆ 唯一 ID：该文本框用来设置系统的标示码，用户不需要修改。

在"标识符"（Designator）栏中设置方块电路图的名称为"电源模块"，在"文件名"（File Name）栏中设置文件名为"电源模块.SchDoc"，如图 5-7 所示。

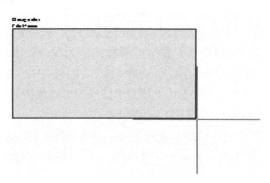

图 5-5 带着方块电路的鼠标状态

单击图 5-7 中的【确认】按钮关闭对话框。在工作窗口中移动鼠标，确定方块电路图大小，将光标移动到适当的位置，单击确定方块电路的左上角顶点位置，然后移动鼠标到合适位置。确定方块电路图的大小后，单击鼠标固定方块的另一个顶点，即可完成该方块电路图的绘制，如图 5-8 所示。

完成一个方块电路后鼠标仍然处于放置方块电路的命令状态下，带着方块电路，可以继续绘制其他方块电路图。

放置输入模块的方块电路符号。在放置过程中按"Tab"键设置方块电路属性。在"标识符"栏输入"输入模块"；在"文件名"栏输入"输入模块.SchDoc"。也可以放置完成后，用鼠标双击方块电路的文字标注，更改"标识符"和"文件名"。例如，双击"输入"标注，弹出的【图纸符号标示符】对话框如图 5-9 所示。

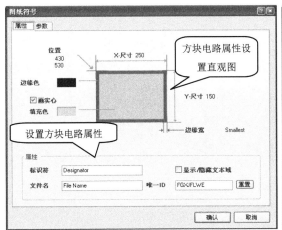

图 5-6　【图纸符号】对话框

图 5-7　电源模块的【图纸符号】对话框

图 5-8　方块电路图

图 5-9　【图纸符号标示符】对话框

继续放置其余方块电路，并调整其位置和大小，设置方块电路属性，放置完成后如图 5-10 所示。

（2）绘制方块电路图的出入口。执行【放置】→【加图纸入口】菜单命令，或单击布线工具中的图标，如图 5-11 所示。此时光标变为十字形状。在需要放置图纸入口的方块电路上单击鼠标，此时光标就带着方块电路的图纸入口符号出现在方块电路图中，如图 5-12 所示。

在上述放置端口的过程中按"Tab"键，弹出【图纸入口】对话框，如图 5-13 所示。或者放置后再双击端口修改端口属性。

从【图纸入口】对话框中可以看到两个区域，其中上半部分直观显示了图纸入口的属性，包括：填充色、文本色、边缘色、边和风格。单击它们后，会出现相应的选择窗口或下拉菜单以供修改。

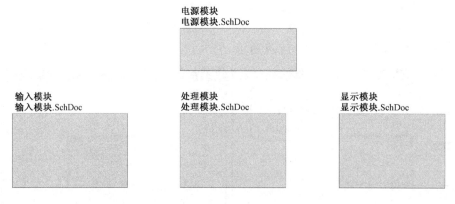

图 5-10　在母图中放置的方块电路

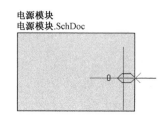

图 5-11　加图纸入口　　　　图 5-12　放置方块电路的图纸入口

◆ 名称：该下拉式文本框用来设置方块电路端口的名称。

◆ 位置：该文本框用来表明图纸入口放置处距方块电路的上边框或左边框的距离。

◆ I/O 类型：该下拉式文本框和上半部分的"风格"和"边"选项配合使用，用来设置端口的类型风格。

例如，在输入模块的对话框中设置图纸入口的名称为"CLK"，I/O 类型为"Input"，端口边为"Left"，风格设置为"Right"，设置好的【图纸入口】对话框如图 5-14 所示。

单击【确认】按钮关闭对话框，在方块电路图中移动鼠标，在合适位置单击鼠标结束该图纸入口的放置，用同样的方法放置完该图纸入口后的方块电路如图 5-15 所示。

根据实际电路的安排，同样可以在其他模块放置图纸入口。

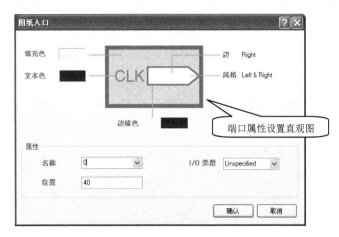

图 5-13　【图纸入口】对话框

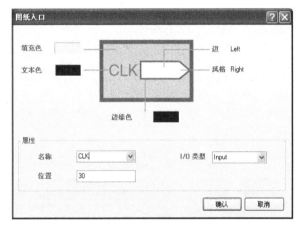

图 5-14　设置好的【图纸入口】对话框　　　图 5-15　放置完图纸入口的方块电路

（3）连接方块电路。放置完端口后，执行【放置】→【导线】命令或单击图标，将相同图纸入口名称的端口用导线连接起来，得到如图 5-16 所示的图形。

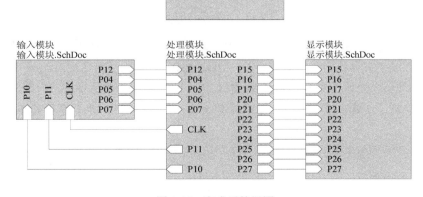

图 5-16　完成后的母图

171

保存原理图。通过上述步骤，建立一个层次原理图的母图文件"信号处理与显示.SchDoc"。

  提示

电源不需要放置端口。

如果图纸入口中有总线名称，则必须用总线相连。

4．生成并编辑子图

选择【设计】→【根据符号创建图纸】，光标成十字形状，单击方块电路电源模块，出现如图 5-17 所示的 I/O 端口方向转换对话框，选择【No】按钮，不转换图纸出入口的方向。这时，系统会自动建立名为"电源模块.SchDoc"的

图 5-17　I/O 端口方向转换对话框

原理图，在编辑区绘制电源模块的子图。绘制完的电源模块的子图如图 5-18 所示。

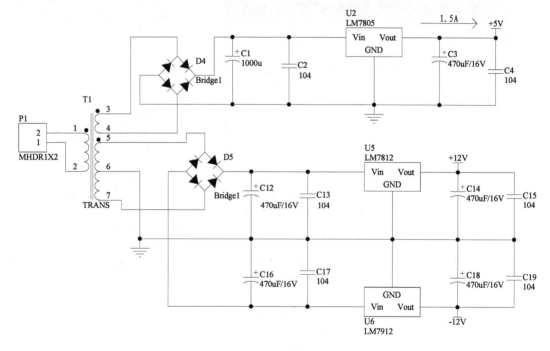

图 5-18　电源模块的子图

用同样的方法生成并编辑子图"处理模块.SCHDOC"。首先选择【设计】→【根据符号创建图纸】，光标成十字形状，单击处理模块，出现如图 5-17 所示对话框时选择【No】按钮。系统生成的原理图"处理模块.SchDoc"编辑区如图 5-19 所示，可见系统已自动将"方块电路I/O 端口"转化成了子图的 I/O 端口，继续绘制子图"处理模块"，绘制完后如图 5-20 所示。

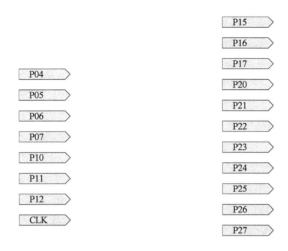

图 5-19 由方块电路生成的"处理模块.SchDoc"子图的端口

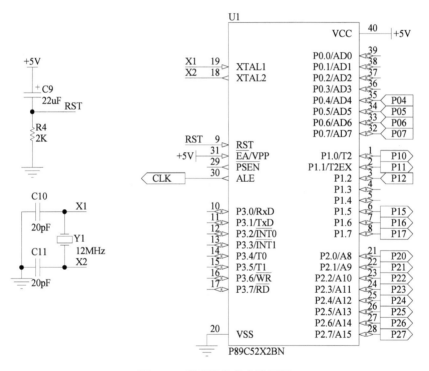

图 5-20 处理模块的电路子图

用同样的方法建立并编辑输入模块和显示模块的子图,绘制完成后分别如图 5-21、图 5-22 所示。

5. 生成层次结构

保存所有电路原理图,执行【项目管理】→【Compile PCB xchx1.PRJPCB】菜单命令,或者在项目面板中选择【项目】→【Compile PCB xchx1.PRJPCB】来编译项目,编辑后生成的层次结构如图 5-23 所示。至此,自上而下的层次电路设计完毕。

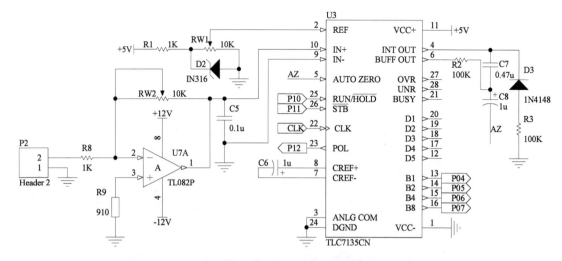

图 5-21　输入模块子图

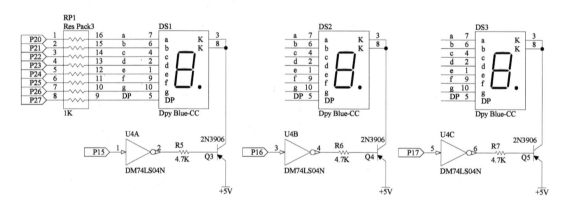

图 5-22　显示模块子图

技能 2　自下而上设计层次电路

设计思路： 新建 PCB 工程项目→绘制所有子图文件→从子图文件生成方块电路→生成层次表。设计步骤如下：

1. 新建 PCB 工程项目

执行【文件】→【创建】→【项目】→【PCB 项目】菜单命令，新建 PCB 项目文件，并命名为"XCHX.PRJPCB"后保存。

图 5-23　层次结构

2. 编辑子图文件

（1）绘制电源模块。执行【文件】→【创建】→【原理图】菜单命令，新建原理图文件，命名为"电源模块.SchDoc"并保存，在原理图上放置元件并连线，如图 5-18 所示。

电源模块中的 T1 要加载自制的元件库 MySchlib，如果它在当前的项目中，可以不加载该库文件。在自制的元件库中选择变压器"TRANS"。其他器件全部采用 DXP 自带的库中的元件。

（2）处理模块的绘制。执行【文件】→【创建】→【原理图】菜单命令，新建原理图文件，命名为"处理模块.SchDoc"并保存，在原理图上放置元件并连线。

处理模块与输入模块相连的P04~P07、P10~P12以及CLK信号，与输出模块相连的P15~P17、P20~P27均是不同原理图之间的连接，应该设为端口，而RST、X1、X2描述在本张子图内部的连接关系，应用网络标号来表示。

执行【放置】→【端口】菜单命令，或者单击配线工具中的 来放置端口，放置前按"Tab"键设置端口特性。本子图中总线型的I/O端口P2[0..7]类型为输出"Output"。端口属性的设置如图5-24所示。其他端口的设置如表5-1所示。

绘制端口时，有时会发现端口方向并没有随着其属性中【风格】的设置而改变，这时需要打开原理图优先设定【General】选项卡，取消选中【端口方向】和【未连接的从左到右】。

执行【放置】→【网络标号】菜单命令，或单击配线工具中的 来放置网络标号，放置前按"Tab"键设置网络名称为"RST"，必要时，按【变更】键可修改字体、字形和大小以及颜色等信息，一般用默认。用同样的方法放置网络标号X1和X2。

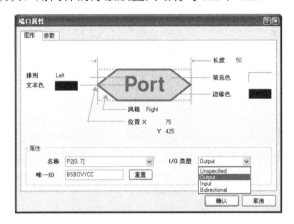

图 5-24　端口属性的设置

表 5-1　处理模块中端口的属性

名　　称	排　　列	I/O 类型	风　　格
P0[4..7]	Left	Input	Left
P10,P11	Left	Output	Right
P12	Left	Input	Left
P1[5..7]	Left	Output	Right
P2[0..7]	Left	Output	Right
CLK	Left	Output	Left

绘制完后的处理模块子图如图5-25所示。

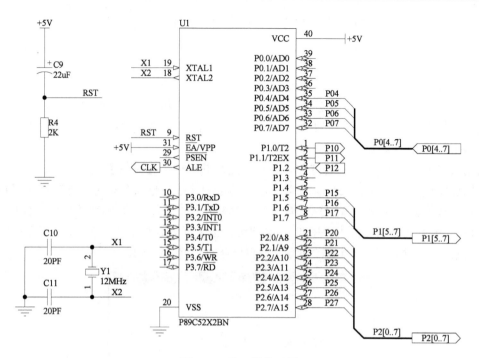

图 5-25　处理模块子图

（3）用同样的方法绘制输入和显示模块的子图，分别如图 5-26、图 5-27 所示。同名的端口，在输入模块中的的 I/O 类型和端口风格与处理模块的设置相反。例如，处理模块中的端口 P0[4..7] I/O 类型为输出"Output"，风格为"Left"，相应地在输入模块中为输入"Input"型，风格为"Right"。

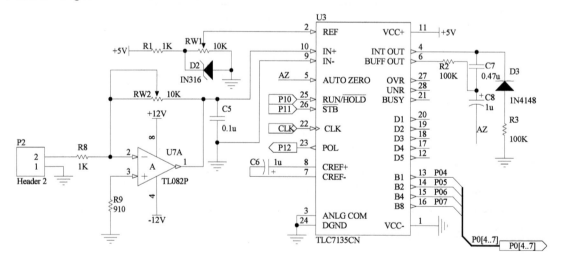

图 5-26　输入模块子图

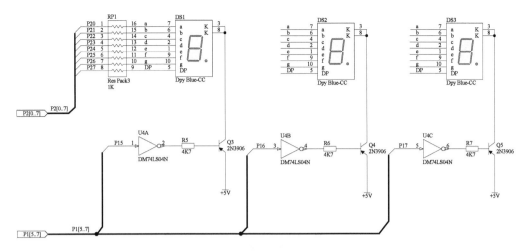

图 5-27　显示模块子图

同理，P1[5..7]和 P2[0..7]在处理模块子图中的 I/O 类型为输出"Output"，在显示模块子图中的 I/O 类型为输入"Input"。另外，有时一些数据端口和地址端口的 I/O 类型为双向的"Bidirectional"。无法判断端口 I/O 类型时可设为无定义方向"Unspecified"。

3．由子图文件生成方块电路

所有子图都画完后，在同一项目下新建原理图文件，命名为"数据采集器.Schdoc"，并保存。

（1）执行【设计】→【根据图纸创建图纸符号】菜单命令，出现如图 5-28 所示的选择待绘制文件对话框。

图 5-28　选择待绘制文件对话框

（2）选择想要生成方块电路的文件"处理模块"，单击【确认】按钮，会弹出如图 5-29 所示的确认对话框，提示是否改变输入/输出方向，选择【No】按钮，不改变端口的方向（如果选择【Yes】按钮，端口的方向会发生改变，原来输入的改为输出，原来输出的改为输入）。此时，系统会自动生成如图 5-30 所示的方块电路。

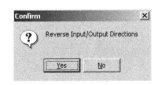

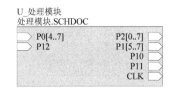

图 5-29　确认是否改变输入/输出方向的对话框　　图 5-30　由处理模块生成的方块电路

177

执行【设计】→【根据图纸创建图纸符号】菜单命令，用同样的方法生成其余三个方块电路，如图 5-31 所示。

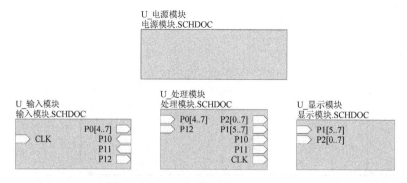

图 5-31　母图中的方块电路

最后调整端口的位置以方便连线，将相同名称的端口用导线或总线连接起来。如果端口为总线端口，就要用总线相连，并放置总线的网络标号。连线后的母图如图 5-32 所示。

4．生成层次结构

（1）执行【项目管理】→【Compile PCB Project XCHX.PRJPCB】菜单命令，或在项目面板中选择【Compile PCB Project XCHX.PRJPCB】命令来编译项目，得到如图 5-33 所示的层次结构图。

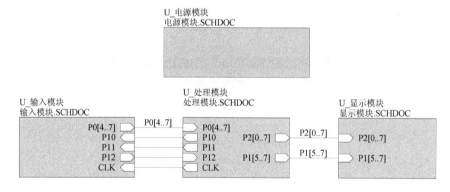

图 5-32　连线后的母图

（2）执行【报告】→【Report Project Hierarchy】菜单命令，系统就会生成设计层次报表 XCHX.REP 文档，并自动添加到当前项目中，如图 5-34 所示。

图 5-33　层次结构图　　　　　图 5-34　系统生成设计层次报表文档

（3）双击打开该文件，如图 5-35 所示。从图 5-35 可知，生成的报表中包含了本项目的原理图之间的相互层次关系。可以打印、存档和跟踪项目设计的变化情况，这在规范化的项目管理中非常有用。而项目管理器中的层次结构只能看，不能打印。

5．修改错误

编译项目，系统生成编译信息（message），如图 5-36 所示。

```
|---------------------------------------------------
Design Hierarchy Report for XCHX.PRJPCB
-- 2010-6-19
-- 2:57:54
|---------------------------------------------------

数据采集器                    SCH         (数据采集器.SCHDOC)
    U_处理模块                SCH         (处理模块.SCHDOC)
    U_电源模块                SCH         (电源模块.SCHDOC)
    U_输入模块                SCH         (输入模块.SCHDOC)
    U_显示模块                SCH         (显示模块.SCHDOC)
```

图 5-35　层次报表

【Messages】窗口中显示的错误并不都是需要修改的。当然，也并非所有的错误都能报告。例如设计者的逻辑错误，以及部分由于绘图者手误造成的连接错误是不能报告的。【Messages】窗口报告的只是违反 Protel 绘图规则的错误，例如：

☐ [Warni... **显示模块**.SCHDOC　　Compi... Adding items to hidden net +5V …

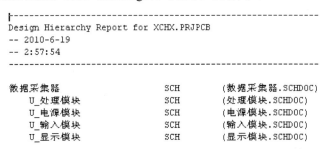

图 5-36　编译信息

这类消息源于网络连接到隐藏引脚，只是提醒，确认一下即可，并不代表是错的。

☐ [Warning] **处理模块**.SCHDOC　　　Com... NetU1_1 contains IO Pin and Output Port objects (Port P10)
输出型端口与输入/输出双向型引脚相连接。核对原理图，不需要修改。

☐ [Warning] **信号处理与显示**.SCHDOC　　Com... Component U4 DM74LS04N has unused sub-part (5) …

U4 中含有没用的子件（第 5 子件），核对电路，若原图本来就没用第 5 子件，而不是绘图时遗漏，就不需要修改。

☐ [Warning] **输入模块**.SCHDOC　　　　Com... Net NetR9_2 has no driving source (Pin R9-2,Pin U7-3)
分立元件（如电阻、电容等）的引脚为被动引脚，没有驱动源。这里不需理会。

如果不想看到以上的报告信息，可进行不报告连接隐藏引脚设置，启动【项目管理】→

【项目管理选项】，在弹出的如图 5-37 所示的对话框中选择【Error Reporting】选项卡，然后将相应的项设为"无报告"即可。例如，不想要上述第一条报告，则将【Adding items from hidden net to net】项设置为"无报告"，单击【确认】按钮关闭对话框，再次编译即可。用同样的方法，可取消上述第三条报告。

如果不想显示上述第二条报告，启动【项目管理】→【项目管理选项】命令，将对话框切换到【Connection Matrix】选项卡，打开连接矩阵。连接矩阵对话框中显示了各种引脚、端口、图纸入口之间的连接状态，以及相应的错误类型。指向"Output Port"与"I/O Pin"项的交叉位置，按鼠标左键三下将它改变为绿色（No Report），单击【确认】按钮后关闭对话框，再次编译即可，如图 5-38 所示为连接数组设置。同理，可消除其他类似的情况。

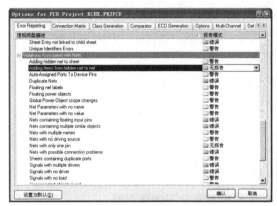

图 5-37　不报告连接隐藏引脚设置

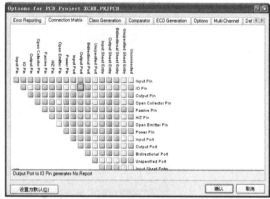

图 5-38　连接数组设置

图 5-39　生成的网络表

6．生成项目的网络表

打开母图，执行菜单命令【设计】→【设计项目的网络表】→【Protel】，会在"Generated"文件夹下生成网络表文件"XCHX.NET"，如图 5-39 所示，双击可以浏览本项目的网络表文件。

从网络表中可以看出元件重名、封装信息缺失等问题，但它不是查找这些问题的最佳途径。手工检查网络表主要用来发现隐藏引脚的问题。由于隐藏引脚常常是电源和地的引脚，因此，查找这些问题的主要方法用来查看电源和地线网络。

查找隐藏引脚问题的另一种有效途径是利用【Navigator】面板，如前所述。

最后保存所有文件及项目，层次原理图设计完成。

技能 3　层次原理图的切换

当进行较大规模的原理图设计时，所需的层次式原理图的张数非常多，设计者常需要在多张原理图之间进行切换。层次电路文件之间的切换方法有以下几种：直接用设计管理器切换文件，由上层电路图文件切换到下层电路图文件，由下层电路图文件切换到上层电路图文件等。

对于简单的层次式原理图，利用鼠标双击设计管理器中相应的文件名即可切换到对应的原理图上。对于复杂的层次式原理图，比如从总图切换到某个方块电路对应的子图上，或者要从某一个层次原理子图切换到它的上层原理图上，可以使用 Protel DXP SP2 提供的命令进行切换。

1. 设计管理器切换原理图层次

直接用设计管理器切换文件是最简单而且有效的方法。具体操作步骤如下。

（1）设计管理器中，用鼠标左键单击层次模块的电路原理图文件前面的"+"号，使其树状结构展开。

（2）如果需要在文件之间进行切换，用鼠标左键单击设计管理器中的原理图文件，原理图编辑器就自动切换到相应的层次电路图了。

2. 从母图切换到子图

操作步骤如下。

（1）打开层次原理图的总图，执行菜单命令【工具】→【改变设计层次】，或者单击工具栏中的按钮■。

（2）此时鼠标箭头变为十字光标，在图纸中移动十字光标到一个方块电路上，然后单击鼠标左键。

（3）此时在工作窗口中就会打开所切换的方块电路所代表的原理图子图，这时鼠标箭头仍保持为十字光标。单击鼠标右键即可退出切换工作状态。

3. 从子图切换到母图

从子图切换到母图的操作步骤如下。

（1）打开层次原理图的子图，执行菜单命令【工具】→【改变设计层次】或者单击工具栏中的按钮■，此时光标变成十字形状。

（2）将光标移动到子图中的某个输入/输出端口（Port）上，单击鼠标左键。

（3）此时工作区窗口自动切换到此原理图子图的方块电路上，并且十字光标停留在用户单击的 I/O 端口同名的方块电路的出入点上。然后单击鼠标右键可退出切换工作状态。

○ **答疑解惑** ○

提问： 什么时候用网络标号？什么时候用 I/O 端口？

解答： 同一原理图内的连接关系可用网络标号，不同原理图之间的连接用 I/O 端口连接。

提问： 端口的位置如何改变呢？

解答： 用鼠标左键选中端口按住不放并拖动鼠标放到方块图合适的位置即可。

任务三　数据采集器的双面 PCB 设计

切换到【Projects】面板，利用向导在项目 XCHX.PRJPCB 中创建 PCB 文件 XCHX.PcbDoc，并保存。

技能 1　装入网络表和元件封装

1．PCB 元件库的导入

执行【设计】→【追加/删除库文件】菜单命令，则弹出【可用元件库】对话框，安装上述项目中所用的元件库，并安装自建的原理图库 MySchlib.SchLib 和 PCB 库 MyPcbLib.PcbLib，如图 5-40 所示。

2．导入网络表

导入网络表到 PCB 之前，确保之前所画的原理图文件和新建的 PCB 文件都已添加到 PCB 项目中，并已保存。

（1）打开原理图文件，执行菜单命令【设计】→【Update PCB Document XCHX.PcbDoc】，弹出【工程变化订单（ECO）】对话框，单击【使变化生效】按钮，系统逐项执行所提交的修改，并在"状态"栏的"检查"列中显示加载的元件是否正确。检查结果如图 5-41 所示。

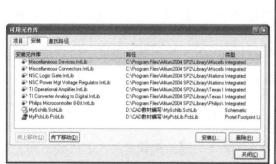

图 5-40　【可用元件库】对话框【安装】选项卡

图 5-41　检查结果

（2）如果元件的封装和网络正确，单击【执行变化】按钮，即可将改变发送到 PCB。

（3）关闭【工程变化订单（ECO）】对话框，可以看到网络表与元件加载到电路板中，如图 5-42 所示。

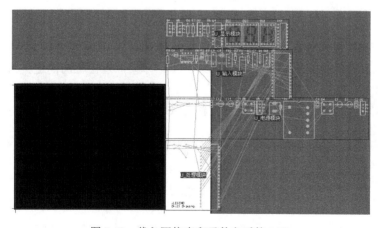

图 5-42　载入网络表和元件之后的 PCB

从图 5-42 中可以看出，系统自动建立了四个 Room 空间，同时加载的元件封装和网络表放置在规划好的 PCB 边界之外，接下来进行元件布局。

技能 2　元件手工布局及调整

如图 5-42 所示，元件处于 PCB 之外，此时可以通过手工布局的方式将元件放置到适当的位置。

1．通过 Room 空间移动元件

从原理图中调用元件封装和网络表后，系统自定义四个 Room 空间（电源模块、输入模块处理模块和显示模块），每个 Room 包含了该模块的所有元件，移动 Room 空间，对应模块中的元件也会跟着一起移动。

将 Room 空间移动到禁止布线边框内，执行【工具】→【放置元件】→【Room 内部排列】菜单命令，移动光标至电源模块的 Room 空间内，单击鼠标左键，元件将自动按类型整齐地排列在 Room 空间内，单击鼠标右键结束操作。重复进行其余三个 Room 空间的操作。此时屏幕上会有一些画面残缺，可执行【查看】→【更新】菜单命令，或者按【End】键来刷新画面。

2．手工布局调整

元件调入 Room 空间后，可以先删除 Room 空间，然后再进行手工布局调整。

用鼠标左键点住元件不放，拖动鼠标可以移动元件，在移动过程中按下"空格"键可以旋转元件，以减少网络飞线的交叉，提高布线的布通率。

 提示

一般在布局时不进行元件的镜像翻转，以免造成元件引脚无法对应。

PCB 整体布局：电路板的左边为电源部分，从上到下排列。输入信号按信号流向从电路板的右下边向上排列。依次是处理模块和显示模块，数码管放在电路板的最上方。

布局时注意以下几点。

◆ P1 和 P2 接插件放在板边，电位器 RW1 和 RW2 均放在板的下边，以方便插接和调整。

◆ 变压器发热元件放在板的左上角，方便支撑和散热。

◆ 晶振电路尽量靠近单片机的时钟输入引脚，缩短导线，减少干扰。

◆ 所有集成块和分立元件尽可能保持相同的方向。有极性电容在飞线交叉少的情况下尽可能方向一致放置。

布局后，调整元件标注信息的位置，使之不要在焊盘、过孔和元件下面。

最后选择所有元件，执行【编辑】→【排列】→【移动元件到网格】菜单命令，将元件焊盘移到网格点上，以方便布线。

根据布局结果，结合国家标准调整机械边框的大小，本项目选择 100mm×130mm。根据需要（并非一定）在板的四周放置安装孔。最后手工调整好的 PCB 板如图 5-43 所示。

3．网络密度分析和 3D 效果图

（1）网络密度分析。借助于网络密度分析工具调整元件的布局，使电路板的布局更加合理。

执行【工具】→【密度分析】菜单命令后的网络密度分析图，如图 5-44 所示，在密度分

析图中，颜色越浅，该区域的密度越大。

（2）执行【查看】→【更新】菜单命令，或按"End"键来刷新屏幕。

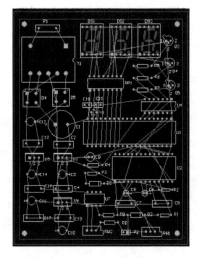

图 5-43　手工调整好的 PCB　　　　　　　　图 5-44　网络密度分析图

（3）3D 效果图。执行【查看】→【显示三维 PCB 板】菜单命令，弹出如图 5-45 所示的对话框，单击【OK】按钮后，可见如图 5-46 所示的 3D 效果图。

3D 效果图不仅能看出元件的封装是否合适，还可以看出元件的安装是否有干涉现象，整体布局是否合理等，可以看到将来 PCB 板的全貌，可以在设计阶段把一些错误消除掉，从而缩短设计周期和降低成本。

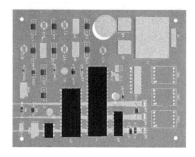

图 5-45　DXP Information 对话框　　　　　　图 5-46　3D 效果图

从图 5-46 所示的 3D 效果图可以看到很多电容的封装不符合实际。按照实际情况，本案例中的电容的容量与封装对应如表 5-2 所示。

表 5-2　电容容量与封装对应表

标　　号	电容的类型	容　　量	封　　装
C1	电解电容	1000μF	CAPPR7.5-16×35
C3、C12、C14、C16、C18	电解电容	470μF	CAPPR5-5×5
C5	无极性	0.1μF	RAD-0.3
C7	无极性	1μF	RAD-0.3
C10、C11	无极性	20pF	RAD-0.1

显然有许多系统默认的封装需要修改。更改封装有两种办法，一种是切换到原理图环境下，例如修改 C1 的封装，双击元件 C1，在弹出的如图 5-47 所示的【元件属性】对话框中，单击 Footprint 左边的下拉列表并从中选取。若下拉列表中没有合适的封装，可以按【追加】按钮切换到如图 5-48 所示的【加新的模型】对话框，选择最佳模型"Footprint"，单击【确认】按钮，弹出【PCB 模型】对话框，如图 5-49 所示，在"名称"栏中直接输入封装名"CAPPR7.5-16×35"，或者从浏览库中的封装中直接选取"CAPPR7.5-16×35"，单击【确认】按钮即可，【库浏览】对话框如图 5-50 所示。

图 5-47 【元件属性】对话框

图 5-48 【加新的模型】对话框

图 5-49 【PCB 模型】对话框

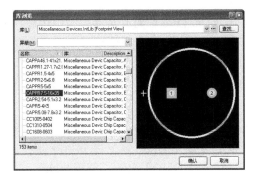

图 5-50 【库浏览】对话框

用同样的方法修改其他不合适的封装，修改完毕，再次执行【设计】→【Update Document XCHX.PcbDoc】更新 PCB。此时所有的元件变为绿色，在编辑区的左下角又重新出现四个 Room 框，逐个删除即可。

由于修改了封装，要对布局和标注信息进行少量的调整。调整后的 PCB 图如图 5-51 所示。

另外一种修改封装的方法是在 PCB 的环境下，双击需要更改封装的元件，弹出如图 5-52 所示的对话框，在名称栏里直接输入，或者单击名称后面的【…】按钮打开库浏览，从中选取即可。

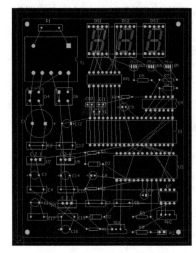

图 5-51　调整后的 PCB 板

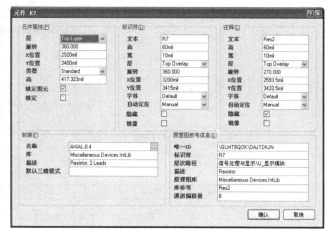

图 5-52　修改元件封装的对话框

图 5-53　【Confirm】对话框

所有的元件修改完毕，执行【设计】→【Update Schematics in XCHX.PRJPCB】菜单命令，弹出如图 5-53 所示的【Confirm】对话框，单击【Yes】按钮后，同样出现【工程变化订单（ECO）】对话框"，单击命令【使变化生效】→【执行变化】。封装自动更新到原理图中，保存原理图。

技能 3　PCB 布线规则设置

根据印制导线的宽度原则，一般按照"毫米安培"原则选取，即 1mm（约 40 mil）宽的线宽，允许 1A 最高电流。对于集成电路，尤其是数字电路通常取 8～12mil 即可。只要密度可以，电源和地线就要加宽。

印制导线的安全间距一般遵循"毫米 200V"原则，即 1mm 宽的间距允许 200V 最高电压。对数字电路，工艺允许即可。

本项目的规则设定如下。

（1）线宽选择：独立电源部分线宽为 60mil，独立区域布线。因为+5V 电源的输出端为 1.5A，按照"毫米安培"原则设定+5V 和 GND 网络的线宽为 60mil。+12V 和−12V 网络的线宽为 30mil，其余信号线线宽为 10mil。

（2）对于晶振电路，禁止在晶振电路周围以及对层（Bottom Layer）走信号线，以免相互干扰。在对层（Bottom Layer）设置覆铜如图 5-54 所示。

（3）执行【设计】→【规则】菜单命令，弹出 PCB 规则和约束编辑器，将【Clearance】设为"8mil"；在【Routing】→【Width】中新建 GND、+5V、+12V、−12V 网络的线宽，并设定 GND 的优先级最高，+5V、−12V、+12V 依次降低，其余信号线优先级最低。通过单击【增加优先级】、【减小优先级】按钮调整优先级，如图 5-55 所示。

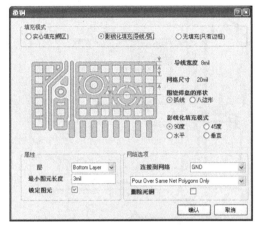

图 5-54 设置覆铜对话框

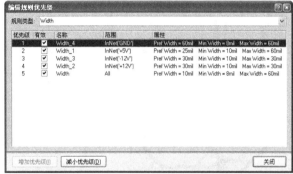

图 5-55 【编辑规则优先级】对话框

技能 4 自动布线

在自动布线前已经针对独立电源区域和电源网络进行了预布线，电源布线结果如图 5-56 所示。

执行菜单命令【自动布线】→【全部对象】，屏幕弹出【Situs 布线策略】对话框，选中对话框下方的【锁定全部预布线】复选框，锁定全部预布线，单击【Route All】按钮进行自动布线。【Messages】提示框中显示有自动布线的状态信息，从中看出电路布通率为 100%。此时的 PCB 板自动布线结果如图 5-57 所示。

对自动布线的结果不满意时，可以拆除 PCB 上的铜导线，恢复为网络飞线，重新手工布线。自动拆线的菜单命令在【工具】→【取消布线】的子菜单中，可以针对全部对象、网络、连接、元件、Room 空间拆除与元件连接的铜线。

手工布线调整后的 PCB 如图 5-58 所示。

技能 5 设计规则检查（DRC）

自动布线结束后，利用设计规则检查功能对布好线的 PCB 进行检查，确定布线是否正确，是否符合设计的规则要求。

执行【工具】→【设计规则检查】命令，屏幕弹出【设计规则检查器】对话框，单击【运行设计规则检查】按钮进行检测，系统将弹出【Messages】窗口，如果 PCB 有违反规则的问题，将在窗口中显示错误信息，同时在 PCB 上高亮显示违规的对象，并生成一个报告文件，扩展名为.DRC，用户可以根据违规信息对 PCB 进行修改。

信号处理与显示 PCB 的设计规则检查报告如下：

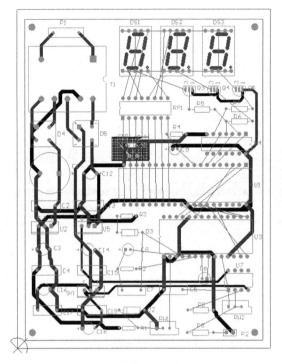

图 5-56　电源布线结果　　　　　　图 5-57　PCB 自动布线结果

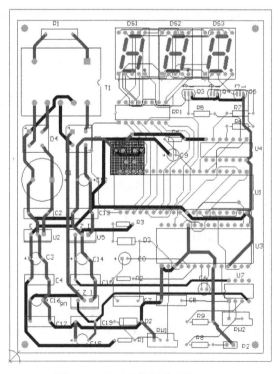

图 5-58　手工布线调整后的 PCB

```
Protel Design System Design Rule Check
PCB File : \CAD教材编写\daq1\XCHX.PcbDoc
Date     : 2010-2-4
Time     : 19:43:27
Processing Rule : Clearance Constraint(Gap=8mil)(All), (All)
Rule Violations :0


Processing Rule : Hole Size Constraint(Min=1mil)(Max=149.606mil)(All)
Rule Violations :0


Processing Rule : Height Constraint(Min=0mil)(Max=1000mil)(Prefered=500mil)
(All)
    Rule Violations :0


Processing Rule : Broken-Net Constraint((All))
Rule Violations :0


Processing Rule : Short-Circuit Constraint(Allowed=No)(All), (All)
Rule Violations :0


Processing Rule : Width Constraint(Min=8mil)(Max=60mil)(Preferred=10mil)(All)
Rule Violations :0


Processing Rule : Width Constraint(Min=10mil)(Max=60mil)(Preferred=25mil)
(InNet('+5V'))
    Rule Violations :0


Processing Rule : Width Constraint(Min=10mil)(Max=30mil)(Preferred=30mil)
(InNet('+12V'))
    Rule Violations :0


Processing Rule : Width Constraint(Min=10mil)(Max=30mil)(Preferred=30mil)
(InNet('-12V'))
    Rule Violations :0


Processing Rule : Width Constraint(Min=8mil)(Max=60mil)(Preferred=60mil)
(InNet('GND'))
    Rule Violations :0


Violations Detected : 0
Time Elapsed        : 00:00:01
```

有时，报告中有多处违规错误，用户必须根据实际情况分析出是否需要修改。

技能6　泪滴化焊盘

所谓泪滴，就是在印制导线与焊盘或过孔相连时，为了增强连接的牢固性，在连接处逐渐加大印制导线宽度。采用泪滴后，印制导线在接近焊盘或过孔时，线宽逐渐放大，形状就像一个泪珠，执行【工具】→【泪滴焊盘】菜单命令，单击【确认】按钮，系统自动添加泪滴。图 5-59 所示为添加泪滴的 PCB。

 提示

添加泪滴时要求焊盘要比线宽大，一般在印制导线比较细时可以添加泪滴。

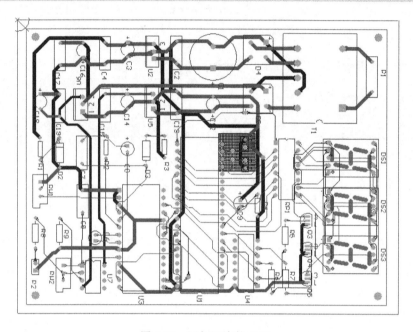

图 5-59　添加泪滴的 PCB

○　*项目小结*　○

通过本项目，熟练掌握层次电路的设计方法；进一步熟悉编译校验和封装更换；进一步熟悉双面板 PCB 的设计。

项目八　51 单片机开发板 PCB 设计

项目要求

设计如图 5-60 所示 51 单片机开发板对应的 PCB 板图。

项目目的

掌握贴片式 PCB 设计方法。

图 5-60 为项目七 51 单片机开发板的原理图。首先创建项目文件并保存，因图中部分元件和封装在库文件中没有提供，所以要先画出 DXP 自带库中没有的元件及封装，然后在项目中建立原理图文件和 PCB 文件。该项目主要使用贴片式元件。

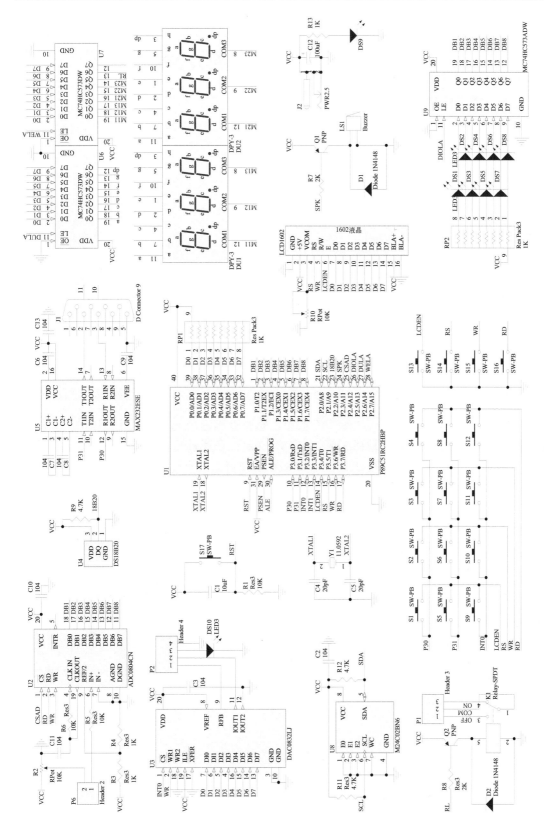

图 5-60　51 单片机开发板

任务一　绘制库中没有的元件及封装

技能 1　画出库中没有的元件

在项目中建立原理图库文件 Schlib1.Schlib，并根据图 5-61、5-62、5-63 分别画出三位数码管 DPY-3、温度传感器 DS18B20、液晶显示器 LCD1602。

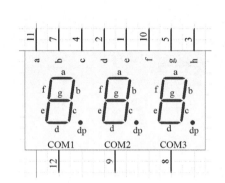
图 5-61　三位数码管 DPY-3

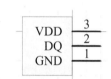
图 5-62　温度传感器 DS18B20

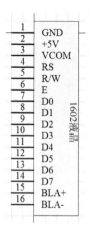
图 5-63　液晶显示器 LCD1602

在库文件元件列表窗口中单击"编辑"按钮，修改上述三个元件的属性，添加元件注释为元件名，依次为"DPY-3"、"DS18B20"、"LCD1602"；在属性窗口右下方**添加封装名**，为三位数码管 DPY-3 添加封装"DPY-3FP"（该封装在下节自己画出）、温度传感器 DS18B20 可使用三极管的封装 BCY-W3、液晶显示器 LCD1602 用接插件引出板外，因此添加封装"HDR1*16"（库文件 Miscellaneous Connectors.IntLib 中已有）。

技能 2　画出库中没有的封装图

在项目中建立封装库文件 Pchlib1.Pchlib，并依次画出以下三个元件的封装图。

1）画出三位数码管（DPY-3）的封装"DPY-3FP"

三位数码管 DPY-3 的实物图如图 5-64 所示，图 5-65 为其封装尺寸图，图中单位为毫米。根据图 5-65 画出封装如图 5-66 所示，重命名封装名为 DPY-3FP。

图 5-64　三位数码管实物

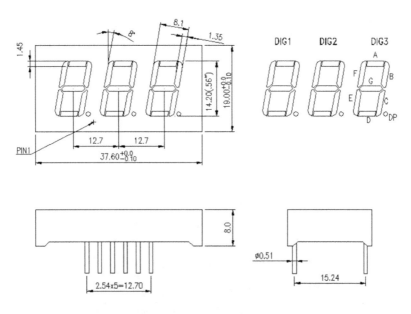

图 5-65　三位数码管封装尺寸图

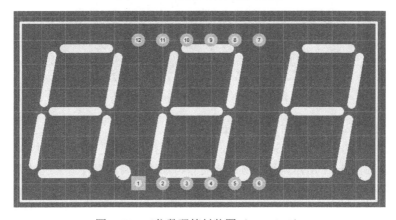

图 5-66　三位数码管封装图（DPY-3FP）

2）画出继电器（Relay-SPDT）的封装"JDQ"

继电器 Relay-SPDT 的实物图如图 5-67 所示，因实物封装尺寸与系统自带封装不符，所以需绘制其封装图。图 5-68 为其封装尺寸图，图中尺寸单位为 mm。根据图 5-68 画出封装图如图 5-69 所示。修改原理图元件"Relay-SPDT"的属性，为其追加封装名为 JDQ。

图 5-67　继电器 Relay-SPDT 的实物图

193

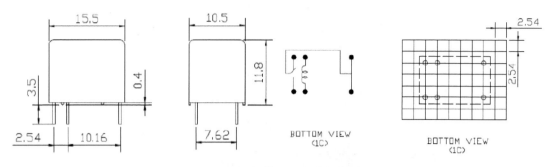

图 5-68　继电器 DT 的封装尺寸图

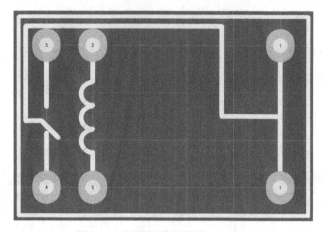

图 5-69　继电器的封装图（JDQ）

3）画出按钮（SW-PB）的封装图"KEY"

按钮（SW-PB）的实物如图 5-70 所示，图 5-71 为其封装尺寸图，图中单位为 mm。根据图 5-70 画出封装如图 5-71 所示，因实物封装尺寸与系统自带封装不符，所以需绘制其封装图。修改原理图元件"SW-PB"的属性，为其追加封装名为"KEY"。

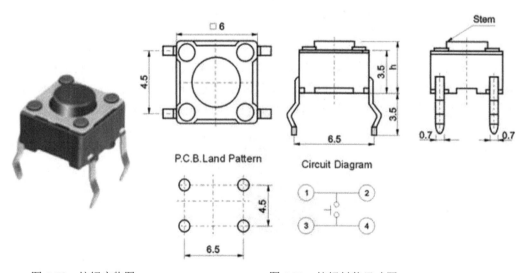

图 5-70　按钮实物图　　　　　　　　　　图 5-71　按钮封装尺寸图

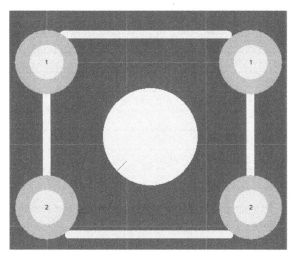

图 5-72　按钮封装（KEY）

任务二　修改与实物不一致的元件引脚及封装

技能 1　画原理图

按图 5-60 画 51 单片机开发板原理图。元件 DPY3、DS18B20、LCD1602 调用自建库文件 Schlib1.Schlib 中的元件。

技能 2　修改封装

因继电器及按钮的实物与系统自带封装不符，所以需要修改这两个元件的封装。双击继电器 K1（Relay-SPDT），在其属性中追加封装模型，并将封装名添加为自建库 PcbLib1.Pcblib 中的封装 JDQ。同样，将所有按钮 S1～S16（SW-PB）的封装修改为自建库 PcbLib1.Pcblib 中的封装 KEY。

修改其他元件的封装，如表 5-3 所示。

表 5-3　元件及封装对照表

元件	编号	封装
Cap	C1, C2, C3, C4, C5, C6, C7, C8, C9, C10, C11, C13	C1608-0603
Cap Pol1	C12	CAPPR5-5x5
Diode 1N4148	D1, D2	1206
LED3	DS1, DS2, DS3, DS4, DS5, DS6, DS7, DS8, DS9, DS10	SMD _LED
DPY-3	DU1, DU2	DPY-3FP
D Connector 9	J1	DSUB1.385-2H9
PWR2.5	J2	KLD-0202
Relay-SPDT	K1	JDQ
LCD1602	LCD1602	HDR1X16
Buzzer	LS1	ABSM-1574
Header 3	P1	HDR1X3
Header 4	P2	HDR1X4

元件	编号	封装
Header 2	P6	HDR1X2
PNP	Q1, Q2	SO-G3/C2.5
Res3	R1, R3, R4, R5, R6, R7, R8, R9, R11, R12, R13	C1608-0603
RPot	R2, R10	VR5
Res Pack3	RP1, RP2	HDR1X9
SW-PB	S1, S2, S3, S4, S5, S6, S7, S8, S9, S10, S11, S12, S13, S14, S15, S16, S17	KEY
P89C51RC2HBP	U1	SOT129-1
ADC0804CN	U2	N020
DAC0832LJ	U3	J20A
DS18B20	U4	BCY-W3
MAX232ESE	U5	NSO16
MC74HC573DW	U6, U7	751D-03
M24C02BN6	U8	PSDIP8A
MC74HC573ADW	U9	751D-05
11.0592	Y1	XTAL

技能 3　修改引脚编号

由于库 Miscellaneous Devices.IntLib 中提供的 RPot 电位器和 PNP 三极管的引脚顺序与实物不符，所以需要修改元件引脚和封装焊盘的映射关系。

1）修改三极管 Q1、Q2 的引脚编号

SOT-23 贴片三极管实物如图 5-73 所示，而库中提供的 PNP 三极管引脚编号如图 5-74 所示，可见封装焊盘编号与实物一致，但是元件引脚与实物不一致，需要修改。

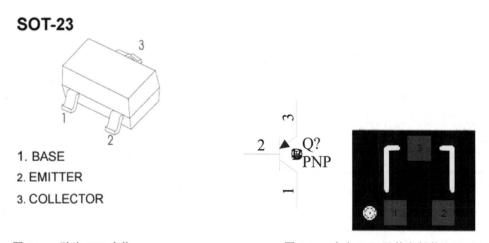

图 5-73　贴片 PNP 实物　　　　　　　　　图 5-74　库中 PNP 元件和封装

如图 5-75 所示，单击菜单栏"设计"→"建立设计项目库"，在弹出的窗口中按图 5-76 进行设置，使相同的元件只复制一次。完成后会在项目中生成一个"项目名.schlib"的原理图库文件，项目中使用的元件都在其中。

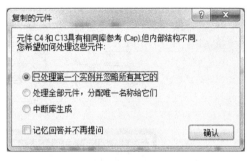

图 5-75　生成项目元件库   图 5-76　复制元件到项目元件库

　　打开上一步生成的"项目名.schlib"原理图库文件，找到 PNP 三极管并打开，在编辑区依次双击修改其三个引脚编号。在引脚属性窗口中将"基极 B"的"标识符"改为"1"，如图 5-77 所示。然后分别将"发射极 E"的"标识符"改为"2"，将"集电极 C"的"标识符"改为"3"。完成后保存。

　　引脚修改完成后，单击"工具"→"更新原理图"，使修改后的引脚编号更新在原理图中。

图 5-77　修改元件引脚编号   图 5-78　更新原理图

2）修改电位器 R2，R10 的引脚编号

RPot 电位器实物如图 5-79 所示，而库中提供的 RPot 电位器引脚编号如图 5-80 所示，可见封装焊盘编号与实物一致，但是元件引脚与实物不一致，需要修改。

在"项目名.schlib"中找到元件 RPot，按上述方法将元件 RPot 引脚编号修改为如图 5-80 所示。完成后保存并更新原理图。

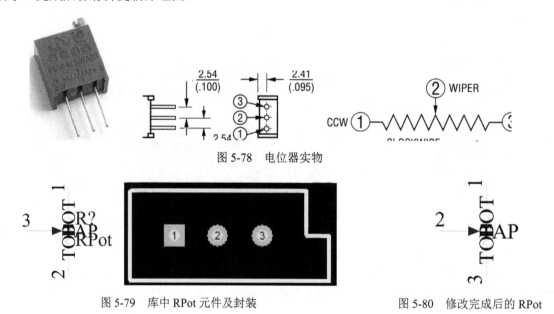

图 5-78　电位器实物

图 5-79　库中 RPot 元件及封装　　　　　　　图 5-80　修改完成后的 RPot

上述引脚的修改也可以用引脚映射的方式。这两种方式的区别是，引脚映射只能修改一个元件，一次有效；而导出项目库文件后修改便于形成设计者自己的库文件，下次使用可以直接调用。

任务三　从原理图导入 PCB 并布局布线

原理图检查无误后，更新到 PCB 文件中。布局规则及规则的设置如前所述，本案例中主要使用了如下布局规则：按信号流向布局、就近原则、需手工操作和调整的元件尽量放在板边沿、时钟单元处理原则、元件按行列排列整齐、有利于布线原则、元件标注位置和方向尽量一致等。布局结果见图 5-81。

布线规则及规则的设置如前所述，本案例中主要使用了如下布线规则：线宽规则、布线优先级规则、时钟单元走线规则、平行走线规则、安全距离规则、焊盘泪滴化及敷铜等。

布线完成后在板四角放置 R1.6mm 的安装孔。完成后的 PCB 板见图 5-82。

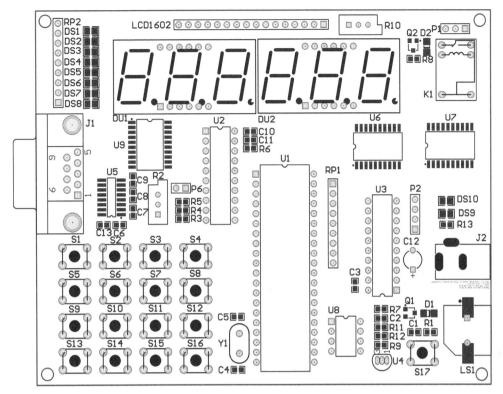

图 5-81　PCB 布局

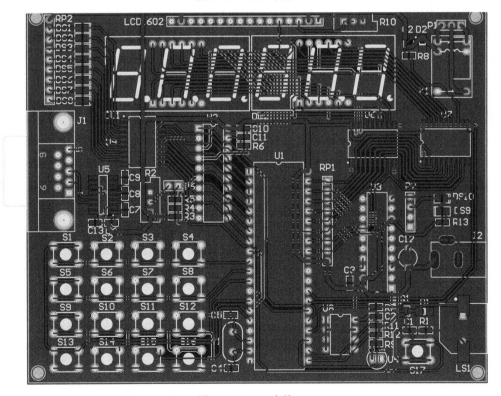

图 5-82　PCB 布线

实训九　超声波测距仪的 PCB 设计

实训目的：

1. 熟练掌握原理图编辑器的操作。
2. 掌握层次式电路图的绘制方法，能够绘制较复杂的层次式电路。
3. 进一步熟悉编译校验和网络表的生成。
4. 进一步熟悉双面板 PCB 的设计。

实训任务：

利用层次电路的设计方法（自下而上），设计如图 5-83 所示电路的双面 PCB。要求如下。

1. 抄画图中的元件必须和样图一致，如果和标准库中的不一致或没有时，要修改或新建。
2. 选择合适的封装，如果和标准库中的不一致或没有时，要修改或新建。
3. 将创建的元件库应用于制图文件中。
4. 选择合适的电路板尺寸制作电路板，要求一定要选择国家标准。

实训内容：

1. 采用自下而上的方法设计层次电路

新建 PCB 工程项目、绘制子原理图文件、从子原理图文件生成方块电路、生成其他电路方块电路、生成层次表。

（1）新建 PCB 工程项目。选择【文件】→【创建】→【项目】→【PCB 项目】命令，新建 PCB 项目文件，并命名为“daq.PRJPCB”后保存。分析图 5-83 可知，该电路分为电源模块、发射接收模块、处理模块和显示模块四个模块组成。

（2）绘制子图文件

首先绘制电源模块。执行【文件】→【创建】→【原理图】菜单命令，新建原理图文件，命名为“电源模块.SchDoc”并保存，在原理图上放置元件并连线。电源模块子原理图如图 5-84 所示。

其次显示模块的绘制。执行【文件】→【创建】→【原理图】菜单命令，新建原理图文件，命名为“显示模块.SchDoc”并保存，在原理图上放置元件并连线。绘制完后的显示模块子图如图 5-85 所示。

最后用同样的方法绘制发射接收和处理模块的子图，分别如图 5-86 和图 5-87 所示。

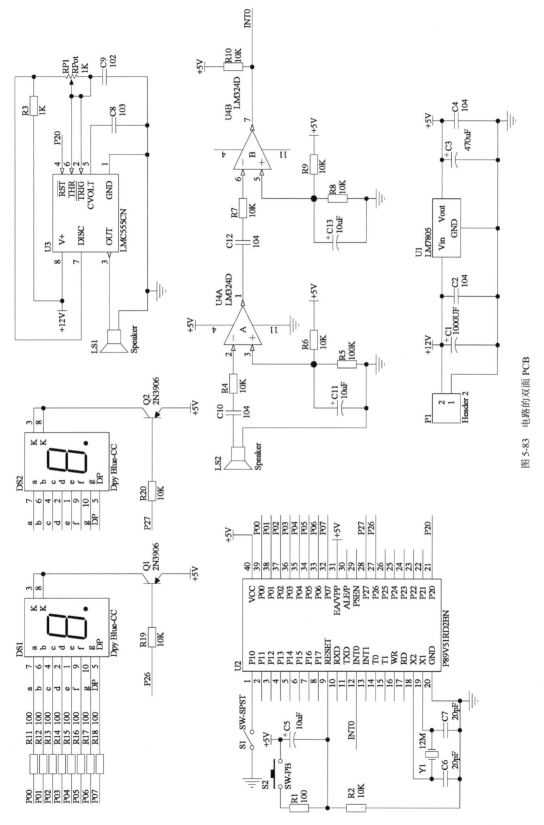

图 5-83　电路的双面 PCB

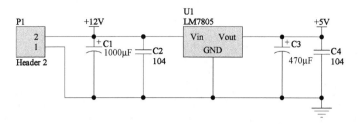

图 5-84　电源模块子原理图

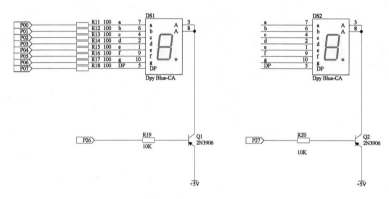

图 5-85　显示模块子图

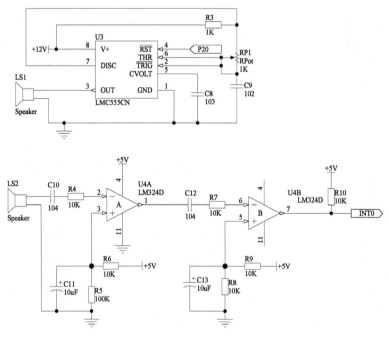

图 5-86　发射接收模块子图

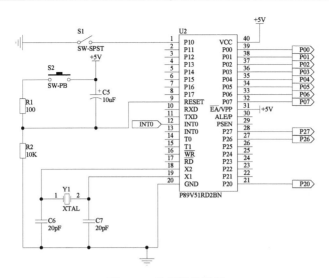

图 5-87　处理模块子图

注：上图中的单片机 P89V51RD2BN 是自制的元件，其封装为 DIP40。

（3）从子原理图文件生成方块电路。

所有子图都画完后，在同一项目下，新建原理图文件并命名为"超声波测距.Schdoc"。

1）选择【设计】→【根据图纸创建图纸符号】命令。

2）依次选择要产生方块电路的文件部分，单击【确认】按钮，会出现是否改变输入、输出方向的对话框，选择"No"，不改变端口的方向。产生的四个方块电路如图 5-88 所示。要改变端口的位置，用鼠标左键单击后按住，并拖动鼠标即可移动到所需位置。最后，将相同名称端口的用导线相连即可。

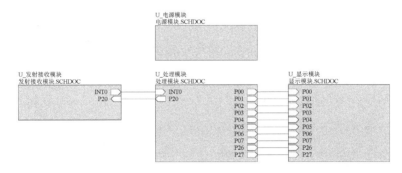

图 5-88　产生的四个方块电路

（4）生成层次结构。编译项目可得到层次结构，查看【Messages】面板的信息，进行修改并重新编译，直到无错为止，保存原理图文件。

2. 超声波测距仪的 PCB 双面板设计

（1）在 daq.PRJPCB 项目下，新建 PCB 文件。

（2）加载网络表，在工程变化订单（ECO）对话框信息中仔细检查有无封装缺漏，特别注意自建封装是否加载正确，如有错的话，需要检查修改原理图。

（3）根据信号的流向和功能模块进行元件的手工布局，合理调整元件的位置和密度，尽

203

量减少交叉的飞线，缩短线距离，考虑接插件的位置以方便操作，注意散热和承重平衡。

（4）布线规则设置，执行【设计】→【规则】→【Routing】→【Width】命令，先右键单击添加新的线宽规则，根据载流设置线宽，本例设置电源 12V、5V 和地宽度为 45mil，其他线宽为 10mil。

（5）自动布线和手工调整并泪滴焊盘及覆铜后的最终 PCB 板如图 5-89 所示。

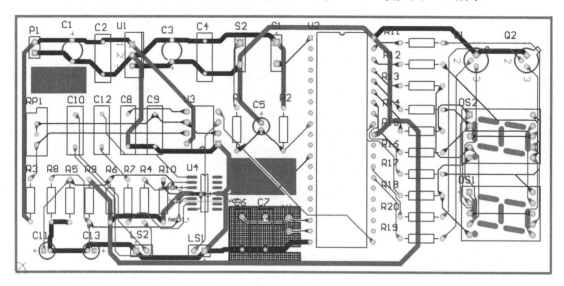

图 5-89　最终 PCB 板

第六篇 四层板设计

项目九 DSP 开发板 PCB 设计

项目要求

设计如图 6-1 所示 DSP 开发板的四层 PCB。

项目目的

掌握四层 PCB 的叠层结构，内电层添加方法，四层 PCB 设计方法。

任务一 设计准备

项目介绍：

DSP 系统开发板的功能是高速 DSP 系统的供电、编程下载及简单的调试，并留有丰富的接口，供系统功能扩展用。

TMS320LF2407 是高速 DSP 芯片，芯片的+5V 编程电压由 J3 供给，JTAG 是在线下载接口，工作电压由 U4 提供+3.3V。U2 是静态 RAM，用来保存程序。

电路中 2407 的外部有源晶振频率为 16MHz，芯片内部 3 倍频以后可以达到 48MHz。

本项目以 DSP 系统开发板为例简要介绍四层板的设计方法，为以后设计多层板打下基础。

技能 1 认识高速 PCB

电子产品的数字化和高速化，要求电路在较高的频率或较高的开关速度下工作，其电路和印制板的特性与一般中、低频电路及其 PCB 的特性相比有很大变化。

高速电路可从以下两个层面定义：

◆ 高速电路指电路中工作频率在 45MHz 以上的部分占整个电子系统 30%以上，或主频率在 120MHz 以上的部分占 20%。因为当数字逻辑电路的频率达到或超过 45～50MHz 时，将会产生传输效应和信号完整性的问题。

◆ 器件的上升和下降非常快速的电路，信号边沿的谐波频率比信号本身的频率高，所引起的传输效应要比工作频率引起的传输效应更为普遍。

电路中的导线在低频段主要呈电阻特性，印制导线的电阻很小，在直流或低频电路中印制导线较短时，线电阻可以忽略。当信号频率升高超过一定范围时，导线则呈现电感和电容特性。如果印制导线与信号接收端的阻抗不匹配，或传输延时不匹配，都会引起信号的最终状态不同和影响信号的完整性。

根据不同的传输线模型，在电路上可能产生以下传输效应：信号反射、延时或时序错误、过冲与下冲、串扰、地弹、多次跨越逻辑电平阈限错误和电磁辐射等效应。高速电路的印制板设计要尽量减少或降低传输效应对电路的影响。

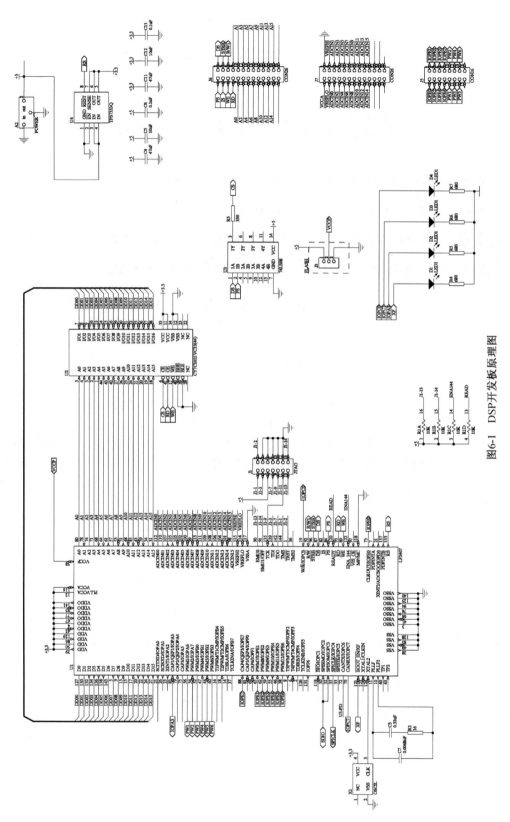

图6-1 DSP开发板原理图

技能 2 高速 PCB 基材选择

基材的特性直接影响印制板的基本特性，如印制板的介电常数、介质损耗、耐热性、阻燃性、吸湿性、耐离子迁移性和抗弯强度、耐电压、表面绝缘电阻等。在选择高频、高速印制板的基材时，重点考虑的特性参数是：介电常数、介质损耗和耐离子迁移性。一般应选择介电常数（εr）相对较低、介质损耗（tanδ）小的基材。

一般工作频率在 300MHz 以下的高速 PCB 中常用的基材有：环氧玻璃布覆铜箔板（EP）、聚四氟乙烯玻璃布覆铜箔板（PTFE）、聚酰亚胺玻璃布覆铜箔板（PI）、聚酰亚胺覆铜箔板（PI）、树脂覆铜箔板（BT）等。

技能 3 高速 PCB 的结构

1．PCB 的尺寸

PCB 的尺寸应根据布线密度要求，以及整机给予印制板的空间尺寸、机械、电气性能要求决定。高速电路根据需要可以选择双面板、多层板。在双面板布线密度很高的情况下，采用布线密度较低的多层板的性能将优于双面板。因为低密度的多层板的可靠性和可制造性要优于高密度的双面板。

大尺寸板走线距离长，对高速电路容易引起信号完整性方面的问题，所以高速 PCB 应尽量缩小板面积。SMT 封装有助于缩小板面积，缩短信号线长度，常用于高速 PCB。

2．PCB 的厚度

PCB 的厚度应根据板的机械强度要求、与之相匹配的连接器的规格尺寸以及 PCB 上单位面积承受的元器件重量来决定。对于多层板，还应考虑各层间绝缘层厚度匹配的需要。在满足上述条件的前提下，尽量选择较薄的厚度，使作为过孔的导通孔有较小的深度，既有利于制造，又可以减少寄生电容，便于高速信号的传输。

3．定位标志

对于安装 SMT 元件的印制板，在具有自动光学定位系统的高精度表面安装设备上安装时，应在印制板元件面的两角或三个角上各设置一个直径 1.6mm 的圆形或边长为 2.0mm 的方形光学定位标志作为定位基准。

4．多层板叠层结构

板的层数、信号层与地电层的排布、层间距离、导体层厚度等会影响传输线的特性阻抗。一般来说，要使信号最佳并保持电路板去耦，应尽可能将接地层和电源层成对布放。

四层板的层叠结构应按照图 6-2（a）所示推荐方案设置，不能按照图 6-2（b）设置。图 6-2（a）所示方案主要信号在 Top 和 Bottom 层，内电层较完整且临近信号层，能达到良好的屏蔽效果。图 6-2（b）所示方案中，电源、地相距过远，电源平面阻抗大，而且电源、地平面不完整，阻抗不连续，影响了板子的电气特性。

TOP
GND
POWER
BOTTOM
GND
S1
S2
POWER

（a）推荐方案　　（b）不推荐方案

图 6-2　四层板层叠结构

任务二　高速 PCB 的布局、布线原则

除了遵守项目三中介绍的通用布局、布线原则之外，高速 PCB 还应特别注意以下布局、布线原则。

技能 1　高速布局原则

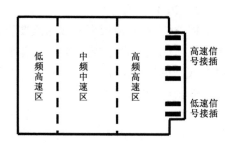

- 在印制板布置高速、中速和低速混合逻辑电路时，应按照图 6-3 所示的印制板布局的分区排列器件，以减少走线电流对相邻电路的影响。
- 可能相互有电磁干扰的元器件，应采取屏蔽或隔离措施；模拟电路与数字电路应相互远离布设，CMOS、ETL 等相互影响和干扰的元器件应相互远离布置。

低频高速区
中频中速区
高频高速区
高速信号接插
低速信号接插

图 6-3　印制板布局的分区

- 有相互连线的元器件应相对靠近排列，既有利于提高布线密度，缩短走线距离，又可以减少导线的电磁辐射。

技能 2　高速布线原则

- 总体布线的顺序是：地线→电源线→信号线（先高频后低频）。信号线的布线顺序是：模拟小信号线→对电磁干扰敏感的信号线→系统时钟信号线→对传输时延要求高的线→一般信号线→静态电位线→其他信号线。
- 电路中的信号环路面积应保持最小，避免环形布线。
- 同一层导线的布设应分布均匀，各导电层上的导电面积要相对均衡，铜较多的导电层应以板厚度为中心对称。
- 不同频率的元器件不共用同一条地线，不同频率的地线和电源线应分开布设。
- 数字电路与模拟电路不共用同一条地线，在其地线与对外接地线连接处只允许有一个公共接点。
- 不同频率的信号线不要相互靠近或平行布设，以免引起信号串扰。一般应使这类导线的间距大于其导线宽度的 2 倍。
- 在表层既无元件又无走线的位置可以布设地线面，有利于铜箔面积的平衡和对相邻信号线的电磁屏蔽。大面积地线覆铜面应开窗，设计成网状，可提高多层板的层间结合力并能降低板的内应力，减轻印制板翘曲。
- 同一信号导线的宽度应均匀，细而长的导线阻抗大，易产生 RF 辐射。

◆ 高频、高速信号传输线尽量布设得短，以减少电磁辐射；最长的走线应小于对应频率的波长的 1/20。这样可以避免高频信号线成为辐射源，以提高电磁兼容性。

◆ 过孔越小，寄生电容越小；过孔的长度越短，寄生电感越小，等效阻抗越小，有利于高速电路传输。

◆ 合理配置去耦电容，引线越短越好，以提高去耦效果。

◆ 信号屏蔽：高频、高速信号线应根据其 RF 能量的大小选择屏蔽方式。

同层屏蔽：对于重要信号线可在同一层内做覆铜屏蔽、包络线屏蔽，或者用地线围绕来起到屏蔽作用，如图 6-4（a）所示。

对层屏蔽：对于双面板，可在另一层对于位置覆铜。对于多层板，可设置内电源和地线层，如图 6-4（b）所示。

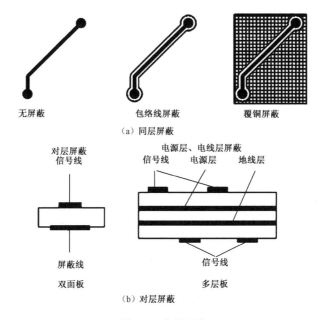

图 6-4　信号屏蔽

◆ 多层板内与地线相邻的电源层，内电源层内缩应比地线层的物理尺寸小 20H（H 为相邻地、电层之间的绝缘距离），如图 6-5 所示。这样做的好处是可以防止高频电路中地、电层之间边缘辐射产生的电磁兼容问题；可以避免机械加工外形时，产生毛刺造成地、电层间的短路。

◆ 在电源层上有不同电源，可用除去铜箔的绝缘沟槽分割，如图 6-6 所示。

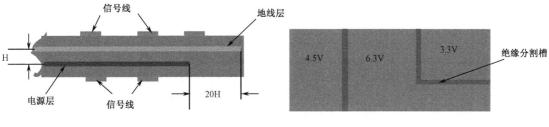

图 6-5　内电源层内缩　　　　　　　　图 6-6　电源层分割

任务三 高速 PCB 设计

技能 1 元件布局

原理图设计及元件布局略。元件布局的结果如图 6-7 所示。

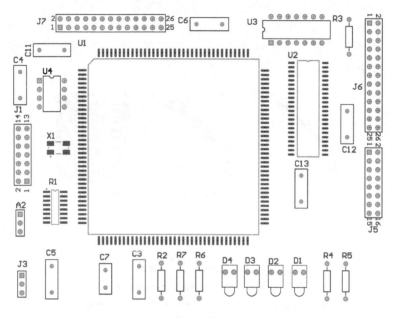

图 6-7 元件布局结果

技能 2 添加内电层

执行菜单命令【设计】→【层堆栈管理器】，弹出如图 6-8 所示的【层堆栈管理器】对话框。Protel 中默认的是双面板，没有内层。设计四层板需添加内电源、地线层。

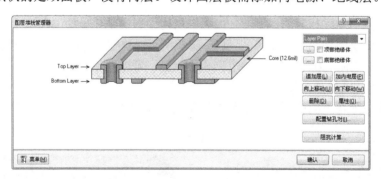

图 6-8 【层堆栈管理器】对话框

单击想要添加图层的上面一层，这里选择"Top Layer"，然后单击【加内电层】按钮，这时在"Top Layer"的下方自动增加内层"InternalPlane1（No Net）"，双击该层，在如图 6-9 所示的【编辑层】对话框中编辑层属性。

在【名称】栏输入该层的名称"GND"（也可以不修改名称，改名只是为了图纸易读），单击【网络名】后的下拉列表，选择该层连接的网络为"GND"。

图6-9　【编辑层】对话框

改变【障碍物】的数值可改变内层边框线的粗细。对于负片来说就是铜膜回缩的距离。

单击【确认】按钮，返回 PCB 编辑区，可见与 GND 网路连接的焊盘中心出现十字形，打开内地层，可见 GND 焊盘周围出现花形盘。说明他们已经与地层网络连通，不需要再布线。这种方法生成的是负片。

用同样的方法添加内电源层，层名称可设为"VCC"，【障碍物】设为"240mil"。由于内电源层包括+5 和+3.3 两个电源网络，所以这里暂时不设置该层连接的网络。

添加内电源、地线层后的层堆栈如图 6-10 所示。

技能 3　内电源层分割

在 PCB 编辑区，单击层标签【VCC】，激活电源层，按以下方法在电源层分割出+5 和+3.3 两个区域。

◆ 执行菜单命令【放置】→【直线】，或者使用【实用工具】栏的【放置直线】工具，这时鼠标变为十字形。

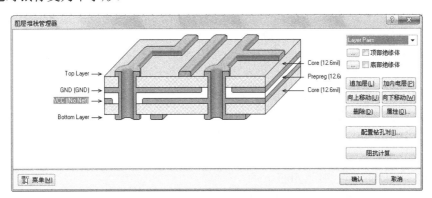

图6-10　添加内电源、地线层后的层堆栈

◆ 在内电源层【VCC】画线，将连接到+5 网络和+3.3 网络的焊盘分别分割成两个封闭的区域。画线时注意，对于负片，线条是无铜区域，不能画到需要连到内电层的焊盘上。

◆ 双击需要连接+5 网络的分割区域，在如图 6-11 所示的对话框中进行设置。设置【连接到的网络】为"+5"。

◆ 用同样的方法，将另外一个分割区域的网络设为"+3.3"。

内电源层分割结果如图 6-12 所示。

211

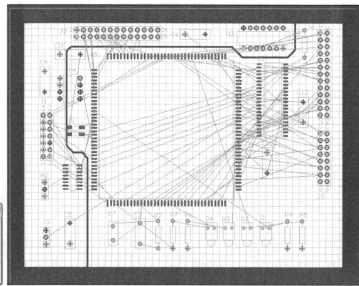

图 6-11　设置分割区网络　　　　图 6-12　内电源层分割结果

技能 4　布线

执行菜单命令【设计】→【规则】，设置以下布线规则。

（1）电气规则（Electrical）

◆　安全间距：10mil，适用于全部对象。

（2）布线规则（Routing）

◆　导线宽度：所有线宽均为 1mm。

◆　布线层：选中 Bottom Layer 和 Top Layer，双面布线（信号线）。电源、地线已连接到内层。

◆　布线转角：45°。

（3）表面贴装规则（SMT）

◆　SMD To Corner：10mil。

◆　SMD To Plane：10 mil。

◆　SMD Neck-Down：缩颈 50%。

（4）内电层连接规则（Plane）取默认值。

其他规则选择默认值。

自动布线结果如图 6-13 所示。

○　项目小结　○

通过 DSP 开发板示范四层 PCB 的叠层结构，内电层的添加方法，内电层网络分割方法，了解高频高速布局、布线的原则，掌握四层 PCB 的设计方法。

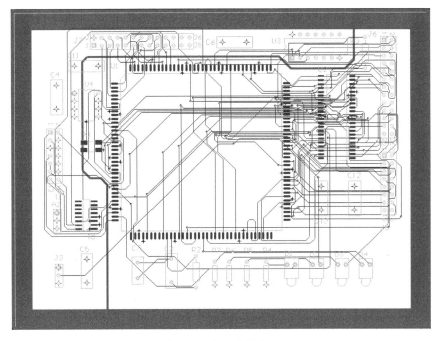

图 6-13　自动布线结果

实训十　U 盘 PCB 设计

实训目的：

1．认识四层板的叠层结构，掌握内电层添加方法；

2．熟练掌握内电层分割方法，掌握内电层设置注意事项；

3．掌握四层 PCB 的布局、布线方法，掌握高速信号线屏蔽方法。

实训任务：

将如图 6-14 所示的 U 盘电路图设计为四层 PCB，并合理设置内电层。

实训内容：

（1）在 D 盘下以自己学号为名的文件夹下再建立名为"实训十"的文件夹，用来保存实训十的设计项目和文件。

（2）以自己姓名拼音的首字母为名字建立项目文件，保存在上述"实训十"文件夹中。

（3）将图 6-14 所示的 U 盘原理图设计为层次电路。

（4）编辑完成后运行编译命令，检查原理图是否存在错误，并修正编译错误。

（5）在上述项目中建立 PCB 文件，保存并更新 PCB。

（6）添加内电源、地线层，注意叠层结构。设置内电层连接的网络。

（7）设置内电源层内缩。

（8）元件布局。

（9）自动布线并手工调整导线。

（10）焊盘泪滴化。

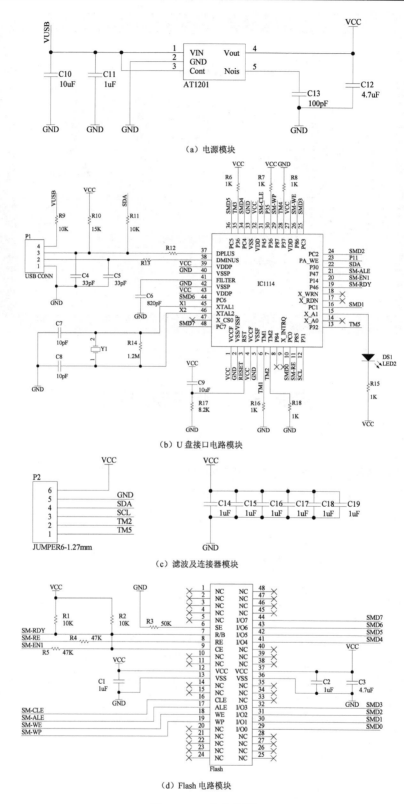

（a）电源模块

（b）U 盘接口电路模块

（c）滤波及连接器模块

（d）Flash 电路模块

图 6-14　U 盘电路图

第七篇　电子 *CAD* 统考试题解析

中级试题样卷（一）

一、中级考试技能要求

电子 CAD 中级考试要求学生能熟练使用 Protel 99 SE 或 DXP 软件进行操作，具有基本专业知识，要求学生具有印制板设计基本知识，能设计双面 PCB。

（1）熟练使用 Protel 99 SE 或 DXP 软件进行原理图绘制、元件编辑、封装绘制、PCB 设计等操作。

（2）掌握自定义标题栏的画法。

（3）掌握基本电子电路知识，能分析电路的信号流向，并按信号流向布局。

（4）掌握手工布局的原则和方法，熟悉布线方法和技巧。

（5）能按试卷要求的比例选择自己合适的 PCB 尺寸。

二、中级试题分析

中级试题包括绘制标题栏、元件库操作、PCB 封装库操作、原理图绘制、PCB 设计等五大部分。

（1）中级试题要求将系统默认的标题栏取消，按要求自己绘制标题栏，并将考生信息输入到标题栏中。

（2）抄画原理图、编译，并修改错误。

（3）设计双面 PCB，手工布局，自动布线，手工修改布线。按试卷要求的比例选择合适的 PCB 尺寸。

（4）按照题中的要求建立元件库文件，并根据给出的图形绘制元件。

（5）按照题中的要求建立封装库文件，并根据给出的图形绘制封装。

三、中级试题操作步骤及要点详解

第 1 题　抄画电路原理图

（1）在考生文件夹中建立一个以自己名字拼音首字母命名的 PCB 项目文件，例如：陈海欣的文件名为"CHX.PRJPCB"。

（2）在项目中建立一个原理图文件，命名为"Sheet1.SchDoc"。

（3）按如图 7-1 所示尺寸及格式画出标题栏，填写标题栏内文字（注：考生单位一栏填写考生所在单位名称，无单位者填写"街道办事处"，尺寸单位为"mil"）。

（4）按照如图 7-2 所示内容画图（要求对 FOOTPRINT 进行选择标注）。

（5）将原理图生成网络表。

（6）保存文件。

	70	110	60	60	30	20
考生姓名			题号		成绩	
准考证号码			出生年月日		性别	
身份证号码			（考生单位）			
评卷姓名						

图 7-1　中级试题样卷一标题栏

操作步骤和要点：

（1）例如监考老师指定的目录为"E:\ZhongJi\"，那么建立文件夹"E:\ZhongJi\12345678\"（12345678 为准考证后 8 位数）。

（2）启动 DXP SP2，建立名为"CHX．PrjPcb"的 PCB 项目文件（CHX 为考生陈海欣首字母），执行菜单命令【文件】→【另存项目为…】，将项目文件保存到"E:\ZhongJi\ 12345678\"。

（3）在项目 CHX.PrjPcb 中新建原理图文件，命名为"Sheet1.schDoc"。打开原理图，用【实用工具栏】中的放置直线工具在图纸的右下角画出如图 7-1 所示尺寸的标题栏线条。

（4）用【实用工具栏】中的放置文本字符串工具在标题栏中放置图 7-1 所示考生信息，并填写。考生单位栏输入学校名称。在文档选项中将栅格捕获距离设置小一些，可使文字移动步长缩小，便于定位。

（5）在图纸编辑区按照图 7-2 所示原理图抄画，注意图纸布局美观。根据实际情况选择元件的封装。

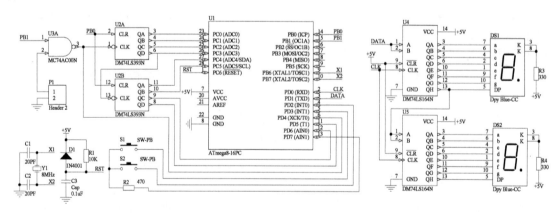

图 7-2　中级试题样卷（一）的原理图

（6）执行【项目管理】→【Compile PCB Project】菜单命令，对图纸进行 ERC 检查，分析并修正错误。

（7）若图纸中同时存在+5V 和 VCC 的电源网络（包括元件隐藏的 VCC 引脚），要将两者合并为一个网络。合并的方法是在原理图中补画如图 7-3 所示的内容。

图 7-3　VCC 与+5V 网络合并

（8）执行【设计】→【设计项目的网络表】→【Protel】菜单命令，生成项目的网络表。

（9）在绘图的过程中随时保存文件和项目，以免发生意外数据丢失。

第 2 题　生成电路板

（1）在 PCB 项目文件中新建一个 PCB 文件，文件名为"PCB1.PCBDoc"。

（2）利用上题抄画的电路原理图，将原理图生成合适的长方形双面电路板，规格为 X:Y= 4:3。

（3）电路板的布局不能采用自动布局，要求按照信号流向合理布局（从上至下，从下至上，从左至右，从右至左）。

（4）要修改网络表，使 IC 等的电源网络名称保持与电路中提供的合适电源的网络名称一致。

（5）将接地线和电源线加宽，介于 20mil 与 50mil 间。

（6）保存 PCB 文件。

操作步骤和要点：

（1）打开【Files】面板，单击【根据模板新建】→【PCB Board Wizard】，利用向导生成 PCB 文件。

在向导中修改 PCB 层数：将信号层设为"2"，内部电源层设为"0"；在【选择元件和布线逻辑】对话框中：选择穿通式元件封装时，指定两元件引脚焊盘（100mil）之间的走线数目为"2"；其他均按默认值新建一个 PCB 文件，文件名为"PCB1.PCBDoc"。

（2）若发现 PCB 文件是只读文件，那么将 PCB1.PCBDoc 拖到上述的 PCB 项目中，保存项目和 PCB 文件。

（3）将原理图的连接关系导入到 PCB 文件。

1）在原理图编辑环境下执行【设计】→【Update PCB Document…】菜单命令，或者在 PCB 编辑环境下执行【设计】→【Import Changes From…】菜单命令，将原理图的连接关系导入到 PCB 文件。

2）单击【使变化生效】按钮，完成系统检查更新，如果有错误，分析原因并修改后再更新。

3）单击【执行生效】按钮，完成更新。单击【关闭】按钮关闭对话框，在 PCB 文件中能看到导入的元件封装模型、飞线以该原理图名命名的 Room。

4）如果发现封装不对，在 PCB 或原理图更换封装均可，但是一定要做到同步更新。保存文件，再次导入即可。

（4）元件布局。元件布局原则如下。

1）布局按照信号流向，从左到右或者从上到下，依次为输入→整流→处理→输出显示。

2）晶振电路靠近单片机的引脚（9 和 10 脚）。

3）为方便操作，接插件 P1 和开关 S1 和 S2 靠近板边。

4）调整元件使飞线交叉尽量少，连线尽量短。

5）元件尽量朝向一致，整齐美观。

依据上述原则调整元件的位置和方向。按照 X:Y= 4:3 手工布局，设置电路板机械边框。

（5）设定布线规则：将地线 GND 和电源线+5V 分别加宽到 30mil 和 25mil，设置其他线宽为 10 mil；设置地线的优先级为最高，其次是+5V 电源线。

（6）布线。预布地线网络，手工修改；再预布电源网络，手工修改；锁定预布线，进行全部自动布线；手工修改不合理的走线。修改后完成的 PCB 板如图 7-4 所示。保存 PCB 文件。

🐦 **提示**

为防止干扰，晶振电路周围及其对层禁止走信号线。

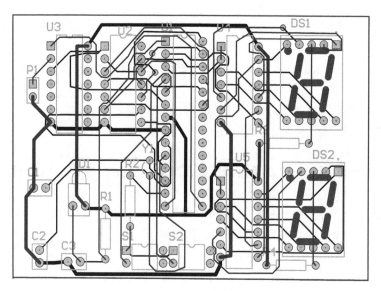

图 7-4　完成的 PCB 板

第 3 题　制作电路原理图元件及元件封装

（1）在 PCB 项目文件中新建一个原理图零件库文件，文件名为"Schlib1.SchLib"。

（2）抄画如图 7-5 所示的原理图元件，要求尺寸和原图保持一致，并按图示标称对元件进行命名，图中每小格长度为 10mil。

（3）在项目文件中新建一个元件封装文件，文件名为"PCBlib1.PcbLib"。

（4）抄画如图 7-6 所示的元件封装，要求按图示标称对元件进行命名（尺寸标注的单位为 mil，不要将尺寸标注画在图中）。

（5）保存两个文件。

（6）退出绘图系统，结束操作。

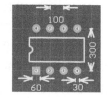

图 7-5　原理图元件 SPST　　　　　图 7-6　元件封装 DIP8

操作步骤和要点：

（1）在 PCB 项目文件中，新建一个原理图库文件，文件名为"Schlib1.SchLib"。

（2）观察如图 7-5 所示的原理图元件，它是继电器，系统库中有相似元件，找到相似元件稍做修改即可。

抽取库文件 Misellaneous Device.IntLib，并打开库文件 Misellaneous Device.SchLib，在【SchLibrary】面板中找到元件 Relay-SPST，将其复制到 schlib1.SchLib 文件中默认元件的编辑区，放置前向右旋转 90°；修改引脚名和编号，引脚名不可视；将元件重新命名为"SPST"；保存文件。

（3）在项目文件中再新建一个元件封装文件，文件名为"PCBlib1.PcbLib"。

（4）观察图 7-6 所示的元件封装，适合用 DIP 向导来画。

建立新元件启用向导，选择 DIP 向导。参数设置：相邻焊盘间距 100mil，两列焊盘间距 300mil；焊盘内径 30mil，焊盘外径 60mil。将元件重命名为"DIP8"。

（5）保存文件，退出绘图系统，结束操作。

提示

尺寸线不用标在图中。

中级试题样卷（二）

上交考试结果方式：

（1）考生须在监考人员指定的硬盘驱动器下建立考生文件夹，文件夹的名字以本人准考证后 8 位阿拉伯数字命名（例如：准考证 651212348888 的考生以"12348888"命名建立文件夹）。

（2）考生根据题目要求完成作图，并将答案保存到考生文件夹中。

一、抄画电路原理图（34 分）

（1）在考生文件夹中建立一个以自己名字拼音首字母命名的 PCB 项目文件，例如：陈海欣的文件名为"CHX.PRJPCB"。

（2）在项目中建立一个原理图文件，命名为"Sheet1.SchDoc"。

（3）按如图 7-7 所示尺寸及格式画出标题栏，填写标题栏内文字（注：考生单位一栏填写考生所在单位名称，无单位者填写"街道办事处"，尺寸单位为"mil"）。

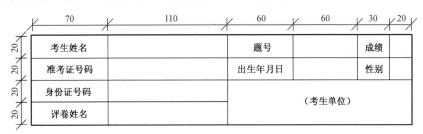

图 7-7 中级试题样卷（二）的标题栏

（4）按照如图 7-8 所示内容画图（要求对 FOOTPRINT 进行选择标注）。

（5）将原理图生成网络表。

（6）保存文件。

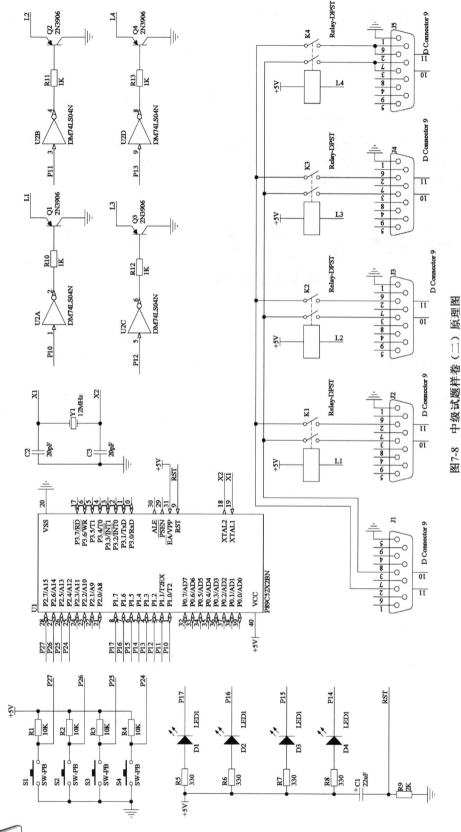

图7-8 中级试题样卷（二）原理图

二、生成电路板（50 分）

（1）在 PCB 项目文件中新建一个 PCB 文件，文件名为 "PCB1.PCBDoc"。

（2）利用上题抄画的电路原理图，将原理图生成合适的长方形双面电路板，规格为 X:Y= 4:3；

（3）电路板的布局不能采用自动布局，要求按照信号流向合理布局（从上至下，从下至上，从左至右，从右至左）。

（4）要修改网络表，使 IC 等的电源网络名称保持与电路中提供的合适电源的网络名称一致。

（5）将接地线和电源线加宽，介于 20mil 与 50mil 间。

（6）保存 PCB 文件。

三、制作电路原理图元件及元件封装（16 分）

（1）在 PCB 项目文件中新建一个原理图零件库文件，文件名为 "Schlib1.SchLib"。

（2）抄画如图 7-9 所示的原理图元件，要求尺寸和原图保持一致，并按图示标称对元件进行命名，图中每小格长度为 10mil。

（3）在项目文件中新建一个元件封装文件，文件名为 "PCBlib1.PcbLib"。

（4）抄画如图 7-10 所示的元件封装，要求按图示标称对元件进行命名（尺寸标注的单位为 mil，不要将尺寸标注画在图中）。

（5）保存两个文件。

（6）退出绘图系统，结束操作。

试题操作要点提示：

（1）需要在原理图编辑区画一个 +5V 与 VCC 的连接网络，如图 7-3 所示，使 IC 等的电源网络名称与电路中提供的合适电源的网络名称一致。

（2）原理图编译及错误检查。执行【项目管理】→【Compile PCB Project】菜单命令，编译 PCB 项目。编译后，【Messages】面板中会列出系统检错结果。如果有错，返回原理图修改。如果没有编译错误，【Messages】面板中为空白。

 提示

> 有时虽然 Messages 中有信息，但并不一定是真正的错误，需要对原理图认真分析。

（3）执行【设计】→【设计项目的网络表】→【Protel】菜单命令，生成网络表，通过网络表可查看元件封装并确认网络连接关系。

（4）打开【Files】面板，单击【根据模版新建】→【PCB Board Wizard】，利用向导方法生成 PCB 文件。修改 PCB 层数：将信号层设为 "2"，内部电源层设为 "0"；在选择元件和布线逻辑的对话框中选择穿通式元件封装；指定两元件引脚焊盘（100mil）之间的走线数目为 "1"。

（5）将原理图的连接关系导入到 PCB 文件。在原理图编辑环境下执行【设计】→【Update PCB Document…】菜单命令，或者在 PCB 编辑环境下执行【设计】→【Import Changes From…】菜单命令，将原理图的连接关系导入到 PCB 文件。对于更新过程中出现的错误，要记下出错的元件编号，返回原理图去修改，然后再次更新。

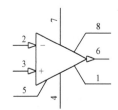

图 7-9　原理图元件 AMP

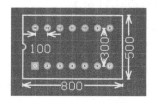

图 7-10　元件封装 DIP14

（6）元件布局

◆ 按照信号流向，从下到上或者从左到右布局，依次为输入（S1～S4）→处理→继电器→
接插件 J1～J5 输出。

◆ 晶振电路靠近单片机的引脚（18 和 19 脚）。

◆ 为方便操作，接插件 J1～J5 和开关 S1～S4 靠近板边。

◆ 调整元件使飞线交叉尽量少，连线尽量短。

◆ 元件尽量朝向一致，整齐美观。

依据上述原则调整元件的位置和方向。按照 X：Y＝4：3 手工布局，设置电路板机械边框。

（7）设置布线规则：将地线 GND 和电源线+5V 分别加宽到 30mil 和 25mil，其他线宽为
12 mil；设置地线的优先级为最高，其次是+5V 电源线。

（8）布线：预布地线网络，手工修改；再预布电源网络，手工修改；锁定预布线，进行
全部自动布线；手工修改不合理的走线。

为防止干扰，晶振电路附近及其对层禁止走线。

修改后完成的电路板如图 7-11 所示。保存 PCB 文件。

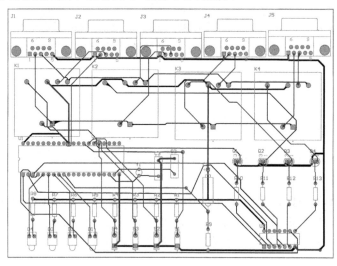

图 7-11　完成的 PCB 板

 特别说明

如果有些编译过程中或者更新过程中出现的错误一时找不到解决办法，考试时间又不允
许，那么先单击【执行变化】更新 PCB，元件封装和飞线会出现在编辑区的右边，仔细查看
会发现缺少个别出错的元件，或者缺少一些表示连接关系的飞线。

若在后续做题的过程中想到了纠正上述错误的方法,可随时返回原理图改正,然后再次更新。更新后 PCB 的布局并不会改变。但如果修改了连接关系,而这时已经完成布线,那么可能会修改部分连线。

(9)观察如图 7-9 所示的原理图元件,打开 Misellaneous Device.IntLib,选定元件 Op Amp 并将其复制到 schlib1.SchLib 工作区,将元件重新命名为"AMP"。

(10)选择 DIP 向导生成如图 7-10 所示的元件封装,命名为"DIP14"。

参数设置:元件的轮廓:长 800mil,宽 500mil;相邻焊盘间距 100mil,两列焊盘间距 300mil;焊盘内径和焊盘外径图中没有给出,选择系统默认值或采用常用 DIP 典型值:内径 32mil,外径 60mil;设为圆形焊盘。

(11)随时保存文件,以防发生意外时数据丢失。

高级试题样卷(一)

一、高级考试技能要求

电子 CAD 高级考试要求学生具有基本专业知识,能分析电路结构和信号流向,要求学生具有印制板设计基础知识和高速布线基本知识,能设计双面 PCB。

(1)掌握基本电子电路知识,能根据图纸设计层次电路。

(2)掌握模板的建立和使用;熟悉图纸参数和环境参数设置方法。

(3)熟练使用、管理元件库,能绘制元件图形及封装,并能给元件添加封装,能根据实际选择封装;能调用自制元件图形及封装。

(4)合理选择板层,合理规划电路板尺寸。

(5)制作 PCB:元件手工布局;自动布线、手工调整布线。

二、高级试题分析

高级试题包括制作模版、原理图元件库操作、PCB 封装库操作、层次电路设计、印制板设计五大部分。

(1)高级试题要求将考生信息做成标题栏,适当按要求设置图纸属性,并能在后续的原理图中正常启用标题栏。标题栏中的考生信息不能像中级试题那样用文本直接放置,而要使用特殊字符串,并在"参数"选项卡中赋值。

(2)制作原理图元件库方面,高级试题要求制作多子件的元件,而且还要在下一题给这个元件绘制封装,并能在后面的原理图中正常使用。

(3)制作 PCB 封装库方面要求考生会读用户手册给出的元件外形尺寸图,从而制作出合适的封装,并能被上一题相应的元件使用,能被 PCB 文件正常使用。而中级试题制作的元件、封装是没有联系的,也不会被后面的原理图和 PCB 使用。

(4)高级试题要求原理图绘制不再是完全抄图,而是要具备一定的专业知识,能将试题给出的一张图纸用层次电路设计。有些图中找不到的元件要使用上面自己制作的元件。

(5)印制板设计的要求与中级试题也有很大不同。中级试题只要会使用工具,能画出 PCB 就行。而高级试题要求布局要合理,布线必须经过手工调整,不能只是自动布线,能合理使用覆铜和泪滴化焊盘,使所设计的 PCB 具有抵抗电磁干扰的能力。

三、高级试题操作步骤及要点详解

第 1 题　原理图模板制作

（1）在指定根目录下新建一个以考生的准考证号后 8 位为名的文件夹，然后新建一个以自己名字拼音命名的 PCB 项目文件。例如：考生陈大勇的文件名为"CDY.PRJPCB"；然后在其内新建一个原理图设计文件，命名为"CDY.PRJPCB"。

（2）设置图纸大小为 A4，水平放置，工作区颜色为 18 号色，边框颜色为 3 号色。

（3）绘制自定义标题栏，如图 7-12 所示。其中边框直线为小号直线，颜色为 3 号色，文字大小为 16 磅，颜色为黑色，字体为仿宋_GB2312。

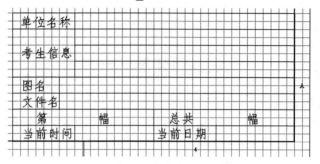

图 7-12　高级试卷样卷（一）标题栏

操作步骤和要点：

（1）例如监考老师指定的目录为"D:\GaoJi\"，那么建立文件夹"D:\GaoJi\12345678\"（12345678 为准考证后 8 位数）。

（2）启动 DXP SP2，建立名为"WG.PrjPcb"的 PCB 项目文件（WG 为考生王刚首字母），保存项目文件到"D:\GaoJi\12345678\"。

（3）在项目 WG.PrjPcb 中新建原理图文件，默认文件名为"Sheet1.SchDoc"。单击【保存】按钮保存文件，在弹出的对话框中按图 7-13 所示设置，保存类型为"Advanced Schematic template（*.schdot）"，模板文件名为"Mydot1.SCHDOT"。

图 7-13　文件保存对话框

（4）执行【设计】→【文档选项】菜单命令，按要求设置图纸参数，如图 7-14 所示，设置图纸大小为 A4，水平放置，工作区颜色为 18 号色，边框颜色为 3 号色。

图 7-14　图纸参数设置

（5）使用【实用工具】→【放置直线】工具，按图 7-12 所示尺寸绘制标题栏。在放下直线前修改其属性，线宽为 "Small"，颜色为 3 号。绘制完毕如图 7-15 所示。

图纸默认可视栅格长度为 10mil，线条长度可借助状态栏所示坐标判断。

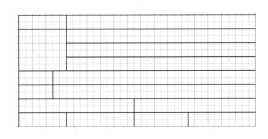

图 7-15　绘制标题栏的线条

（6）添加固定文本：使用【实用工具】→【放置文本字符串】工具在标题栏中放置如图 7-16 所示的文本信息。这些文本是在其属性中直接输入的，叫做固定文本。放置文本之前设置其属性：文字大小为 16 磅，颜色为黑色（3 号色），字体为仿宋_GB2312。

（7）添加动态文本：使用放置文本字符串工具 "A"，固定之前按 "Tab" 键调出属性窗口，在 "属性" 区域单击 "文本" 框下拉列表，可见一系列以 "=" 开始的特殊字符串，依次按照图 7-17 所示放置特殊字符串。

（8）输入动态文本内容：执行菜单命令【设计】→【文档选项】，在【参数】选项卡中的名称栏可见所有的特殊字符串（此处没有 "="），找到刚才用过的特殊字符串，将其【数值】列按以下内容填写。

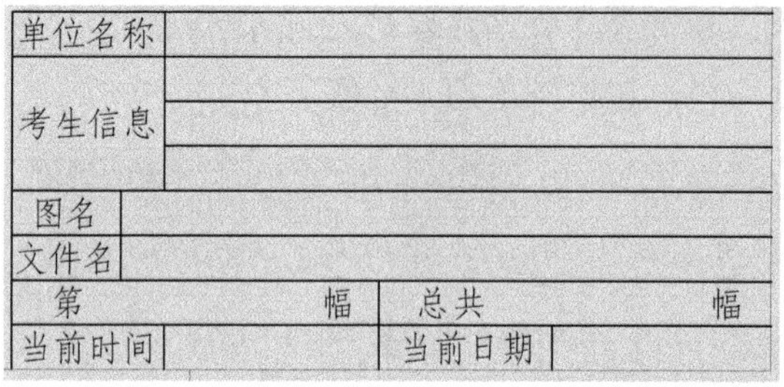

单位名称				
考生信息				
图名				
文件名				
第	幅	总共		幅
当前时间		当前日期		

图 7-16 添加固定文本

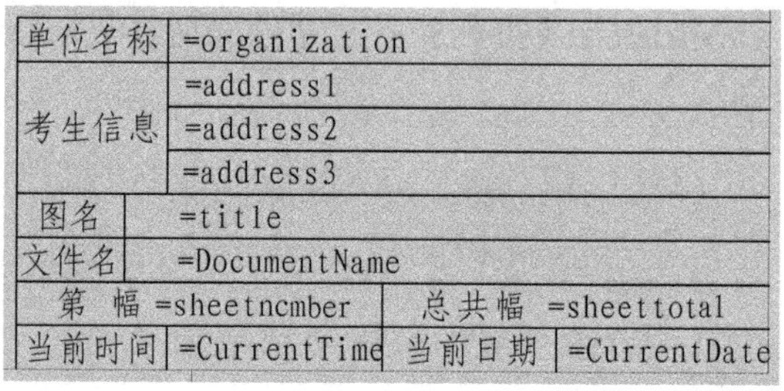

单位名称	=organization			
考生信息	=address1			
	=address2			
	=address3			
图名	=title			
文件名	=DocumentName			
第 幅	=sheetncmber	总共幅	=sheettotal	
当前时间	=CurrentTime	当前日期	=CurrentDate	

图 7-17 添加动态文本

- ◆ "Organization"栏的数值列输入考生单位"******学校"；
- ◆ "Address1"栏的数值列输入考生姓名"王刚"；
- ◆ "Address2"栏的数值列输入考生身份证号码；
- ◆ "Address3"栏的数值列输入考生准考证号码；
- ◆ "SheetTotal"栏的数值列输入本套图纸的总张数"5"，含 1 张母图和 4 张子图。

上述内容只需在模板中设置一次，其他图纸会继承这些参数，这也就是在层次电路中把标题栏做成模板的优势，可以节省时间、提高效率。

- ◆ "DocumentName"、"CurrentTime"、"CurrentDate"栏的数值列保持原有的"*"，这样系统会自动从计算机中提取文件名、当前时间和日期，不需要考生干预。
- ◆ "Title"、"SheetNumber"栏的内容因不同图纸而异，所以不需要在模板文件中设置，而是在各子图及总图文件中分别设置。

输入完成后单击【确认】按钮，返回原理图编辑器，此时会发现标题栏没有任何变化。

（9）转换特殊字符串。执行菜单命令【工具】→【原理图优先设定】，在"Schematic"下的"Graphical Editing"标签页中选中【转换特殊字符串】复选框。单击【确定】按钮后，标题栏如图 7-18 所示。

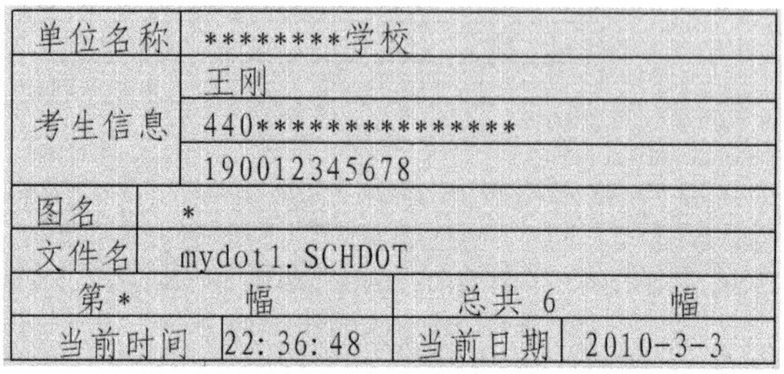

单位名称	********学校		
考生信息	王刚		
	440**************		
	190012345678		
图名	*		
文件名	mydot1.SCHDOT		
第 *	幅	总共 6	幅
当前时间	22:36:48	当前日期	2010-3-3

图 7-18 转换特殊字符串后的标题栏

保存模板文件。至此完成模板制作。

第 2 题 原理图库操作

（1）在考生的 PCB 项目中新建原理图库文件，命名为"schlib1.SchLib"。

（2）在 schlib1.SchLib 库文件中建立如图 7-19 所示的带有子件的新元件，元件命名为"74F04"，其中图 7-19 中对应的为六个子件样图，其中第 7、14 脚接地和电源，网络名称为"GND"和"VCC"。

（3）在 schlib1.SchLib 库文件中建立如图 7-20 所示的新元件，元件命名为"SY64CX13"。

其中第 1、5 脚接地和电源，网络名称为"GND"和"VCC"。

（4）保存操作结果。

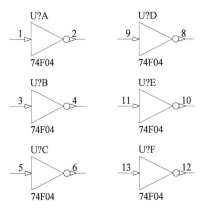

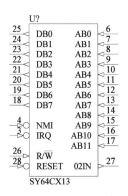

图 7-19　元件 74F04　　　　　图 7-20　元件 SY64CX13

操作步骤和要点：

（1）创建元件 74F04 的第一个子件（Part A）

1）执行【文件】→【创建】→【库】→【原理图库】菜单命令，建立原理图库文件"SchLib1.SchLib"。使用默认环境参数。

2）执行【工具】→【新元件】菜单命令，在弹出的【New Component Name】对话框中将元件名改为"74F04"。

3）单击实用工具栏中的放置直线工具，在编辑区原点处绘制一个三角形符号。

4）单击实用工具栏中的放置引脚工具，放置第 1、2 号引脚。第 1 号引脚电气类型为"Input"；第 2 号引脚电气类型为"Output"，外部边沿为"Dot"。

5）放置第 7、14 引脚。7 脚名称为 GND，电气类型为"Power"，设为"隐藏引脚"，"连接到"网络设为"GND"；14 脚名称为 VCC，电气类型为"Power"，设为"隐藏引脚"，"连接到"网络设为"VCC"。第一个子件 Part A 绘制完成。

6）执行【查看】→【显示或隐藏引脚】菜单命令，使电源、地引脚可见。

（2）绘制其余五个子件

1）选中上述绘制的第一个子件（包括电源地引脚），并复制。

2）执行【工具】→【创建元件】菜单命令，系统增加一个子件，并进入新子件的编辑界面。

3）执行粘贴操作，将刚才复制的子件粘贴到新子件编辑界面的原点处。

4）将引脚编号分别改为"3"，"4"。电源地引脚保持原样。完成第二个子件 Part B。

5）用同样的方法绘制 Part C、Part D、Part E、Part F。

6）设置元件属性。"Default Designator"栏输入默认编号"U?"；"注释"栏输入元件型号"74F04"。

由于题目要求该元件使用下一题自制的封装，这里我们先填好封装名。增加"FootPrint"模型，封装名称输入"SO14"。

7）保存文件 SchLib1.SchLib，元件 74F04 建立完成。

（3）创建第二个元件 SY64CX13

1）在文件 SchLib1.SchLib 中，执行【工具】→【新元件】菜单命令，在弹出的【New Component Name】对话框中将元件名改为"SY64CX13"。

2）单击实用工具栏 中的放置矩形工具□，在第四象限绘制大小合适的矩形。矩形属性为"实心"，填充色为 218 号色。

3）放置引脚工具 ，按图 7-20 要求依次放置引脚。

4）设置元件属性。"Default Designator"栏输入默认编号"U?"；"注释"栏输入元件型号"SY64CX13"。增加"FootPrint"模型，封装名称输入"PDIP28"（封装名见下一题）。

5）元件 SY64CX13 绘制完成，再次保存文件 SchLib1.SchLib。

第 3 题　PCB 库操作

（1）在考生的设计文件中新建 PCBLIB1.PcbLIB 文件，根据图 7-21（a）给出的相应参数要求创建 74F04 元件封装，命名为"SO14"。单位为"inches（millimeters）"。

（2）根据图 7-21（b）给出的相应参数要求，在 PCBLIB1.PcbLIB 文件中继续新建元件 SY64CX13 的封装，命名为"PDIP28"。单位为"inches（millimeters）"。

操作步骤和要点：

（1）创建元件 74F04 的封装 SO14

1）执行【文件】→【创建】→【库】→【PCB 库】菜单命令，建立 PCB 库文件 PcbLib1.PcbLib。进入 PCB 库文件编辑环境，放大编辑区可见栅格。

2）分析图 7-21（a），可知该封装为 SOP 型，与制作封装相关的尺寸是：引脚宽度、引脚贴装长度、相邻引脚间距、两列引脚间距。

3）执行【工具】→【新元件】菜单命令，弹出封装向导。单击【下一步】按钮，选择"SOP"封装。单位选择"英制 mil"。

4）焊盘尺寸设置：宽度取 20mil；焊盘长度取 60mil；相邻焊盘间距为 50mil；两列焊盘间距取 230mil。

提示

◆　焊盘尺寸设置：先在图中找到 SMT 元件引脚的宽度和贴装部分的长度，通常这两个尺寸是个范围值。焊盘的宽度取到引脚宽度的最大值，焊盘的长度取引脚贴装部分长度的两倍。

◆　间距设置：同一列相邻两个焊盘的间距通常有典型值，从图中可见为 50mil；两列焊盘的中心距直接取图中引脚末端的距离（由于焊盘长度加大到两倍）。

5）引脚数为"14"。封装命名为"SO14"。其余保持默认值。完成后的封装如图 7-22 所示。

（2）创建元件 SY64CX13 的封装 PDIP28

1）分析图 7-21（b）可知，该封装为 DIP 型，与制作封装相关的尺寸是：引脚粗细、相邻引脚间距、两列引脚间距。

2）执行【工具】→【新元件】菜单命令，弹出封装向导。单击【下一步】按钮，选择"DIP"封装。单位选择"英制 mil"。

3）焊盘尺寸设置：焊盘内径取 30mil；焊盘外径取 60mil；相邻焊盘间距为 100mil；两列焊盘间距取 600mil。

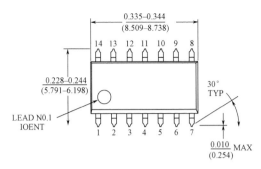

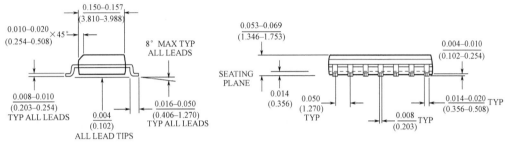

（a）封装SO14

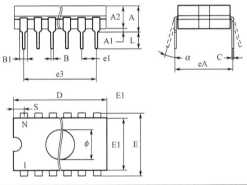

Symb	mm			inches		
	Typ	Min	Max	Typ	Min	Max
A			5.71			0.225
A1		0.50	1.78		0.020	0.070
A2		3.90	5.08		0.154	0.200
B		0.40	0.55		0.016	0.022
B1		1.17	1.42		0.046	0.056
C		0.22	0.31		0.009	0.012
D			38.10			1.500
E		15.40	15.80		0.606	0.622
E1		13.05	13.36		0.514	0.526
e1	2.54	—	—	0.100	—	—
e3	33.02	—	—	1.300	—	—
eA		16.17	18.32		0.637	0.721
L		3.18	4.10		0.125	0.161
S		1.52	2.49		0.060	0.098
ϕ	7.11	—	—	0.280	—	—
α		4°	15°		4°	15°
N		28			28	

（b）封装PDIP28

图 7-21 元件封装

🐦 **提示**

关于焊盘的尺寸在图面上是找不到的。先找到元件引脚直径 B，焊盘内径尺寸比引脚直径大 0.2～0.3mm（7～11mil），而焊盘外径取值为内径的两倍左右。

4）引脚数为"28"，封装命名为"PDIP28"，其余保持默认值。自制完成后的封装如图 7-23 所示。

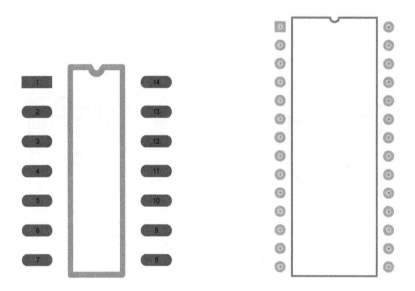

图 7-22 自制的 SO14 封装　　　　图 7-23 自制的 PDIP28 封装

第 4 题　PCB 板操作

（1）将如图 7-24 所示的原理图改画成层次电路图，要求所有父图和子图均调用第 1 题所做的模板"mydot1.schdot"，标题栏中各项内容均要从 organization 中输入或自动生成，其中在 address 中第一行输入考生姓名，第二行输入身份证号码，第三行输入准考证号码，图名为：核心控制器，不允许在原理图中用文字工具直接放置。

（2）保存结果时，父图文件名为"核心控制器.SCHDoc"，子图文件名为模块名称。

（3）抄画图中的元件必须和样图一致，如果和标准库中的不一致或没有时，要进行修改或新建。

（4）选择合适的电路板尺寸制作电路板，要求一定要选择国家标准。

（5）在 PCB1.PcbDoc 中制作电路板，要求根据电路给出的电流分配关系与电压大小，选择合适的导线宽度和线距。

（6）要求选择合适的管脚封装，如果和标准库中的不一致或没有时，要进行修改或新建。

（7）将所建的库应用于对应的图中。

（8）保存结果，修改文件名为"核心控制器.PCBDoc"。

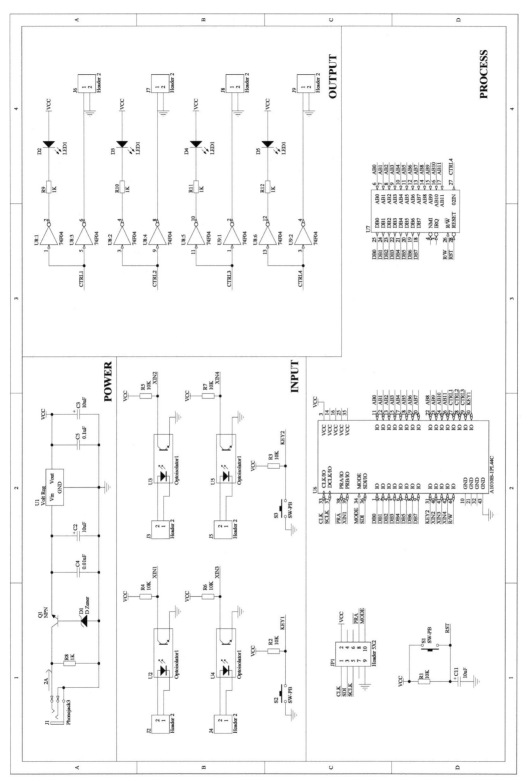

图 7-24　高级样卷（一）原理图

图 7-25　【更新模板】对话框

操作步骤和要点：

（1）采用自下向上的方式将原理图改画成层次电路

1）创建第一个子图文件"POWER.SchDoc"并保存。

2）调用模板"mydot1.schdot"。执行【设计】→【模板】→【设定模板文件名】菜单命令，在弹出的【更新模板】对话框中按图 7-25 设置。

3）设置图纸参数。执行【设计】→【文档选项】菜单命令，在弹出的【文档选项】对话框中，单击打开【参数】选项卡，将图纸编号"SheetNumber"栏的"数值"项设为"1"，将图名"Title"栏的"数值"项设为"POWER"。

4）编辑子图"POWER.SchDoc"，完成后的电源模块子图如图 7-26 所示。

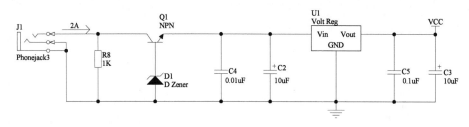

图 7-26　电源模块子图

5）创建并编辑子图"INPUT.SchDoc"。创建子图文件，将文件名改为"INPUT.SchDoc"，然后启用模板。设置图纸编号"SheetNumber"为"2"，图名"Title"为"INPUT"。编辑完成后的输入模块子图如图 7-27 所示。

6）创建并编辑子图"OUTPUT.SchDoc"。创建子图文件，将文件名改为"OUTPUT.SchDoc"，然后启用模板。设置图纸编号"SheetNumber"为"3"，图名"Title"为"OUTPUT"。编辑完成后的输出模块子图如图 7-28 所示。

注意：元件 U8、U9 要使用自制元件 74F04，该元件的封装为自制封装 SO14。

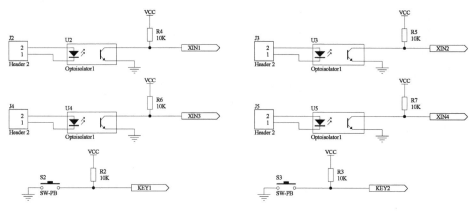

图 7-27　输入模块子图

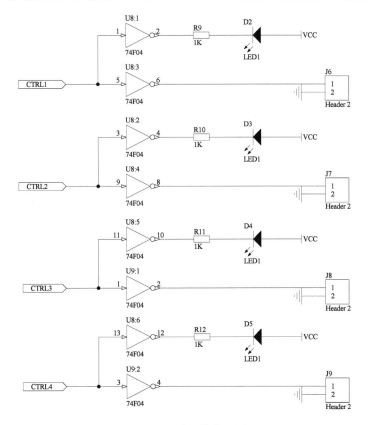

图 7-28　输出模块子图

7）创建并编辑子图"PROCESS.SchDoc"。创建子图文件，将文件名改为"PROCESS.SchDoc"，然后启用模板。设置图纸编号"SheetNumber"为"4"，图名"Title"为"PROCESS"。编辑完成后的控制模块子图如图 7-29 所示。

注意：元件 U7 要使用自制元件 SY64CX13，该元件的封装为自制封装 PDIP28。

8）创建并编辑父图"核心控制器.SchDoc"。创建父图文件，将文件名改为"核心控制器.SchDoc"，然后启用模板。设置图纸编号"SheetNumber"为"5"，图名"Title"为"核心控制器"。编辑完成后的核心控制器如图 7-30 所示。

 提示

有些试卷中供电电源为+5V，而图中可能还有 VCC 的电源，那么这两个网络本质上是一样的，需要合并，方法是在父图中画出如图 7-3 所示连接图。

9）编译层次电路。执行【项目管理】→【Compile PCB Project…】菜单命令，编译项目。编译完成后系统会在【Messages】面板中给出错误信息和错误等级，分析这些出错信息，确保原理图正确无误。

（2）设计双面 PCB

1）使用向导生成一个带有禁止布线边框的 PCB 板，生成后会自动添加到项目中。

2）更新 PCB。在原理图编辑环境下，执行【设计】→【Update PCB Document…】菜单命令，更新 PCB 文件。

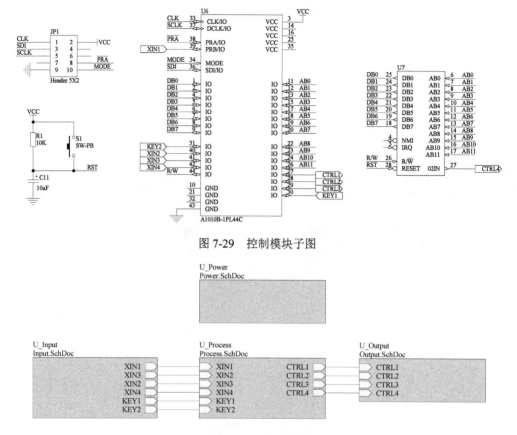

图 7-29　控制模块子图

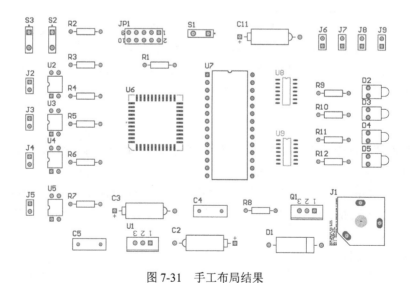

图 7-30　核心控制器

3）手工布局，布局结果如图 7-31 所示。

图 7-31　手工布局结果

4）规划板的尺寸。综合考虑布局结果及机械边框国家标准，规划印制板边框尺寸为

130mm×90mm。在机械层 1 画出板的边框线。

5）设置布线规则。设置地线网络线宽为 35mil，电源网络线宽 30mil。电源模块导线全部加粗到 35mil。

6）自动布线及手工调整导线。布线顺序为：地线→电源线→数据总线/地址总线→其他信号线。根据"毫米安培"原则将 J1 与 Q1 相连的导线加粗到 55mil。

7）焊盘泪滴化。执行【工具】→【泪滴焊盘】菜单命令，将焊盘和过孔泪滴化。布线结果如图 7-32 所示。

8）覆铜。在底层对地线网络覆铜，覆铜结果如图 7-33 所示。

9）调整标识性文字的位置。

至此，高级试题完成，保存项目及项目中所有文件，并注意检查保存地址。

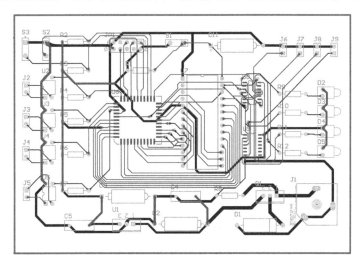

图 7-32　布线结果

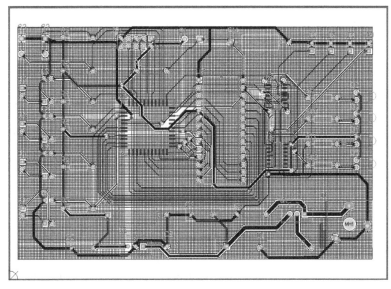

图 7-33　覆铜结果

高级试题样卷（二）

第 1 题　原理图模板制作

（1）在指定根目录下新建一个以考生的准考证号为名的文件夹，然后新建一个以自己名字拼音命名的 PCB 项目文件。例如：考生陈大勇的文件名为"CDY.PRJPCB"；然后在其内新建一个原理图设计文件，名为"mydot1.schdot"。

（2）设置图纸大小为 A4，水平放置，工作区颜色为 18 号色，边框颜色为 3 号色。

（3）绘制自定义标题栏如图 7-34 所示。其中边框直线为小号直线，颜色为 3 号色，文字大小为 16 磅，颜色为黑色，字体为仿宋_GB2312。

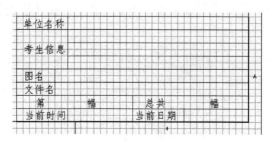

图 7-34　高级试题样卷二标题栏

第 2 题　原理图库操作

（1）在考生的 PCB 项目中新建原理图库文件，命名为"Schlib1.SchLib"。

（2）在 Schlib1.SchLib 库文件中建立如图 7-35 所示的带有子件的新元件，元件命名为"74F04"，其中图 7-35 中对应为六个子件样图，其中第 7、14 脚接地和电源，网络名称为"GND"和"VCC"。

（3）在 Schlib1.SchLib 库文件中建立如图 7-36 所示的新元件，元件命名为"74ALS373"。其中第 10、20 脚接地和电源，网络名称为"GND"和"VCC"。

（4）保存操作结果。

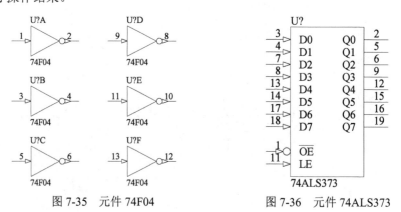

图 7-35　元件 74F04　　　　　图 7-36　元件 74ALS373

第 3 题　PCB 库操作

（1）在考生的设计文件中新建 PCBLIB1.PcbLIB 文件，根据图 7-37（a）给出的相应参数要求创建 74F04 元件封装，命名为"SOP14"。单位为"inches（millimeters）"。

（2）根据图 7-37（b）给出的相应参数要求在 PCBLIB1.PcbLIB 文件中继续新建元件 74ALS373 的封装，命名为"DIP20"。单位为"inches（millimeters）"。

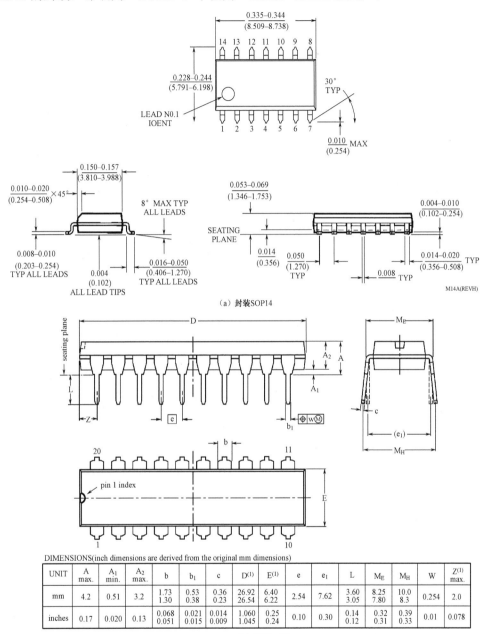

（a）封装SOP14

（b）封装DIP20

图 7-37 元件封装

DIMENSIONS(inch dimensions are derived from the original mm dimensions)

UNIT	A max.	A_1 min.	A_2 max.	b	b_1	c	$D^{(1)}$	$E^{(1)}$	e	e_1	L	M_E	M_H	W	$Z^{(1)}$ max.
mm	4.2	0.51	3.2	1.73 1.30	0.53 0.38	0.36 0.23	26.92 26.54	6.40 6.22	2.54	7.62	3.60 3.05	8.25 7.80	10.0 8.3	0.254	2.0
inches	0.17	0.020	0.13	0.068 0.051	0.021 0.015	0.014 0.009	1.060 1.045	0.25 0.24	0.10	0.30	0.14 0.12	0.32 0.31	0.39 0.33	0.01	0.078

第 4 题 PCB 板操作

（1）将如图 7-38 所示的原理图改画成层次电路图，要求所有父图和子图均调用第一题所做的模板"mydot1.schdot"，标题栏中各项内容均要从 organization 中输入或自动生成，其中在 address 中第一行输入考生姓名，第二行输入身份证号码，第三行输入准考证号码，图名为"核心控制器"，不允许在原理图中用文字工具直接放置。

237

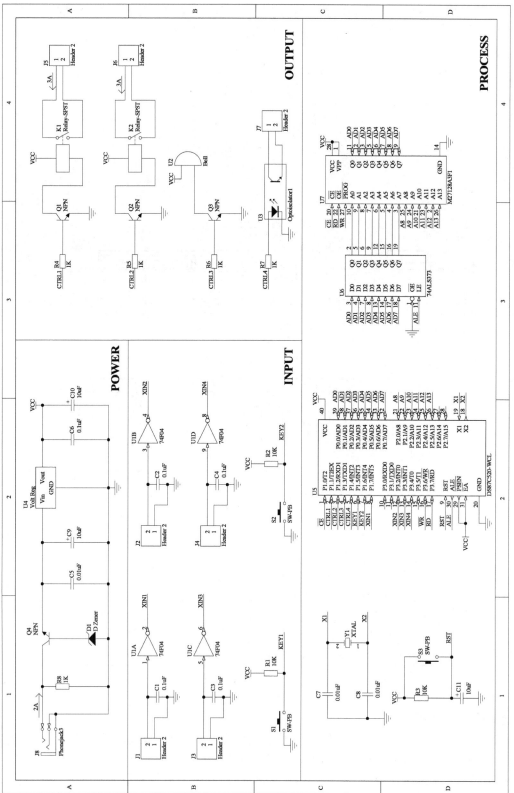

图7-38 高级样卷（一）原理图

（2）保存结果时，父图文件名为"核心控制器.SCHDoc"，子图文件名为模块名称。

（3）抄画图中的元件时必须和样图一致，如果和标准库中的不一致或没有时，要进行修改或新建。

（4）选择合适的电路板尺寸制作电路板边，要求一定要选择国家标准。

（5）在 PCB1.PcbDoc 中制作电路板，要求根据电路给出的电流分配关系与电压大小，选择合适的导线宽度和线距。

（6）要求选择合适的管脚封装，如果和标准库中的不一致或没有时，要进行修改或新建。

（7）将所建的库应用于对应的图中。

（8）保存结果，修改文件名为"核心控制器.PCBDoc"。

试题操作要点：

（1）建立模板文件，正确输入考生信息。在母图和子图中要加载模板。

（2）如高级样卷一所述，在 Schlib1.SchLib 库文件中绘制如图 7-35 所示的含有六个子件的元件 74F04。第 7、14 脚是隐藏属性的引脚，分别连接到地和电源。在元件属性在添加名为"SOP14"的封装模型，这个封装将在后续绘制。

（3）在 Schlib1.SchLib 库文件中再添加如图 7-36 所示的名为"74ALS373"的元件。其中第 10、20 脚是隐藏属性的引脚，分别连接到 GND 和 VCC。在元件属性在添加名为"DIP20"的封装模型，这个封装将在后续绘制。

（4）新建库文件 PcbLib1.PcbLib。采用 SOP 向导绘制 SOP14 封装，尺寸设置如下：

焊盘宽度：20mil；焊盘长度：70mil；相邻焊盘的中心距：50mil；两列焊盘的中心距：230mil。

（5）在 PcbLib1.PcbLib 库文件中再添加封装 DIP20。采用 DIP 向导绘制，参数设置如下：

焊盘内径：28mil；焊盘外径 56mil；相邻焊盘的中心距：100mil；两列焊盘的中心距：300mil。

（6）按图 7-38 所示功能模块拆分图纸，采用从下到上的方法设计层次电路，分别建立四张子图，并为每张图纸设置唯一的图纸编号，分别为 1、2、3、4。

四张子图分别为：POWER.Schdoc，如图 7-39 所示；INPUT.SchDoc，如图 7-40 所示；PROCESS.SchDoc，如图 7-41 所示；OUTPUT.SchDoc，如图 7-42 所示。

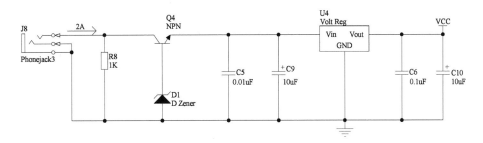

图 7-39　子图 POWER.SchDoc

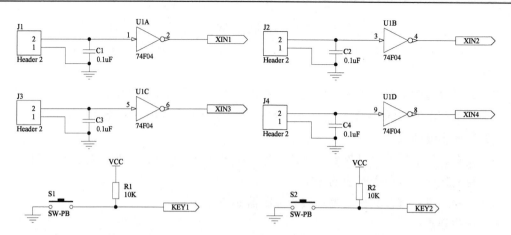

图 7-40 子图 INPUT.SchDoc

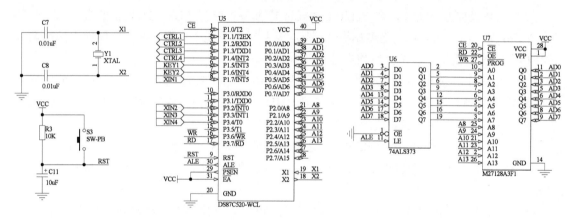

图 7-41 子图 ROCESS.SchDoc

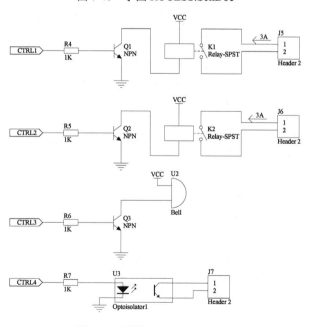

图 7-42 子图 OUTPUT.SchDoc

提示

子图 INPUT.SchDoc 和 ROCESS.SchDoc 中要分别用到上一题中自己绘制的元件 74F04 和 74ALS373。注意检查这两个元件是否已添加封装。

（7）建立父图文件，名为"核心控制器.SchDoc"。执行【设计】→【根据图纸建立图纸符号】菜单命令，分立将四张子图转换成方块电路符号放置到父图中，连线完成后如图 7-43 所示。

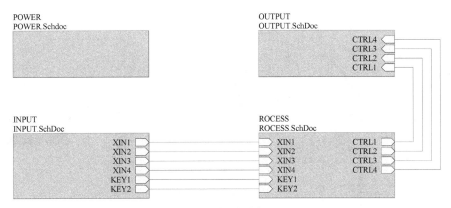

图 7-43　父图-核心控制器.SchDoc

（8）原理图编译。执行【项目管理】→【Compile PCB Project】菜单命令，编译 PCB 项目。编译后，【Messages】面板中会列出系统检错结果。

 提示

对照试题，认真分析 Messages 中的信息，并不一定所有的错误提示都需要修改。

（9）利用向导方法生成 PCB 文件。修改 PCB 层数：将信号层设为"2"，内部电源层设为"0"；在【选择元件和布线逻辑】对话框中选择穿通式元件封装。

（10）从原理图更新 PCB 文件。更新过程中出现错误时，要记下出错的元件编号，返回原理图去修改，然后再次更新。

（11）元件布局

◆ 按照信号流向，从下到上或者从左到右布局，接插件要放到板边，易于操作。

◆ 各功能单元的元件放在一个区域中。

◆ 调整元件使飞线交叉尽量少，连线尽量短。

◆ 元件尽量朝向一致，整齐美观。

依据上述原则调整元件的位置和方向。按照国家标准设置电路板机械边框。

（12）布线

◆ 先手工布试卷中指定线宽的导线，线宽按"毫米安培"原则设置。

◆ 布电源模块的导线，线宽为 40mil。

◆ 布地线网络，线宽为 40mil，布线后手工修改走线。

◆ 布电源网络，线宽为 40mil，布线后手工修改不合理的走线。

◆ 锁定预布线，进行全部自动布线，然后手工修改。

◆ 为防止干扰，晶振电路附近及其对层禁止走线。

完成后的 PCB 板，如图 7-44 所示。保存 PCB 文件。

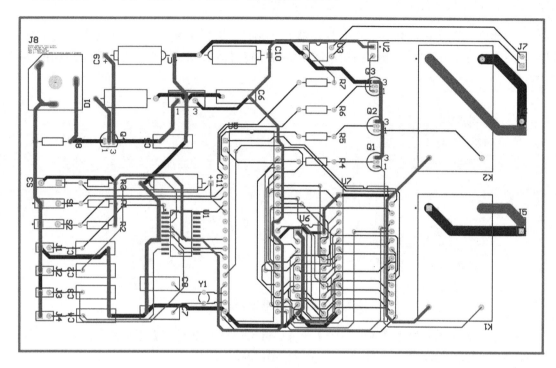

图 7-44　完成的 PCB 板

 特别说明

如果在操作过程中发现任何在此之前的错误，都可以返回去修改。

如果发现元件绘制的错误或者封装设计的错误，可返回元件库或封装库编辑环境下修改，然后执行【工具】→【更新原理图】菜单命令。

如果原理图有修改，要再次更新 PCB。更新后 PCB 的布局并不会改变。但如果修改了连接关系，而这时已经完成布线，那么可能会修改部分连线。

（13）随时保存文件，以防发生意外时，数据丢失。

第八篇　电　路　仿　真

项目十　单管放大电路仿真

项目要求

学习安装仿真元件库，认识常用仿真信号源；对如图 8-25 所示的单管放大电路的工作状态进行分析。

项目目的

掌握电路仿真的环境参数设置和仿真的流程；能进行设计简单电路的仿真分析。

任务一　Protel DXP SP2 仿真元件库

技能 1　仿真器元件库安装

仿真库在 Protel DXP SP2 软件目录"…\Altium\Library\Simulation"中，加载仿真元件库的方式有两种。

1. 菜单方式

在原理图设计环境下，选择【设计】→【追加\删除元件库】菜单命令，系统将自动弹出如图 8-1 所示的【可用元件库】对话框。

图 8-1　【可用元件库】对话框

在该对话框中单击【安装】按钮，系统将弹出加载元件库窗口如图 8-2、图 8-3 所示。执行【Library】→【Simulation】→【Simulation Source.IntLib】命令，单击【打开】按钮，返回【可用元件库】对话框，单击【关闭】按钮，即完成仿真信号源元件库的调用。

Protel DXP SP2 可提供四种仿真元件库：

Simulation Source.Intlib：仿真信号源元件库

Simulation Transmission Line.IntLib：仿真传输线元件库

Simulation Math Function IntLib：仿真数学函数元件库

Simulation Special Function IntLib：仿真专用函数元件库

系统还为用户提供了一个常用仿真元件库，即"Miscellaneous Devices IntLib"，该元件库包含了常用的电容、电阻、电感、电池等。所有元件都定义了仿真特性，仿真时只要默认属性或修改自己需要的仿真属性即可。

图 8-2　加载元件库

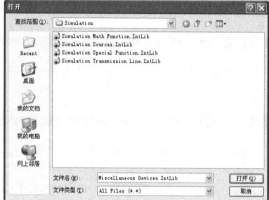

图 8-3　库加载

2.【Libraries】控制面板方式

单击 Protel DXP SP2 开发环境中的【Libraries】控制面板上的【元件库】按钮，加载仿真用元件库。

技能 2　常用仿真元件设置

Protel DXP SP2 为电子设计工程师提供一种常用元件库，即 Miscellaneous Devices，IntLib，该元件库包括电阻、电容、电感、振荡器、晶体管、二极管、电池、熔断丝等。由于仿真元件的种类众多，且其设置方法通常相似，区别仅在于各参数代表的物理含义不一样，所以这里仅介绍几种常见的元件的参数设置。

1．电阻

仿真元件库为用户提供了两种类型的电阻，名称分别是 RES（fixed resistor，固定电阻）和 Res Semi（semiconductor resistor，半导体电阻），如图 8-4 所示。对于固定电阻，仅需在元件属性窗口内指定元件序号（Designator）及电阻值。

由于半导体电阻的阻值由其长、宽及环境温度决定，所以有如下参数。

Value：电阻阻值。

Length：电阻长度。

Width：电阻宽度。

Temperature：温度系数。

R?　　　　R?
Res2　　Res Semi
1K　　　　1K

图 8-4　仿真电阻

如图 8-5，双击电阻元件，打开【元件属性】对话框。双击"simulation"打开电阻【General】设置对话框，如图 8-6 所示，用户可对所需参数进行设置。

图 8-5　【元件属性】对话框

图 8-6　电阻 General 设置

提示

具有默认值的可选项一般情况下不需要修改。

2. 电位器

仿真元件提供两种类型的电位器：RPOT（Potentiometer，电位器）和 VRES（Variable Resistor，可变电位器），如图 8-7 所示。

RPOT 和 VRES 的设置方式完全相同，下面此处仅以 RPOT 为例。RPOT 仿真元件按照如下的规则修改其属性参数。

Value：电阻值，如 1000、500 等，以欧姆为单位。

Set Position：第一引脚和中间引脚之间的阻值与电位器总阻值之比。

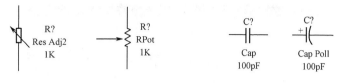

图 8-7　仿真电位器　　　　　　　图 8-8　仿真电容

电位器经常在模拟电路中使用，而仿真电路中电阻可以任意取值，因此可以直接用电阻仿真，然后在具体电路中用电位器代替，所以仿真电路中很少用到电位器。

3. 电容

仿真元件库中提供两种类型的电容：CAP（fixed non-polarized capacitor，无极性固定电容），如瓷片电容；CAP Pol（fixed polarized capacitor，有极性固定电容），如电解电容，仿真电容如图 8-8 所示。

对于固定电容来说，仅需指定电容序号（Designator）及容量。在瞬态特性分析及傅里叶分析（Transient/Fourie）过程中，可能还需要指定零时刻电容两端的电压初始值 IC（Initial Condition，初始条件），默认时电容两端的电压初值 IC 为 0V。

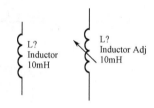

图 8-9　仿真电感

4. 电感

常用的仿真电感如图 8-9 所示。

对于电感元件来说，在元件属性窗口内仅需指定电感序号（Designator）及电感量。在瞬态特性分析及傅里叶分析（Transient/Fourie）过程中，可能还需要指定零时刻电感中的电流初始值 IC（Initial Condition，初始条件），默认电感中的电流初值 IC 为 0A。

 提示

"Initial Current" 值的设定在瞬态特性的仿真过程中是必要的，因为不同的初始设定值导致不同的输出结果。

5. 二极管、晶体管和各种场效应晶体管

工业标准的二极管、各类双极型晶体管和各类结型场效应管的仿真参数设置如图 8-10 所示。

对于这类元件来说，一般仅需要在元件属性窗口内给出 Designator（元件序号）。除非绝对需要，否则不要指定可选项参数（即一律设为 "*"），采用默认值。

技能 3　常用仿真信号源及参数设置

在对原理图仿真之前必须有适当的仿真信号激励源来驱动电路。仿真信号源的作用类似于实验室中常用到的波形发生器。这些仿真信号源均放在 Simulation Sources.IntLib 库文件中。

供仿真用的数字元件已经隐藏电源和地引脚，它可以自动连接到仿真引擎的内部默认电源上，不需要用户设置。在进行仿真前要对电源进行适当设置。下面详细介绍如何设置激励源的各项参数。

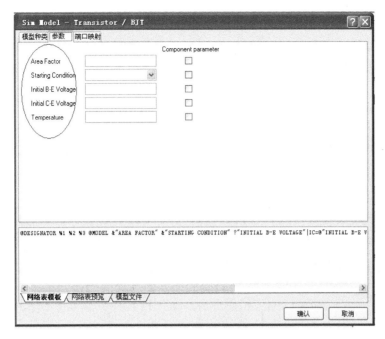

图 8-10 参数设置

1．直流源

直流源有两种：直流电压源（VSRC）和直流电流源（ISRC）。它们的输出为恒定电压或电流。在仿真库中直流电压源和直流电流源符号如图 8-11（a）、图 8-11（b）所示。

（1）双击仿真原理图中的 VSRC，在弹出的【元件属性】对话框中双击右下方窗口"Simulation"选择栏，屏幕出现【Sim Model】（仿真模型设置）对话框，然后在该对话框中选中【参数】（Parameters）选项卡进行参数设置，如图 8-12 所示。

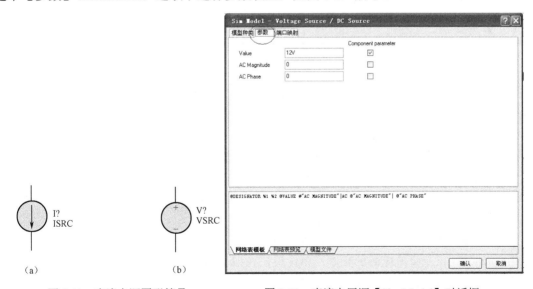

（a）   （b）

图 8-11　直流电源图形符号　　　　　图 8-12　直流电压源【Sim Model】对话框

对于这两种激励源来说，一般仅需要在元件属性窗口内给出 Designator（元件序号）、Value

247

（值大小）即可。

对应图中各项后面均有"Component parameter"（元件参数）复选框。如果选择该复选框，则对应项的数值显示在原理图中；如果不选，则在原理图中不显示值，但是在仿真中该值仍然起作用。

（2）选择【Sim Model】设置对话框【Pin Mapping】选项卡，如图 8-13 所示。图中左边窗口显示了直流电压源原理图的引脚和仿真模型的引脚对应关系。单击仿真模型的引脚出现下拉列表，可以修改引脚间的映射关系。最好不要修改，否则可能破坏仿真模型。右边窗口显示了直流电压源的仿真符号。

2. 正弦仿真源

正弦信号源在仿真电路分析中常作为瞬态分析、交流小信号分析的信号源。正弦仿真源有两种：正弦电压源（VSIN）和正弦电流源（ISIN），其仿真元件的符号如图 8-14 所示。

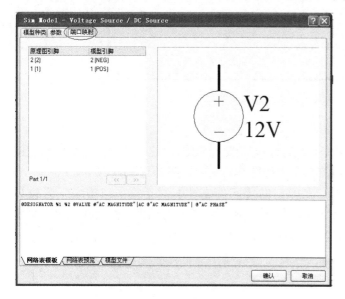

图 8-13　直流电压源【端口映射】设置页面

图 8-14　正弦电压/电流源符号

对于正弦波信号激励源，一般只需给出序号，不宜修改型号等参数，如图 8-15 所示。图 8-15 中参数说明如下。

DC Magnitude：对于正弦信号来说，此项被忽略（保留默认值或设为 0）。

AC Magnitude：小信号分析时的信号振幅，典型值为 1V。不需要进行 AC 小信号分析时可设为 0；对于放大器来说，一般取小于 1V，如 1mV、10mV。

AC Phase：交流小信号的初始相位，以度为单位（如 0）。

Offset：正弦电压或电流的直流偏移量（如 1）。

Amplitude：正弦交流电源的振幅，以伏特为单位（如 5）。

Frequency：正弦交流电源的频率，单位赫兹（如 1K）。

Delay：电源起始的延时，单位为秒（如 500μ）。

Damping Factor：阻尼系数，正弦波减小的速率（0 或某一参数）

Phase：正弦波的初相位，单位为度（如 30）。

如果需要在原理图中显示仿真信号源中设置的参数，可以选中各设置项后面的 Component parameter。

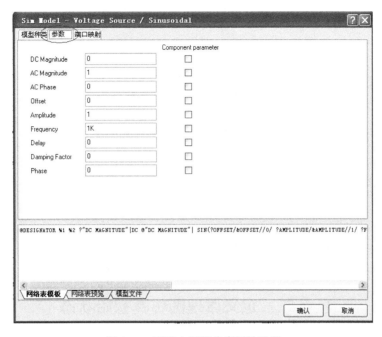

图 8-15　正弦电压源仿真属性设置

3．脉冲激励源

脉冲激励源在瞬态分析中用的比较多。脉冲激励源有两种：周期脉冲电压源（VPULSE）和周期脉冲电流源（INPULSE），其相应的仿真信号源的符号如图 8-16 所示。

图 8-16　脉冲电压源/电流源符号

仿真属性参数设置对话框如图 8-17 所示。其中前三项功能与正弦仿真源中相同，其余各选项功能如下。

Initial Value：起始幅值，以伏特为单位（如 0）。

Pulsed Value：最大振幅，以伏特为单位（如 5）。

Time Delay：脉冲源从初始状态到激发状态的延迟时间（如 0）。

Raise Time：从起始幅值变化到脉冲幅值延迟时间，此值必须大于 0。

Fall Time：从脉冲幅值变化到起始幅值延迟时间，此值必须大于 0。

Pulse Width：脉冲宽度，以秒为单位（如 500μ）。

Period：信号周期，以秒为单位（如 500μ）。

Phase：周期脉冲的初相位，单位为度（如 30）。

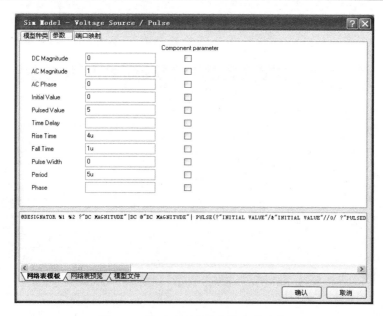

图 8-17　脉冲电源仿真属性参数设置

任务二　定义原理图仿真初始状态

技能 1　仿真分析的一般设置

在进行仿真之前，用户应知道对电路进行何种分析，要收集哪些数据以及仿真完成后自动显示哪个变量的波形等。因此，应对仿真器进行相应设置。

首先打开要仿真的电路原理图，执行【设计】→【仿真】→【Mixed sim】菜单命令，打开仿真【分析设定】对话框，如图 8-18 所示。

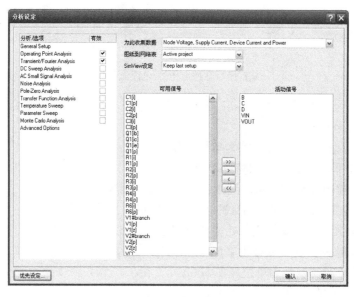

图 8-18　【分析设定】对话框

通过该对话框可以设置所有的仿真选项，包括仿真分析的类型、仿真的范围和选择的信号显示。

1．仿真分析的一般设置

单击【分析/选项】的【General Setup】选项，可以看到该项的设置对话框，如图 8-19 所示。

【为此收集数据】：单击该下拉列表，可弹出下拉列表内容，如图 8-20 所示。通过下拉列表可选择仿真程序需要计算的数据类型。

图 8-19　【为此收集数据】下拉列表

Node Voltage and Supply Current：节点电压和供电电流。

Node Voltage，Supply and Device Current：节点电压、供电电流和设备电流。

Node Voltage and Supply Current, Device Current and power：节点电压、供电电流、设备电流和功率。

Node Voltage ,Supply Current and Subcricuit VARS：节点电压、供电电流和子电路变量。

【可用信号】和【活动信号】：【可用信号】列表列出了当前可选的信号，【活动信号】列表列出了当前已选择的信号。

2．可仿真的类型

用户可以利用 Protel DXP 进行以下类型的仿真。

Operating Point Analysis（静态工作点分析）：分析电路的直流工作点。

Transient /Fourier Analysis（瞬态分析/傅里叶分析）：瞬态特性分析（Transient Analysis）是最常见的一种仿真分析方式，属于时域分析。傅里叶分析（Fourier Analysis）是瞬态分析的一部分，与瞬态分析同时进行，属于频域分析，主要用来分析电路中各非正弦波的激励及节点电压的频谱。

DC Sweep（直流扫描分析）：DC 扫描分析的输出如同绘制曲线一样，利用一系列静态工作点进行分析。

AC Small Signal Analysis（交流小信号分析）：分析输出的是频率的函数。

Transfer Function Analysis（传输函数分析）：又称直流小信号分析，主要用于分析电路每个电压节点上的输入阻抗、输出阻抗及增益。

Temperature Sweep（温度扫描分析）：用来分析在指定温度范围内每个温度点的电路特性。

Parameter Sweep（参数扫描分析）：在指定的元件参数范围内，按照指定的参数增量进行扫描，分析电路的性能。

技能 2　初始状态的设置

1．初始条件的设置

初始状态的设置是为了计算偏置点而设定的一个或多个电压值（或电流值），以保证顺利地对电路仿真。初始条件元件的电路原理图符号如图 8-20 所示。

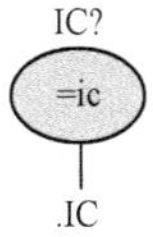

图 8-20　初始条件元件的符号

仿真元件的初始条件的设置具体操作为：双击鼠标左键弹出【元件属性】对话框，双击【Simulation】进入【Sim Model】仿真模型设置对话框，选中【General】选项卡，在"Model Kind"下拉列表中选择"Initial Condition"选项，然后在"Model Sub-Kind"列表中选择"Set Initial Conditions"选项；最后选中【Parameters】选项卡，设置其初始值（Initial Voltage）即可，如图 8-21、图 8-22 所示。

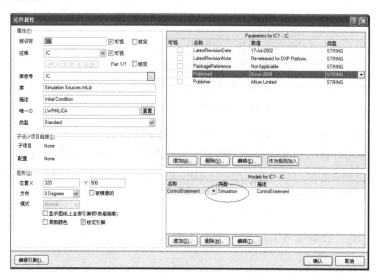

图 8-21 【元件属性】对话框

图 8-22 【Sim Model】对话框【参数】标签设置

 提示

该设置是用来设置瞬态初始条件的。如果指定了元件的初始条件，则".IC"的设置可忽略。

2．节点设置

该设置使指定的节点固定在给定的电压下，仿真器按照这些节点电压求取支流或者瞬态的初始解。节点设置元件的电路原理图符号如图 8-23 所示。

仿真元件的初始条件的设置具体操作为：双击鼠标左键弹出【元件属性】对话框，双击【Simulation】进入【Sim Model】仿真模型设置对话框，选中【General】选项卡，在"Model Kind"下拉列表中选择"Initial Condition"选项，然后在"Model Sub-kind"列表框中选择"Initial Node Voltage Guess"选项；最后选中【Parameters】选项卡，设置其初始值（Initial Voltage）即可，如图 8-24 所示。

图 8-23 节点设置元件的符号

图 8-24 【Sim Model】对话框【参数】标签设置

任务三 电路仿真实例分析

利用 Protel DXP 进行电路仿真通常包括三个基本步骤。

1．创建仿真原理图文件

在对原理图进行仿真之前，首先要创建并且编辑要仿真的原理图文件。这里所说的创建原理图文件并不是建立一个新的原理图文件，而是对已有的原理图文件进行完善和补充，包括给原理图的每个元件添加仿真模型以及给电路提供仿真用的激励源等，以便在仿真过程中驱动电路。

2．仿真原理图文件

根据仿真要求设置各种参数，并执行仿真命令，完成对原理图文件的仿真。

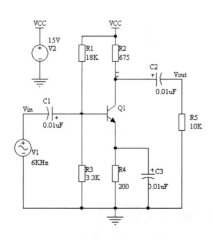

图 8-25　共射极放大电路

3. 仿真结果分析

对仿真的结果进行分析，并根据仿真结果对设计的电路原理图进行综合分析和改进。

下面以图 8-25 所示的共射极放大电路为例，说明 Protel DXP 仿真操作过程。

技能 1　静态工作点（Operating Point Analysis）、瞬态特性分析和傅里叶分析（Transient Analysis/ Fourier Analysis）

工作点分析（即静态工作点分析）就是分析电路中各节点的直流偏置电压。在瞬态分析、交流小信号分析之前自动进行工作点分析。工作点分析结果为包含节点或器件的电流、电压和功率的列表。

仿真前先建立原理图文件。原理图编辑的方法前面已有介绍。在编辑原理图过程中，电路原理图中所有元件电气图形符号一律取自"Miscellaneous Devices.IntLib"。该元件库中的所有元件都定义了仿真特性，仿真时只要用默认属性或修改自己所需要的仿真属性即可。

此外，电路图中不允许存在没有闭合的回路，必要时可通过高阻值电阻使电路闭合；也不允许存放电位不确定的节点。

具体操作过程如下。

（1）创建一个新的 PCB 项目文件，命名为"单管放大电路.PRJPCB"，并指定存放路径。

（2）在此项目文件下创建一个新的原理图文档，并命名为"单管放大.schdoc"。

（3）按照图 8-25 所示的共射极放大电路绘制原理图、放置激励源（取自 Simulation Sources.IntLib），并且保存。

（4）双击正弦激励源，设置正弦电压源 V1 的参数，如图 8-26 所示。

（5）设置直流电压源 V2 的参数，如图 8-27 所示。

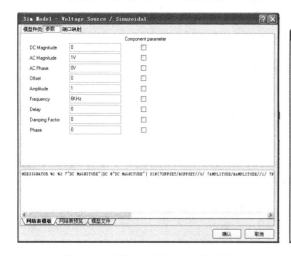

图 8-26　正弦电压源 V1 参数设置

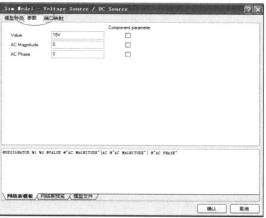

图 8-27　直流电压源 V2 参数设置

（6）使用"网络标号"（Net Label）设置需要观察电压波形的节点"C"、"Vin"、"Vout"，如图 8-28 所示。

（7）执行【设计】→【仿真】→【Mixed Sim】菜单命令，弹出【分析设定】对话框。

可选择仿真类型为"Operating Point Analysis"和"Transient Analysis/ Fourier Analysis"，并且设置活动信号，如图 8-28 所示。

（8）仿真运行。在所有的仿真项目设置后，可以直接从【分析设定】对话框中单击【确认】按钮执行仿真，仿真器将输出仿真结果。输出的文件后缀为名.sdf，静态工作点分析结果及仿真波形观察窗口分别如图 8-29、图 8-30 所示。

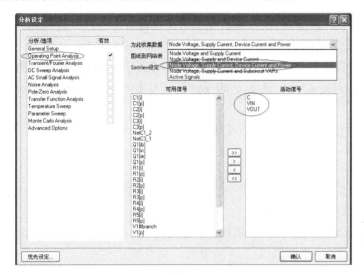

vin	0.000 V
vout	**0.000 V**
c	10.04 V

图 8-28　【分析设定】对话框的设置　　　　图 8-29　静态工作点分析结果

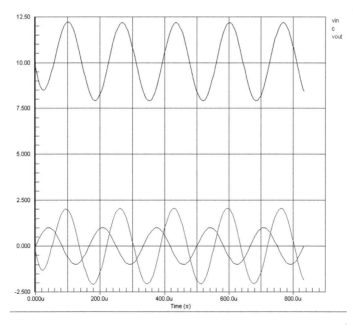

图 8-30　仿真波形观察窗口

说明

静态工作点分析用于对直流稳态电路和交流放大电路的静态工作点的分析。在分析静态工作点时，电感被短路且电容被开路。在分析电路的静态工作点时，不需要设置参数，只需要在【分析设定】对话框的【分析\选项】一栏选择"Operating Point Analysis"有效即可。

技能 2　直流扫描分析（DC Sweep Analysis）

直流扫描分析（DC Sweep Analysis）指在指定的范围内，改变输入信号源的电压，每变化一次执行一次工作点分析（静态工作点分析），得到其输出直流传输特性曲线（各仿真分析变量对应不同直流电压的响应曲线），从而确定输入信号的最大范围和噪声容限。

设置直流扫描分析首先进入仿真设置对话框。如前所述，选中【Analysis/Options】分组框中的"DC Sweep Analysis"选项，弹出如图 8-31 所示的【分析设定】对话框，对 DC Sweep Analysis Setup 各项功能解释如下。

Primary Source：选择要做直流扫描方式的独立主电源，如 V1。

Primary Start：扫描起始电压值，如 0。

Primary Stop：扫描停止电压值，如 1。

Primary Step：扫描步长，即直流电压每次变化量，根据电压变化范围，取步长为其 1%左右比较合适，如变化范围为 1 V，步长取值 10 mV。

Enable Secondary：辅助扫描电源使能选择项。辅助电源值每变化一次，主电源扫描其整个范围。选中此项后，就可以设置第二个扫描电源的各项参数，其设置方法同上。

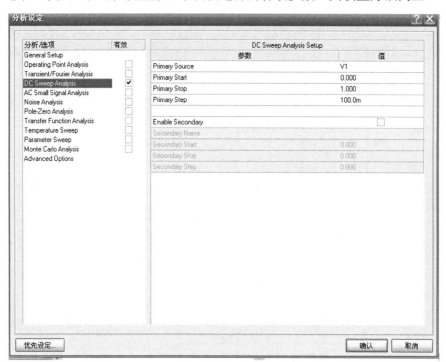

图 8-31　【分析设定】对话框直流扫描分析

技能 3　参数扫描（Parameter SWEEP Analyses）

参数扫描分析（Parameter SWEEP Analyses）允许用户在指定的范围内以一个步长为单位改变参数值，执行用户选定的仿真分析（直流分析、交流分析、瞬态分析等），从而分析出变化的参数对电路的影响。参数扫描分析只能变化基本元件的参数，子电路的参数不能变化。

参数扫描设置过程如下。

（1）原理图编辑条件下，执行菜单命令【设计】→【仿真】→【Mixed Sim】，弹出【分析设定】对话框，可选择仿真类型为"Parameter SWEEP Analyses"，如图 8-32 所示。

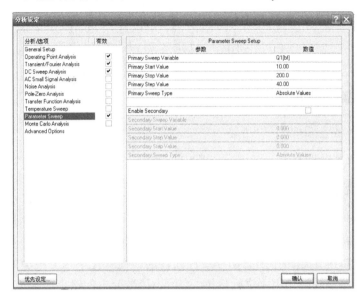

图 8-32　【分析设定】对话框

（2）选中"Primary Sweep Variable"，Value 选项栏就会出现一个下拉列表框，单击下拉列表框，选取希望进行参数扫描分析的元件，如 R5。

（3）选中"Primary Start Value"，输入元件参数的初值，如图 8-25 中 R5，选择初始值"1K"，在"Primary Start Value"中输入终止值"10K"。

（4）选中"Primary Step Value"，输入参数变化增量，如"1K"。

　提示

元件扫描步长一般选择 5～10 步即可，步数太多将花费较长的时间。

（5）Primary Sweep Type 参数扫描类型有 Absolute Values（按照绝对值变化计算扫描）和 Relative Values（按照相对值变化计算扫描）两种扫描类型。

（6）单击【确定】按钮，执行仿真运行。

（7）如图 8-33 所示的【源数据】对话框，选择所要分析的扫描波形。电阻 R5 变化时对应的输出信号如图 8-34 所示。

（8）如选择图 8-25 中 Q1，选择三极管放大倍数初值为"10"，终值为"200"，增量为"40"，对应的输出信号如图 8-35 所示。

图 8-33　源数据对话框

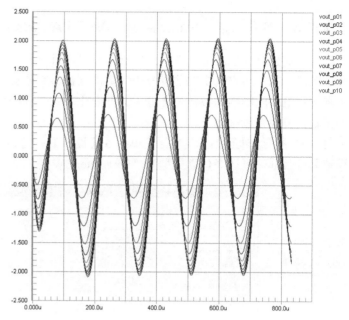

图 8-34　电阻 R5 变化时对应的输出信号

技能 4　交流小信号分析（AC Small Signal）

交流小信号分析（AC Small Signal Analysis）反映的是电路的频率响应特性，即当输入信号的频率发生变化时输出信号的变化情况。Protel DXP 2008 在交流小信号分析仿真时，首先进行工作点分析，以确定电路中所有的非线性元件的线性变化小信号模型参数，然后在用户指定的频率范围内对该线性化电路进行分析。交流小信号分析的输出通常是一个传递函数（电压增益、传输阻抗等）。

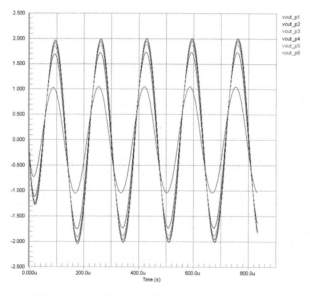

图 8-35　三极管放大倍数变化时对应的输出信号

交流小信号分析设置过程如下。

（1）原理图（如图8-25所示）编辑条件下，执行菜单命令【设计】→【仿真】→【Mixed Sim】，弹出【分析设定】对话框，可选择仿真类型为 "AC Small Signal Analyses"，如图8-36所示。

（2）选中 "Start Frequency"，输入小信号分析扫描起始频率，如 "1.000Hz"。

（3）选中 "Stop Frequency"，输入小信号分析扫描截止频率，如 "150meg"。

（4）选中 "Sweep Type"，选择扫描方式，共有三种可供选择的扫描方式。扫描方式与测试点之间的关系如表8-1所示。

（5）选中 "Test Points"，选择测试点数。Total Test Points 为总的测试点数，此值与扫描方式有关。如扫描方式选择 "Decade" 时，则 "Total Test Points" 为 Test Points*（Stop Frequency-Start Frequency）/10。

（6）执行仿真，交流小信号分析结果如图8-37所示。

表8-1　扫描方式与测试点之间的关系

Linear	线 性 方 式	频 率 点 数
Decade	十倍频方式	确定的是每十倍频扫描的频率点数
Octave	八倍频方式	确定的是每八倍频扫描的频率点数

 提示

扫描起始频率可从1Hz开始，但不能为0；测试点数目必须合理，测试点太少，分辨率低；测试点太多，计算时间长。

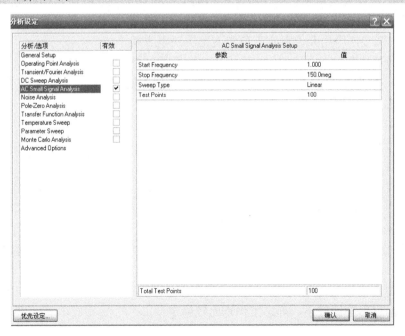

图8-36　【分析设定】对话框交流小信号分析

由图8-37可看出，图8-25所示的单管放大电路中电容C2的输出电压有效值随输入信号频率变化。

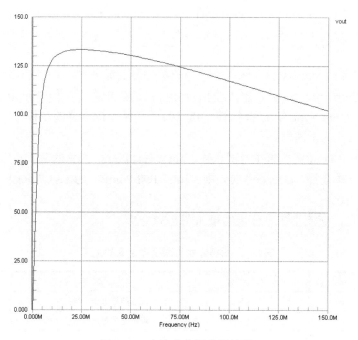

图 8-37　交流小信号分析结果

技能 5　温度扫描分析（Temperature Sweep Analysis）

电子元件的参数会受温度影响而改变，从而影响电路的工作状态，因此电路设计者必须考虑电路是否在其工作环境设定的所有温度下都能可靠工作。商业用元件其额定的工作温度范围一般为 0～70℃，军用元件额定工作温度范围还要大些。

温度扫描分析（Temperature Sweep Analysis）可以与交流分析、直流分析、瞬态分析等标准分析相结合，在指定温度范围内按用户指定的步长变化温度，每一个温度产生一条曲线。

分析环境温度对图 8-25 所示的基本放大电路放大倍数的影响，具体分析设置过程如下。

（1）原理图（图 8-25）编辑条件下，执行菜单命令【设计】→【仿真】→【Mixed Sim】，弹出【分析设定】对话框，可选择仿真类型为 "Temperature Sweep Analysis"，如图 8-38 所示。

（2）设置 "General Setup" 选项。其中，Collect Data For 框选择第 3 项 "Node Voltage，Supply Current，Device Current and Power"，Active Signals 信号选择 "Vout"，即晶体管集输出电压。然后选取 "DC Sweep Analysis"（直流扫描分析）。

（3）仿真结果分析。设置好以上参数后，即可执行仿真。输出电压随温度变压情况如图 8-39 所示。

分析输出电压随温度变化曲线，随着温度升高，输出电压幅度变化不大，可见分压式偏置放大电路受温度影响比较小，静态工作点比较稳定。

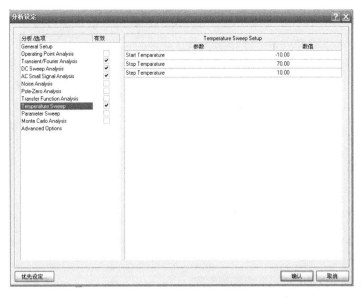

图 8-38 温度扫描【分析设定】对话框

技能 6 噪声分析（Noise Analysis）

电路中的电阻与半导体元件中的杂散电容和寄生电容都会产生信号噪声，元件自然产生的噪声一般称为白噪声或热噪声，它所涵盖的频率范围从 0 Hz 到无限大，而每个元件对不同频段上的噪声敏感程度不同，这就会对电路产生一定的影响。例如运算放大器对直流噪声比较敏感，而对频率变化较快的高频噪声大小不同。为了定量描述电路中的噪声，仿真软件采用了一种等效计算方法。

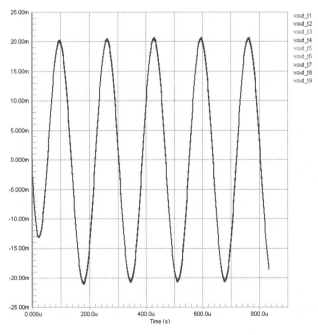

图 8-39 输出电压随温度变化情况

对如图 8-25 所示的基本放大电路进行噪声分析，具体分析设置过程如下。

（1）如图 8-25，选定"Vout"作为输出节点。

（2）首先进行噪声分析设置，选择"Noise Analysis"选项，如图 8-40 所示。

（3）如图 8-40 所示，进行参数设置："Noise Source"下拉列表选择等效噪声源，如"V1"（用户之前给仿真电源定义的名字）；"Start Frequency"扫描起始频率设为"100"；"Stop Frequency"扫描终止频率设为"100meg"；"Test Points"测试点数设为"100"。

"Sweep Type"扫描方式选择"Linear"。

（4）"Output Node"选项一个下拉列表框选择"Vout"为噪声输出节点，"Reference Node"参考节点默认值为 0，表示以接地点为参考点。

（5）执行仿真，噪声分析输出波形如图 8-41 所示。

图 8-40　噪声分析设置

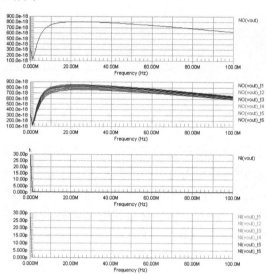

图 8-41　噪声分析输出波形

实训十一　低通滤波器仿真

实训目的：

1．掌握电路仿真的环境参数设置。

2．掌握电路仿真的流程。

3．掌握电路仿真的常用方法。

实训任务：

绘制如图 8-42 所示的低通滤波器电路，并进行仿真分析。

实训内容：

（1）创建仿真原理图文件，如图 8-42 所示。

（2）执行菜单命令【设计】→【仿真】→【Mixed

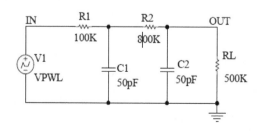

图 8-42　低通滤波器电路

sim】，打开仿真【分析设定】对话框，设置所有的仿真选项，包括仿真分析的类型、仿真的范围和选择的信号显示。

（3）在【General】标签中只选择"Operating Point Analysis"（静态工作点分析），在【Active Signals】栏中选择"IN"、"OUT"两个信号，并选择"Show Active Signals"项。

（4）单击"Run Analysis"按钮，得到静态工作点分析结果。

（5）在【General】标签中选择"Operating Point Analysis"、"Transient/Fourier Analysis"两项，在【Active Signals】栏中选择"IN"、"OUT"两个信号，并选择"Show Active Signals"项。

（6）切换到【Transient/Fourier Analysis】标签中进行设置。

（7）单击"Run Analysis"按钮，得到瞬态/傅里叶分析结果。

（8）在【General】标签中选择"AC Small Signal"项，切换到【AC Small Signal】标签，设置后单击"Run Analysis"按钮，得到交流小信号分析结果。

（9）切换到【Temperature Sweep】标签，设置后单击"Run Analysis"按钮，得到温度扫描分析结果。

（10）观察分析仿真数据。

（11）保存。

第九篇　信号完整性分析

随着数字电路系统时钟信号频率以及集成度的不断提高，高频、高速印制板电路上印制导线的"天线效应"越来越明显，信号在印制导线上传输时就不可避免地产生畸变。信号完整性主要表现在延迟、反射、窜扰、地弹、振铃等几方面。一般认为，当系统工作在 50MHz 时就会产生信号完整性问题，而随着系统和元件频率的不断攀升，信号完整性问题变得更加突出。因而对 PCB 电路板上的信号进行信号完整性分析显得尤为重要。信号完整性分析主要用来分析电路中比较重要的信号的波形畸变程度。

项目十一　温度控制器信号完整性分析

项目要求

学习信号完整性分析设置方法，能对电路重要信号进行信号完整性分析，并能针对分析结果选择合适的补偿方案。

项目目的

掌握手动添加元件信号完整性分析模型的方法，掌握信号完整性分析功能的使用方法。

任务一　添加信号完整性模型

在 Protel DXP 设计环境下，用户既可以在原理图上，又可以在 PCB 编辑器内对选择的节点进行信号完整性分析。

下面以本书中温度控制器为例，讲解信号完整性模型的添加，具体操作如下。

（1）执行【文件】→【打开项目】菜单命令，找到 "温度控制器"项目文件并打开。

（2）在工作区内双击 "温度控制器.PCBDOC"，打开 PCB 文件，如图 9-1 所示。

（3）执行【工具】→【信号完整性】菜单命令，系统弹出【Errors or warnings found】（发现错误或警告）对话框，如图 9-2 所示。单击 Model Assignments... 按钮，系统弹出【signal integrity model assignments for 温度控制器.PCBDOC】对话框，如图 9-3 所示。从图 9-3 中可以看到每个元件所对应的信号完整性模型。其中有 4 个元件没有找到该元件的信号完整性模型，需用户进行指定。元件的状态和解释如表 9-1 所示。

（4）在原理图编辑状态，以元件 Y1 为例，移动光标到 Y1 元件处并双击左键，弹出【元件属性】对话框，如图 9-4 所示。

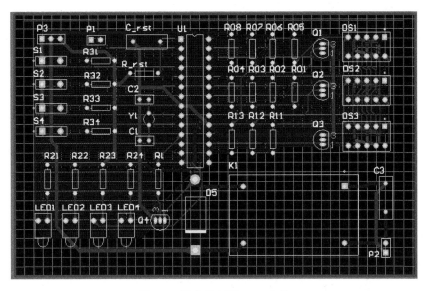

图 9-1　温度控制器 PCB 文件

图 9-2　【发现错误或警告】对话框

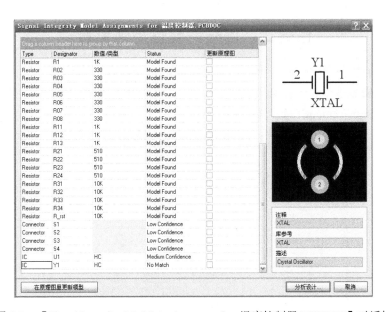

图 9-3　【Signal Integrity Model Assignments for 温度控制器.PCBDOC】对话框

表 9-1　元件的状态和解释

状　　态	解　　释
No Match	没有找到该元件的信号完整性模型，需用户进行正确指定
Low Confidence	该元件已指定了信号完整性模型，置信度低
Medium　Confidence	该元件已指定了信号完整性模型，置信度中等
High　Confidence	该元件已指定了信号完整性模型，置信度较高
Model Found	找到了元件的信号完整性模型
er Modified	用户修改了信号完整性模型
Model Added	用户创建了信号完整性模型

（5）在如图 9-4 所示对话框中单击【追加】按钮，弹出【加新的模型】对话框，从下拉文本框中选择"Signal Integrity"，设置完成后单击【确认】按钮。

图 9-4　【元件属性】对话框

任务二　信号完整性规则设置

Protel DXP 的信号完整性分析主要包含 13 条规则。具体操作如下。

（1）PCB 编辑条件下，执行菜单命令【设计】→【规则】，弹出【PCB 规则和约束编辑器】对话框，打开【Signal Integrity】选项，如图 9-5 所示。

图 9-5　【PCB 规则和约束编辑器】对话框

（2）本例中以"Signal Stimulus"（激励信号）为例说明信号完整性所需规则的设置。

如图 9-6 所示，移动光标，用右键单击"Signal Stimulus"，从弹出的快捷菜单中执行【新建规则】命令，在规则栏【Signal Stimulus】选项前出现"+"号，用户可以单击来自行设置规则内容，如图 9-7 所示。

图 9-6　【PCB 规则和约束编辑器】对话框

图 9-7　新建规则

任务三　信号完整性设定选项

下面以本书中温度控制器为例，讲解信号完整性设定选项，具体操作如下。

（1）当没有错误或警告存在时，单击【Errors or warnings found】对话框中【Continue】按钮，系统弹出【信号完整性】对话框，如图 9-8 所示。

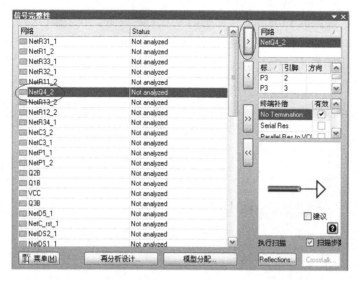

图 9-8 【信号完整性】对话框

（2）【信号完整性】对话框中列出了当前将要进行的信号完整分析的网络，如图 9-8 可选择待分析的网络，在【标识符】选项中可以看到与网络相连接的所有元件。

任务四 终端补偿设置

根据信号仿真分析波形的畸变程度、性质，再结合引脚的电气特性（即引脚上的信号流向）采取相应的补偿措施。为尽快找出解决问题的办法，仿真软件提供了七种终端匹配方案供用户选择。具体操作如下（以本书中温度控制器）为例。

（1）根据信号完整性分析结果，在如图 9-9 所示的终端匹配措施选择窗内单击所需补偿的节点。

（2）在图 9-8 所示窗口单击【终端匹配】按钮，选择相应的匹配方案（默认条件下选择【No Termination】项，即无终端补偿）。

（3）根据补偿效果决定采用还是放弃补偿方式，如果不理想，可以重新选择，直到满意为止。

（4）根据补偿方案修改电路板。

Serial Res（串联电阻）：对于点对点的连接来说，在驱动输出端串联电阻是一种有效的终端补偿技术，可以减少外来电压波形的幅值，消除接收器的过冲现象。

Parallel Res to VCC（在输入端与电源间并联电阻）：对线路反射来说是一种有效的终端补偿方式。但将不断有电流流过，增加电源损耗，并导致低电平的升高，升高的幅值依赖于并联电阻的大小。

Parallel Res to GND（在输入端与地之间并联电阻）：对线路反射来说也是一种有效的终端补偿方式，但不断有电流流过此电阻，将增加电源损耗，并导致高电平降低，降低的幅值依赖于并联电阻的大小。

Parallel Res to VCC & GND（在与输入端相连的电源与地之间并联电阻）：对于 TTL 总线系统是可以接受的，可有效消除传输线的反射，缺点是将有一比较大的电流流过电阻。

Parallel Cap to GND（在输入端与地之间并联电容）：优点是可以减少信号噪声，缺点是波形的上升沿和下降沿变得太过平坦，增加了信号上升和下降时间。

Res and Cap to GND（在输入端和地之间并联 RC 网络）：优点是终端网络没有电流流过。

Parallel Schottky Diode（在与输入端相连的电源与地之间并联稳压二极管）：可以减少接收器的上冲和下冲。

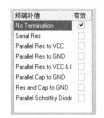

图 9-9　终端匹配措施选择窗

任务五　信号完整性分析实例

（1）执行菜单命令【文件】→【打开项目】，找到 "温度控制器"项目文件并打开。在工作区面板打开 PCB 文件"温度控制器.PcbDoc"。

（2）执行菜单命令【设计】→【层堆栈管理器】对话框，如图 9-10 所示。移动光标到 "Top Layer"，双击左键，弹出【编辑层】对话框，设置【铜厚度】，本例设置为"1.4mil"。

（3）用同样的方法设置"Bottom Layer"的【铜厚度】，本例设置为"1.4mil"。

（4）设置完铜厚度后，单击【阻抗计算】按钮，弹出【阻抗公式编辑器】对话框，如图 9-11 所示，可选择【微带线】或【带状线】选项卡，计算阻抗和导线宽。本例采用默认设置。

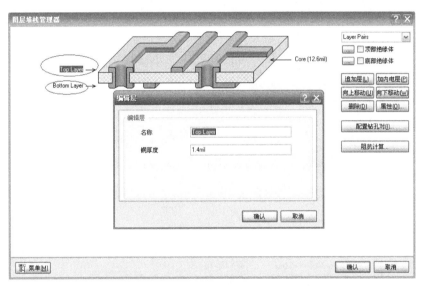

图 9-10　【图层堆栈管理器】对话框

（5）执行【设计】→【规则】菜单命令，弹出【PCB 规则和约束编辑器】对话框，打开【Signal Integrity】选项，如图 9-12 所示。移动光标到"Supply Net"（电源网络的电压值）。单击鼠标右键，从弹出的快捷菜单中执行命令【新建规则】，分别创建"Supply Net"、"Supply Net_1"、"Supply Net_2"三个约束规则。

（6）如图 9-12 所示对话框中，单击约束"Supply Net-2"，可以看到该约束的参数卡，如图 9-13 所示。从约束卡中设置电源"VCC"网络。用同样的方法，分别单击"Supply Net_1"、"Supply Net"，设置"+12V"网络约束和"GND"网络约束。如图 9-14、图 9-15 所示。

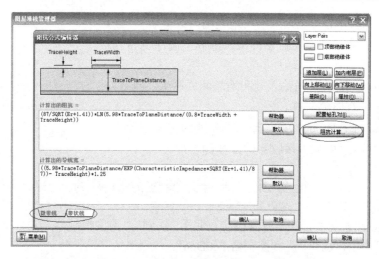

图 9-11　【阻抗公式编辑器】对话框

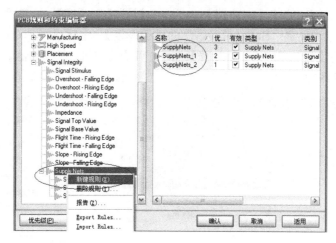

图 9-12　【PCB 规则和约束编辑器】对话框

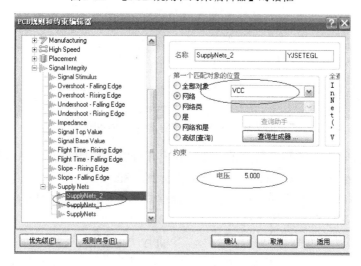

图 9-13　"Supply Net-2"约束参数卡

图 9-14　"Supply Net-1"约束

图 9-15　"Supply Net"约束

（7）执行菜单【工具】→【信号完整性分析】，弹出【Errors warnings found】对话框，如图 9-16 所示。

（8）在对话框中单击【Model Assignments…】按钮，系统弹出【Signal Integrity Model Assignments for 温度控制器.PCBDOC】对话框，如图 9-17 所示。从该对话框中可以看到信号完整性模型，也可以进行修改，本例采用默认值。单击【分析设计】按钮，系统弹出【信号完整性设定选项】对话框，如图 9-18 所示。本例采用默认设置。

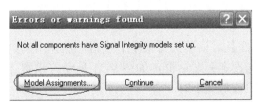

图 9-16　【Errors or warnings found】对话框

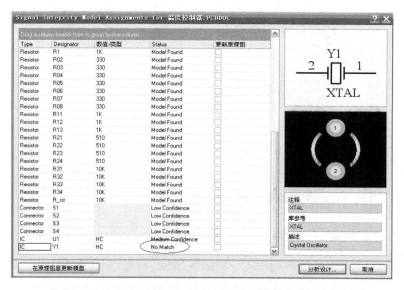

图 9-17　【Signal Integrity Model Assignments for 温度控制器.PCBDOC】对话框

图 9-18　【信号完整性设定选项】对话框

（9）单击【信号完整性设定选项】对话框的【分析设计】按钮，系统弹出【信号完整性】对话框，如图 9-19 所示。从对话框左边的【网络】列表中，选择"NetQ4_2"网络标号，并将其导入对话框右侧的待分析【网络】列表中。

（10）在如图 9-19 所示【信号完整性】对话框左侧的【网络】列表中选定网络标号"NetQ4_2"，单击【菜单】按钮，从弹出的菜单中执行【详细】命令，弹出【全部结果】对话框，如图 9-20 所示，可查看该网络标号是否进行了相应的信号完整性规则设置，查看通过后单击【关闭】按钮。

（11）单击【信号完整性】对话框的【菜单】按钮，从弹出的菜单中执行【优先设定】命令，弹出【信号完整性优先设定】对话框，如图 9-21 所示，设置【一般】选项卡，本例采用默认设置。设置完成后关闭该对话框。

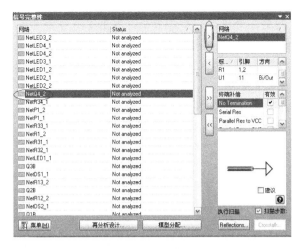

图 9-19　【信号完整性】对话框

图 9-20　【全部结果】对话框

图 9-21　【信号完整性优先选项】对话框

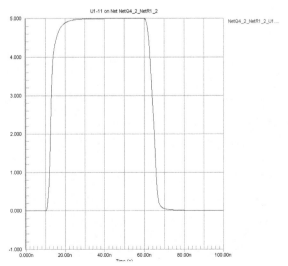

图 9-22　信号完整性分析结果

273

（12）下面开始对该网络标号进行完整性分析。单击【信号完整性】对话框中的【Reflection waveforms】按钮，系统开始分析并自动形成分析波文件"温度控制器.Sdf"，文件显示了信号完整性分析结果，如图 9-22 所示。

图 9-23　波形右键快捷菜单

（13）右键单击"NetQ4-2 NetR1-2U1…"，弹出如图 9-23 所示菜单，分别执行【Cursor A】和【Cursor B】菜单命令，可以看到所选图形上添加了两个标尺"a"和"b"，如图 9-24 所示。

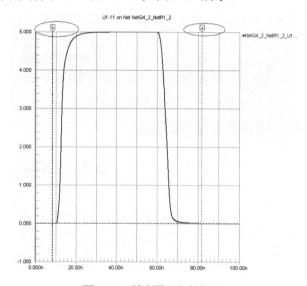

图 9-24　所选图形上的标尺

（14）移动光标到标尺"a"或"b"上，光标变为双箭头形状，此时可拖动标尺到需要研究的位置来测量波形确切参数，其测量结果在"Sim Data"选项卡中随标尺位置的改变而实时显示，如图 9-25 所示。

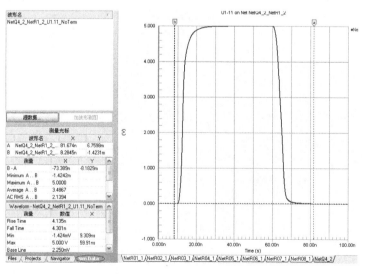

图 9-25　波形参数的实时显示

（15）在【信号完整性】对话框的设定状态，首先设定待分析网络标号为"NetQ4-2"，然后设置【终端补偿】方式为"Parallel Res to VCC"，并设置相应的电阻参数：最大值为200Ω，最小值为50Ω。选择【执行扫描】并设定扫描步数为"9"，如图9-26所示。

（16）设置好网络标号和终端补偿方式后，单击【Reflection waveforms】按钮，开始扫描分析，反射分析的波形结果如图9-27所示。

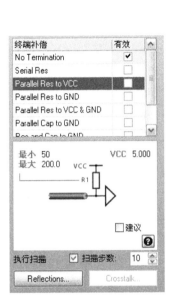

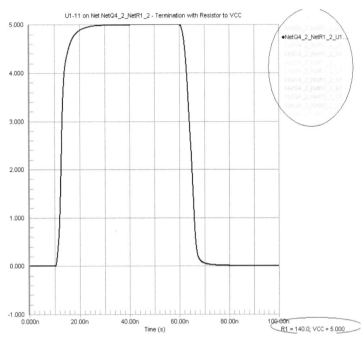

图9-26　【终端补偿】对话框

图9-27　反射分析的波形结果

（17）移动光标，根据波形分析结果选择一个满足需求的波形，从系统窗口下方的状态栏中可以看到此波形所对应的阻值和上拉电压，如图9-27所示。用户可以根据这个上拉电阻的阻值选择一个合适的电阻在PCB中相应的网络中做上拉电阻即可。

（18）在【信号完整性】对话框中，选择需要串扰分析的网络标号和串扰信号源，在待分析网络列表中添加这些网络标号，本例中添加"Net Q4-2"信号和"Net R34-1"干扰源，如图9-28所示。

（19）设置"Net R34-1"为干扰源，移动光标到待分析网络列表的"Net R34-1"上，单击鼠标右键弹出快捷菜单，如图9-29所示。执行菜单命令【设置入侵者】，可以看到待分析网络列表的网络标号前多了一些标志。

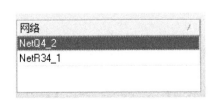

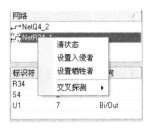

图9-28　待分析网络列表

图9-29　设置干扰源后的待分析网络列表

275

（20）设置完成后，执行菜单命令 <u>Crosstalk...</u> 进行串扰分析，分析结束后系统自动形成分析波形文件，如图 9-30 所示。

（21）同样，可以选中一个波形，添加标尺"a"和"b"，拖动标尺到需要研究的位置来测量波形确切的参数，在【Sim Data】选项卡中随标尺位置的改变实时显示。

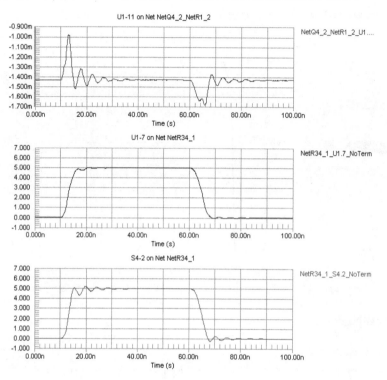

图 9-30　串扰分析的波形文件

实训十二　数据采集器信号完整性分析

实训目的：

1．理解信号完整性分析的基本概念。

2．掌握引起信号完整性的原因和常用的解决方法。

3．掌握信号完整性分析的方法。

实训任务：

对如图 9-31 所示的数据采集器 PCB 的关键信号进行信号完整性分析。

实训内容：

（1）执行【文件】→【打开项目】菜单命令，找到项目文件，在工作区内双击并打开 PCB 文件"数据采集器.PcbDoc"。

（2）执行【工具】→【信号完整性】菜单命令，利用模型配置对话框添加信号完整性模型。

（3）在 PCB 编辑环境下，执行【设计】→【规则】菜单命令，弹出【PCB 规则和约束编辑器】对话框，打开【Signal Integrity】选项，完成信号完整性所需规则的设置。

（4）移动光标到"Supply Net"（电源网络的电压值）。单击鼠标右键，从弹出的快捷菜单中执行命令【新建规则】，分别创建 "Supply Net"、"Supply Net_1"、"Supply Net_2"三个约束。

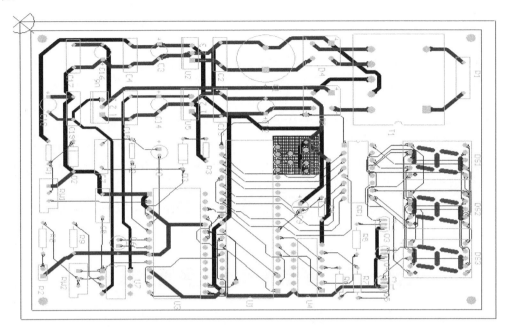

图 9-31　数据采集器 PCB

（5）当没有错误或警告存在时，单击【Errors or warnings found】对话框中【Continue】，系统弹出【信号完整性】对话框。

（6）从对话框左边的【网络】列表中，选择待分析的网络标号（如 U3-10），并将其导入对话框右侧的待分析网络列表中。单击【菜单】按钮，从弹出的菜单中执行【详细】命令，弹出【全部结果】对话框，查看该网络标号是否进行了相应的信号完整性规则设置，查看通过后单击【关闭】按钮。

（7）对该网络标号进行完整性分析。单击【信号完整性】对话框【Reflection waveforms】按钮，系统开始分析并自动形成分析波文件。

（8）在【信号完整性】对话框的设定状态，首先设定待分析网络标号，然后设置【终端补偿】方式，并设置相应的电阻参数。选择【执行扫描】并设定扫描步数为"9"。

（9）设置好网络标号和终端补偿方式后，单击【Reflection waveforms】按钮，开始扫描分析。

（10）在【信号完整性】对话框中，选择需要串扰分析的网络标号和串扰信号源，在待分析网络列表中添加这些网络标号。

（11）设置完成后，执行菜单命令 Crosstalk... 进行串扰分析，分析结束后系统自动形成分析波形文件。

277

第十篇 多通道设计

在电路设计过程中，有时会遇到一部分电路被重复使用的情况。比如在遥控接收器实训中，会有 15 路（有时甚至更多）相同的电路，这一类问题可利用 Protel DXP 的多通道设计功能来实现。

采用 Protel DXP 的多通道设计，只需要制作能被公用的其中一个通道的原理图子模块，不需要在原理图纸上做多个模块。在制作 PCB 图时，也只要对其中的一个通道进行布局和布线。其他通道从这个通道复制即可，可以大大减少重复设计的工作量，从而节省了用户的时间，提高了设计效率。

多通道设计是 PCB 设计的高级功能之一，可以单独使用，也可以嵌入整体的 PCB 项目之中。

项目十二 遥控接收器的多通道设计

技能 1 多通道电路设计过程

多通道设计思想是层次电路设计的应用，自下而上进行多通道设计原理图的过程是：

（1）按照传统的绘制方法完成第一个通道的子原理图；

（2）绘制总图时，可以放置多个代表公用子图的原理图符号，或者在公用子图的原理图符号的标识符中包含有说明重复该通道的关键字来说明多次使用该通道（子图），如 REPEAT（Channel Sheet_symbol_name，first_Channel，Last_Channel）；

原理图绘制完成，编译通过后，就可以进行 PCB 图的绘制了。多通道设计 PCB 的方法是：

（1）按照传统的绘制方法完成第一个通道的布局、布线，以及 Room 空间大小；

（2）合理分配各个通道 Room 的位置；

（3）执行【设计】→【Rooms 空间】→【复制 Room 空间格式】菜单命令，复制通道 1 的格式到所有通道，完成其他通道内元件的布局和布线。

下面以遥控接收器为例，介绍多通道设计的操作过程。

技能 2 遥控接收器多通道设计方法

（1）建立一个新的 PCB 工程文件。执行【文件】→【创建】→【项目】→【PCB 项目】菜单命令，将项目文件保存为"遥控接收多通道设计.PRJPCB"。

（2）建立一个通道的子原理图。执行【文件】→【创建】→【原理图】菜单命令，创建一个原理图文件，将该文件另存为"channel.SchDoc"，绘制一个输出通道的子原理图，结果如图 10-1 所示。

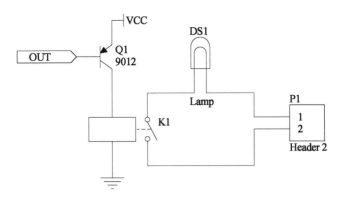

图 10-1　输出通道的子图

（3）建立控制电路的子原理图。执行【文件】→【创建】→【原理图】菜单命令，创建一个原理图文件，将该文件另存为"Control.SchDoc"，绘制控制单元电路的子原理图，结果如图 10-2 所示。

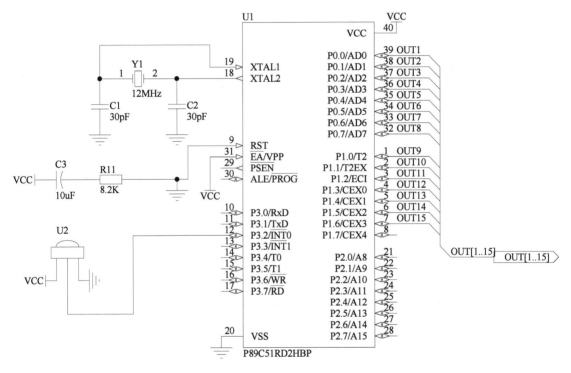

图 10-2　控制电路子图

（4）建立多通道设计总图

① 执行【文件】→【创建】→【原理图】菜单命令，建立一个原理图文件，将该文件另存为"Receive.SchDoc"。

② 创建多通道子图方块符号。执行【设计】→【根据图纸创建图纸符号】菜单命令。弹出子图文件选择对话框，如图 10-3 所示，选中"Channel.SchDoc"，单击【确认】按钮确认。

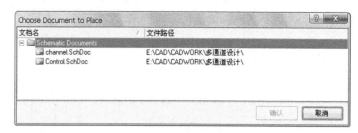

图 10-3　根据原理图创建方块符号选择文件对话框

在弹出的确认对话框中，单击【No】按钮，如图 10-4 所示，不改变输入输出端口方向。得到如图 10-5 所示的单通道电路的方块电路。

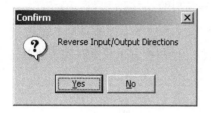

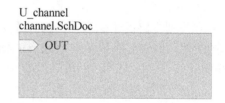

图 10-4　设置输入输出端口方向　　　　　　　　图 10-5　单通道方块电路

双击单通道方块电路，在如图 10-6 所示的方块电路的属性对话框中的【标识符】栏中输入关键字"Repeat（channel,1,15）"，表示重复的公共通道方块电路符号名为"channel"，起始通道为 1，终止通道为 15，共有 15 个重复的通道电路；【文件名】输入框中输入"channel.SCHDOC"，表示该方框图对应的原理图文件是 channel.SCHDOC。单击【确认】按钮。

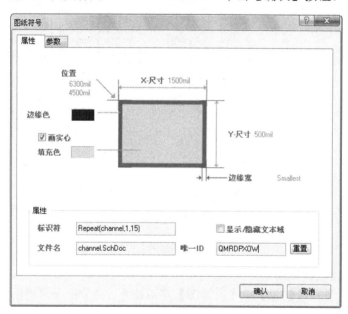

图 10-6　方块电路属性对话框

双击方块电路中的 OUT 端口，弹出端口属性设置对话框，在对话框的【属性】栏下【名称】列表框中输入"Repeat（OUT）"，I/O 类型设为"Input"，如图 10-7 所示。设置完成的 15

通道方块电路图如图 10-8 所示。

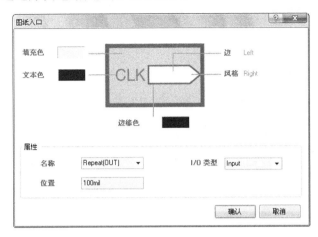

图 10-7　多通道端口属性设置　　　　图 10-8　设置完成的 15 通道方块电路图

③ 创建其他子图的方块符号。执行【设计】→【根据图纸创建图纸符号】菜单命令。在弹出的子图文件选择对话框，选中"Control.SchDoc"，单击【确认】按钮，控制模块的方块电路符号如图 10-9 所示。

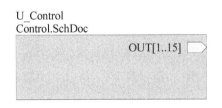

图 10-9　控制模块的方块电路符号

④ 连接总图。channel 方块电路的端口 OUT 要与总图中与它相连的端口 OUT1～OUT15 对应，与端口 OUT 相连的画为导线即可，系统会自动根据多通道方块电路的属性 REPEAT（channel,1,15），在 OUT 后加 1～15。端口 OUT[1..15]用总线连接，绘制完整的总图如图 10-10 所示。

图 10-10　绘制完成的总图

（5）编译项目。单击【项目管理】→【Compile PCB Project…】按钮，进行项目编译。查看【Messages】面板，并修改错误。

（6）查看编号。执行【项目管理】→【查看通道】菜单命令，弹出如图 10-11 所示的元器件清单对话框，查看各通道中的元件编号。

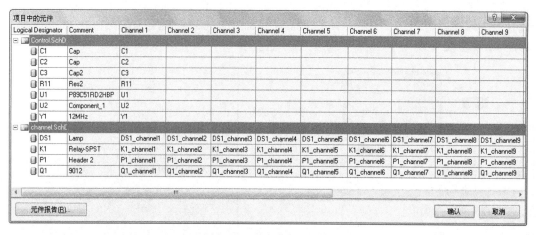

图 10-11　各通道元件

（7）多通道电路切换。在总图中执行【工具】→【改变设计层次】菜单命令，或单击工具栏中的按钮，光标变成十字形，移动光标到总线端口 OUT[1..15]上单击鼠标左键，弹出如图 10-12 所示的菜单。菜单第一个选项时总线端口，其余 15 个选项是系统分配给 15 个信号线的端口。

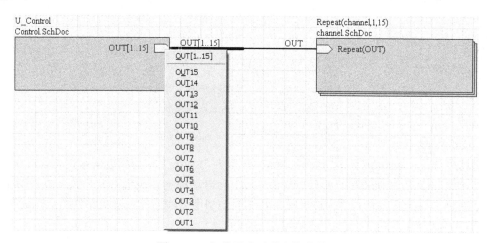

图 10-12　切换层次时弹出的菜单

任选一个端口单击，总图中两个端口、总线和导线处于浏览状态，其他对象被屏蔽掉。移动光标单击端口，会切换到子图，在子图中单击端口会切换到总图。

单击 Repeat（OUT）端口，切换到子图 channel.SchDoc，会发现元件编号不再是原来的 Q1、K1、DS1、P1，而是在元件编号后追加了通道号，如图 10-13 所示，说明系统确实将该电路重复使用了 15 次，并为每个通道中的元件分配了新的元件编号。

（8）建立 PCB 文件。执行【文件】→【创建】→【PCB 文件】菜单命令，建立新的 PCB 文件并保存。执行【设计】→【Import Changes From…】菜单命令，更新 PCB 文件。

更新后的 PCB 文件中共有 16 个 Room，其中一个 Room 名为"U_Control"。其余 15 个分别为 channel1～channel15。在编辑区合理布置个 Room 的位置。

（9）完成通道 1 中的元件的布局、布线，调整好通道 1 的 Room 空间大小。

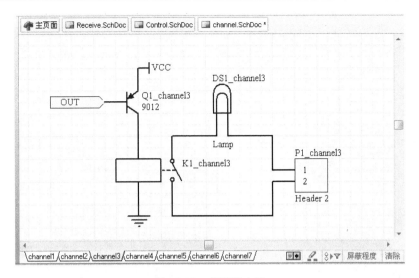

图 10-13　各通道电路

（10）复制 Room 空间格式。执行【设计】→【Rooms 空间】→【复制 Room 空间格式】菜单命令，移动光标单击源 Room 和目标 Room，弹出如图 10-14 所示的【确认复制通道格式】对话框，选择复制的"源 Room"和"目标 Room"，本例中选中右侧的【通道类】栏目下的"将此应用于所有通道"选项，应用于所有的 15 个通道。

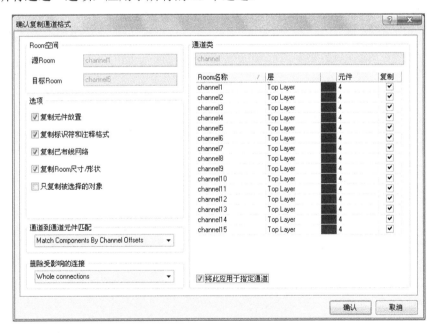

图 10-14　【确认复制通道格式】对话框

（11）完成。完成所有元件的布局和布线后，PCB 如图 10-15 所示。

多通道设计布线完毕后，再进行手工或自动布线完成剩余元件的布线。可以看出，当通道较多或连线复杂时，多通道设计可以大大节省设计者的时间和精力。

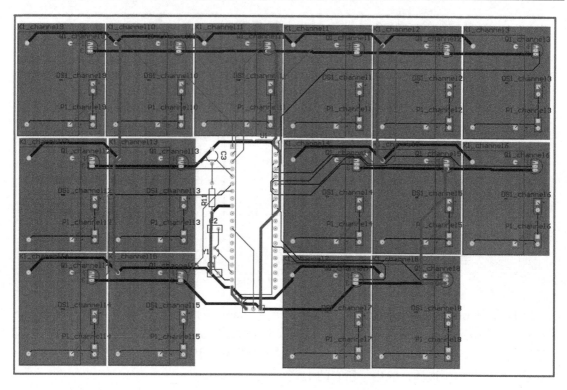

图 10-15　完成多通道设计后的 PCB 图

附录 A Protel DXP SP2 部分快捷键及功能

1. 通用（SCH 和 PCB）快捷键命令	
快捷键	**含义及功能**
Page Up 或 Ctrl+鼠标滚轮向上	以鼠标为中心放大
Page Down 或 Ctrl+鼠标滚轮向下	以鼠标为中心缩小
鼠标滚轮向上/下	向上或者向下察看绘图
Shift+鼠标滚轮	向左或者向右察看绘图
Home	将鼠标所指的位置为中心，刷新屏幕
End	刷新（重画）当前屏幕
Tab	在放置对象时，按下可启动图件对象属性编辑器
Del	删除选取的对象
X	将选择的（活动的）图件对象左右水平翻转
Y	将选择的（活动的）图件对象上下垂直翻转
Space 空格	将选择的（活动的）图件对象旋转 90°
Esc	结束当前操作过程
Alt+F4	关闭 Protel DXP
V+D	缩放视图，以显示整张电路图
V+F	缩放视图，以显示所有电路部件
Alt+Backspace	恢复前一次的操作
Ctrl+Backspace	取消前一次的恢复
Alt+Tab	在打开的各个应用程序之间切换
D	弹出 Design 菜单
E	弹出 Edit 菜单
M	弹出 Edit\Move 移动子菜单
← → ↑ ↓	光标按照箭头方向移动 1 个捕捉栅格
Shift+← → ↑ ↓	光标按照箭头方向移动 10 个捕捉栅格
Alt	强迫对象水平或垂直方向运动
Ctrl+A	选择所有全部对象内容
Ctrl+C	复制
Ctrl+V	粘贴
Ctrl+X	剪切
Ctrl+Z	撤销操作
Ctrl+Y	重做
Ctrl+R	复制和重复粘贴选取的对象
Ctrl+S	保存当前的文档
按鼠标右键不放	鼠标指针变为手形，移动鼠标可移动整个图纸
单击鼠标左键	选择对象，或者将对象设为焦点
双击鼠标左键	编辑对象
单击鼠标右键	弹出浮动菜单，或取消当前操作过程

2. 原理图编辑快捷键命令

快捷键	含义及功能
A	弹出 Edit\Align 排列对齐子菜单
G	在捕获栅格各个设置值 1、5、10 之间循环切换
Ctrl+按下鼠标左键不放并拖动	拖动连接到对象上的所有对象
Space	在添加导线、总线、直线时切换起点模式，或结束点模式
Shift+Space	在添加导线、总线、直线过程中改变的走线模式
Backspace ←	在添加导线、总线、直线多边形时，删除最后一个绘制端点

3. PCB 图编辑快捷键命令

快捷键	含义及功能
A	弹出 Align 排列对齐子菜单
G	弹出 Snap Grid 捕获栅格子菜单，设置捕获栅格
Ctrl+G	启动捕获栅格设置话框
Q	mm（毫米）与 mil（密尔）的单位切换
L	弹出 Board Layers and Colors 板层和颜色对话框
N	弹出 Show\Hide Connections 显示连接/隐藏连接子菜单
U	弹出 Tools\Un-Route 子菜单
Ctrl+单击（左键）	高亮显示被单击的同一网络标号网络线
*	顶层与底层之间切换或其他层切换到顶层（数字键盘）
+	将工作层切换到下一层（数字键盘），逐层切换
-	将工作层切换到上一层（数字键盘）。"+"与"-"的方向相反
Shifl+Ctrl+单击鼠标左键	只显示单击（选择）的同一网络标号网络线，隐藏其他网络线，再选择其他网络又增加显示一条网络，若再次选择已选择的网络，则隐藏该网络线，如再次选择的是最后一条已选择的网络，则全部还原正常显示
Space	改变布线过程中的开始/结束模式
Shift+Space	切换布线过程中的布线转角模式
Backspace ←	删除布线过程中的最后一个转角
Ctrl+H	选取连接的铜膜走线

附录 B Protel DXP SP2 中违规类型中英文对照

一、Compile Error Reporting 编译错误报告

A：Violations Associated with Buses	有关总线的电气错误类型
bus indices out of range	总线分支索引超出范围
Bus range syntax errors	总线范围的语法错误
Illegal bus range values	非法的总线范围值
Illegal bus definitions	总线定义非法
Mismatched bus label ordering	总线分支网络标号排序错误
Mismatched bus/wire object on wire/bus	总线/导线上放置了不匹配的对象
Mismatched bus widths	总线宽度错误
Mismatched bus section index ordering	总线范围值表达错误
Mismatched electrical types on bus	总线上错误的电气类型
Mismatched generics on bus（first index）	总线范围值的首位错误
Mismatched generics on bus（second index）	总线范围值末位错误
Mixed generics and numeric bus labeling	总线命名规则错误
B：Violations Associated Components	有关元件电气连接错误类型
Component Implementations with duplicate pins usage	元件管脚在原理图中被重复使用
Component Implementations with invalid pin mappings	元件管脚和 PCB 封装中的焊盘不符
Component Implementations with missing pins in sequence	元件管脚出现序号丢失
Component containing duplicate sub-parts	元件中出现了重复的子件
Component with duplicate Implementations	元件被重复使用
Component with duplicate pins	元件中有重复的管脚
Duplicate component models	一个元件被定义多种重复模型
Duplicate part designators	元件中出现标号重复
Errors in component model parameters	元件模型中出现错误的参数
Extra pin found in component display mode	多余的管脚在元件上显示
Mismatched hidden pin component	元件隐藏管脚的连接不匹配
Mismatched pin visibility	管脚的可视性不匹配
Missing component model parameters	元件模型参数丢失
Missing component models	元件模型丢失
Missing component models in model files	元件模型不能在模型文件中找到
Models found in different model locations	元件模型在未知的路径中找到
Sheet symbol with duplicate entries	方块电路图中出现重复的端口
Un-designated parts requiring annotation	未标记的部分需要自动标号
Unused sub-part in component	元件中某个子件未使用

C：violations associated with document	文档相关的电气错误
duplicate sheet symbol name	层次原理图中使用了重复的方块电路图
duplicate sheet numbers	重复的原理图图纸编号
missing child sheet for sheet symbol	方块图没有对应的子电路图
missing configuration target	缺少配置对象
missing sub-project sheet for component	元件丢失子项目
multiple configuration targets	无效的配置对象
multiple top-level document	多重一级文档
port not linked to parent sheet symbol	子原理图中的端口与总原理图上的端口不对应
sheet enter not linked to child sheet	方块电路图上的端口在对应的子原理图中没有对应端口
unique identifiers error	出现了相同的标识
D：violations associated with nets	**有关网络电气错误**
adding hidden net to sheet	原理图中出现隐藏网络
adding items from hidden net to net	在隐藏网络中添加对象到已有网络中
auto-assigned ports to device pins	自动分配端口到设备引脚
duplicate nets	原理图中出现重名的网络
floating net labels	原理图中有悬空的网络标签
global power-objects scope changes	全局的电源符号错误
net parameters with no name	网络属性中缺少名称
net parameters with no value	网络属性中缺少赋值
nets containing floating input pins	网络包括悬空的输入引脚
nets with multiple names	同一个网络有多个网络名
nets with no driving source	网络中没有驱动
nets with only one pin	网络只连接一个引脚
nets with possible connection problems	网络可能有连接上的错误
signals with multiple drivers	重复的驱动信号
sheets containing duplicate ports	原理图中包含重复的端口
signals with no load	信号无负载
signals with no drivers	信号无驱动
unconnected objects in net	网络中的元件出现未连接对象
unconnected wires	原理图中有没连接的导线
E：Violations associated with others	**有关原理图的各种类型的错误**
No Error	无错误
Object not completely within sheet boundaries	原理图中的对象超出了图纸边框
Off-grid object	原理图中的对象不在网格位置
F：Violations associated with parameters	**有关参数错误的各种类型**
same parameter containing different types	相同的参数出现在不同的模型中
same parameter containing different values	相同的参数出现了不同的取值

二、Comparator 规则比较

A：Differences associated with components　原理图和 PCB 上有关的不同	
Changed channel class name	通道类名称变化
Changed component class name	元件类名称变化
Changed net class name	网络类名称变化
Changed room definitions	区域定义的变化
Changed Rule	设计规则的变化
Channel classes with extra members	通道类出现了多余的成员
Component classes with extra members	元件类出现了多余的成员
Difference component	元件出现不同的描述
Different designators	元件标识的改变
Different library references	出现不同的元件参考库
Different footprints	元件封装的改变
Extra channel classes	多余的通道类
Extra component classes	多余的元件类
Extra component	多余的元件
Extra room definitions	多余的区域定义
B：Differences associated with nets　原理图和 PCB 上有关网络不同	
Changed net name	网络名称出现改变
Extra net classes	出现多余的网络类
Extra nets	出现多余的网络
Extra pins in nets	网络中出现多余的管脚
Extra rules	网络中出现多余的设计规则
Net class with Extra members	网络中出现多余的成员
C：Differences associated with parameters　原理图和 PCB 上有关的参数不同	
Changed parameter types	改变参数类型
Changed parameter value	改变参数的取值
Object with extra parameter	对象出现多余的参数

附录 C Protel DXP SP2 中 PCB 设计规则中英文对照

1. Electrical	电气规则
Clearance	安全间距规则
short-circuit	短路规则
Unrouted Net	未布线网络规则
Unconnected Pin	未连线引脚规则
2. Routing	**布线规则**
Width	走线宽度规则
Routing Topology	走线拓扑布局规则
Routing Priority	布线优先级规则
Routing Layers	板层布线规则
Routing Corners	导线转角规则
Routing Via Style	布线过孔形式规则
Fanout Control	布线扇出控制规则
3. SMT	**表贴焊盘规则**
SMD To Corner	SMD 焊盘与导线拐角处最小间距规则
SMD To Plane	SMD 焊盘与电源层过孔最小间距规则
SMD Neck-Down	SMD 焊盘颈缩率规则
4. Mask	**阻焊层规则**
Solder Mask Expansion	阻焊层收缩量规则
Paste Mask Expansion	助焊层收缩量规则
5. Plane	**电源层规则**
Power Plane Connect	电源层连接类型规则
Power Plane Clearance	电源层安全间距规则
Polygon Connect Style	焊盘与覆铜连接类型规则
6. TestPoint	**测试点规则**
Testpoint Style	测试点样式规则
Testpoint Usage	测试点使用规则
7. Manufacturing	**电路板制作规则**
Minimum Annular Ring	最小包环限制规则
Acute Angle Constraint	锐角限制规则
Hole Size	孔径大小设计规则
Layer Pairs	板层对设计规则

续表

8. HighSpeed	高频电路规则
Parallel Segment	平行铜膜线段间距限制规则
Length	网络长度限制规则
Matched Net Lengths	网络长度匹配规则
Daisy Chain Stub Length	菊花状布线分支长度限制规则
Vias Under SMD	SMD 焊盘下过孔限制规则
Maximum Via Count	最大过孔数目限制规则
9. Placement	元件布置规则
Room Definition	元件集合定义规则
Component Clearance	元件间距限制规则
Component Orientations	元件布置方向规则
Permitted Layers	允许元件布置板层规则
Nets To Ignore	网络忽略规则
Hight	高度规则
10. Signal Integrity	信号完整性规则
Signal Stimulus	激励信号规则
Overshoot-Failing Edge	负超调量限制规则
Overshoot-Rising Edge	正超调量限制规则
Undershoot-Falling Edge	负下冲超调量限制规则
Undershoot-Rising Edge	正下冲超调量限制规则
Impedance	阻抗限制规则
Signal Top Value	高电平信号规则
Signal Base Value	低电平信号规则
Flight Time-Rising Edge	上升时间规则
Flight Time-Falling Edge	下降时间规则
Slope-Rising Edge	上升沿时间规则
Slope-Falling Edge	下降沿时间规则
Supply Nets	电源网络规则

参 考 文 献

[1] 王利强等．电路 CAD——Protel DXP 2004 电路设计与实践．天津：天津大学出版社，2008.8

[2] 杨亭等．电子 CAD 职业技能鉴定教程．广州：广东科技出版社，2007.8

[3] 楼然苗等．51 系列单片机设计实例．北京：北京航空航天大学出版社，2004.10

[4] 潘永雄等．电子线路 CAD 实用教程（第三版）．西安：西安电子科技大学出版社，2007.7

[5] 谈世哲．Protel DXP 2004 电路设计基础与典型范例．北京：电子工业出版社，2007.9

[6] 倪泽峰，江中华．电路设计与制板 Protel DXP 2004 典型实例．北京：人民邮电出版社，2003

[7] 张伟，吴红杰．电路设计与制板 Protel DXP 高级应用．北京：人民邮电出版社，2004.4

[8] 王莹莹等．Protel DXP 电路设计实例教程．北京：清华大学出版社，2008

[9] 于学禹．Protel 2004 电路设计入门与应用．北京：机械工业出版社，2008

[10] 郭勇．protel DXP 2004 SP2 印制电路板设计教程．北京：机械工业出版社，2009.4

[11] 康兵．Protel DXP 2004 应用与实例．北京：国防工业出版社，2005

[12] 张义和等．例说 Protel 2004．北京：人民邮电出版社，2006

[13] 鲁捷．Protel DXP 电路设计基础教程．北京：清华大学出版社，2005

[14] 肖玲妮等．Protel 2004 电路设计．北京：清华大学出版社，2006

[15] 薛园园，赵建领．USB 应用开发实例详解．北京：人民邮电出版社，2009.4

[16] 零点工作室．Protel DXP 2004 SP2 原理图与 PCB 设计．北京：电子工业出版社，2009.10